应用型本科物理实验丛书

大学物理实验教程

第2版

主编 余建立 刘 鹏

编委 （排名不分先后）

李 莉　毛雷鸣　秦 雷
邵 瑞　史良马　王桂英
王闻琦　向 荣　许雪艳
叶吾梅　朱爱国　纵榜峰

中国科学技术大学出版社

内 容 简 介

本教材是由具有多年大学物理实验教学经验的教师共同编写的。为了更好地满足应用型本科院校的办学定位和人才培养的要求,本教材在编写内容上与其他实验教材有所不同,在数据处理与误差部分增加了用计算机处理实验数据的内容;在实验部分增加了设计性内容;在每一个实验的后面增加了课后思考题,以此来培养学生运用所学知识分析问题、解决问题的能力,以增强学生的创新意识。

图书在版编目(CIP)数据

大学物理实验教程/余建立,刘鹏主编.—2版.—合肥:中国科学技术大学出版社,2015.8(2025.1重印)
ISBN 978-7-312-03744-3

Ⅰ.大… Ⅱ.余… ②刘… Ⅲ.物理学—实验—高等学校—教材 Ⅳ.O4-33

中国版本图书馆(CIP)数据核字(2015)第 150125 号

出版	中国科学技术大学出版社
	安徽省合肥市金寨路96号,230026
	http://www.press.ustc.edu.cn
	https://zgkxjsdxcbs.tmall.com
印刷	安徽国文彩印有限公司
发行	中国科学技术大学出版社
经销	全国新华书店
开本	710 mm×960 mm 1/16
印张	15.75
字数	308 千
版次	2012年1月第1版 2015年8月第2版
印次	2025年1月第10次印刷
定价	28.00 元

前　　言

大学物理实验是理工科学生进入大学后的第一门实验课程,是学生系统接受科学实验基本训练的开端,在培养学生实践能力和创新意识、提高理论联系实际和适应科技发展的综合应用能力等方面具有其他理论和实践课程无法替代的作用.随着教育改革的不断深入,地方性应用型本科院校培养动手能力强、创新能力高的应用型人才是时代的呼唤.为了适应新的培养目标,我们特编写了此书.

本教材由巢湖学院和宿州学院具有多年大学物理实验教学经验的教师共同编写.为了更好地满足应用型本科院校的办学定位和人才培养的要求,本教材在编写内容上与其他实验教材有所不同,在数据处理与误差部分增加了用计算机处理实验数据的内容;在实验部分增加了设计性实验;除此以外,在每一个实验的后面还增加了课后思考题,以此来培养学生运用所学知识分析问题、解决问题的能力,以增强学生的创新意识.

全书除绪论外共分为 4 章.绪论简要介绍了物理实验课程的地位、作用、任务以及基本程序与要求.第 1 章系统地介绍了误差理论、常用的数据处理方法和计算机在数据处理中的应用.第 2 章主要介绍了物理实验常用仪器和基本测量方法.基于应用型本科院校的现有条件和教学基本需要,实验仪器的选择与介绍仅考虑通用与普及型仪器,一些专用仪器在每个实验中再作详细介绍.第 3 章共有 24 个实验,主要是基础性实验,包括力学、热学、电磁学、光学和近代物理实验的内容,突出基本物理量的测量、常用物理实验方法和技术、常用实验仪器与使用等的训练.第 4 章共有 10 个实验,主要是设计与探索性物理实验,所涉及的实验方法、技术和仪器等多数与基础性实验中的内容有联系,有利于学生的学习,并能帮助学生运用所学的实验知识与技能解决实际的问题.考虑到实验数据的记录、数据处理与误差等部分对应用型本科院校的学生来说有一定的难度,在实验中对数据的记录与数据处理提供举例说明,以便学生学习参考.

本教材的内容组织和策划由余建立和刘鹏负责.本书编写分工如下:余建立编写绪论,第 2 章,第 3 章实验 6、11、14、15、18、20,第 4 章实验 1、10,附录,参考文献;刘鹏编写第 3 章实验 13、17,第 4 章实验 4;许雪艳编写第 3 章实验 12;毛雷鸣编写第 3 章实验 1、3、8；纵榜峰编写第 3 章实验 2、5，第 4 章实验 3、5；朱爱国编写第 3 章实验 10、24，第 4 章实验 6、7、8；邵瑞编写第 3 章实验 19、22，第 4 章实验 9；向荣编写第 3 章实验 7、9；王闻琦编写第 3 章实验 4，第 4 章实验 2；李莉编写第 3 章实验 16；秦雷编写第 3 章实验 21；史良马编写第 3 章实验 23；叶吾梅和王桂英共同编写第 1 章.

  实验教学是一项集体的事业，本书的撰写是集体劳动的结晶，是多年从事物理实验教学的实验教师和技术人员的经验总结，体现出大家的智慧和多年积累的教学成果，同时也吸收了兄弟院校的宝贵经验.

  本教材是地方性应用型本科院校理工类各专业大学物理实验课的教材，也可以作为高职高专理工类各专业大学物理实验教材和参考书.

  本书在编写过程中，得到了多方面的关怀和支持，参阅了其他相关的教材和仪器厂家的使用说明书，在此我们向对本书作出贡献的所有同志表示真挚的感谢.

  由于编者的水平有限，加之时间仓促，书中难免存在缺点和错误，恳请读者批评指正.

编 者
2015 年 6 月

目 录

前言 ·· (Ⅰ)

绪论 ·· (1)

第 1 章 实验误差理论与数据处理的基本方法 ··· (6)

  1.1 测量与误差 ·· (6)

  1.2 测量结果及其不确定度估计 ··· (10)

  1.3 常用的数据处理方法 ··· (14)

  1.4 用计算机处理实验数据 ·· (19)

  习题 ·· (31)

第 2 章 物理实验常用仪器和基本方法 ··· (32)

  2.1 物理实验常用仪器 ·· (32)

  2.2 物理实验基本测量方法 ·· (55)

  2.3 物理实验基本调整技术 ·· (59)

第 3 章 基础性实验 ··· (61)

  实验 1 长度及密度的测量 ·· (61)

  实验 2 牛顿第二定律的验证 ··· (66)

  实验 3 用三线摆法测物体的转动惯量 ·· (73)

  实验 4 自由落体运动 ··· (80)

  实验 5 用单摆法测重力加速度 ·· (84)

  实验 6 伸长法测金属的杨氏模量 ··· (88)

  实验 7 弦振动实验 ·· (93)

  实验 8 液体黏滞系数的测定 ··· (99)

  实验 9 固体线胀系数的测定 ··· (104)

实验 10　制流与分压电路 ·· (109)
实验 11　用惠斯通电桥测电阻 ·· (113)
实验 12　静电场的描绘 ··· (118)
实验 13　霍尔效应 ··· (128)
实验 14　铁磁材料磁滞回线和基本磁化曲线的测量 ····················· (138)
实验 15　声速的测量 ·· (146)
实验 16　电阻元件的伏安特性 ·· (153)
实验 17　用板式电势差计测干电池的电动势和内阻 ···················· (158)
实验 18　薄透镜焦距的测定 ··· (165)
实验 19　等厚干涉 ··· (172)
实验 20　分光计的调节及三棱镜玻璃折射率的测定 ···················· (179)
实验 21　用透射光栅测定光波的波长 ····································· (187)
实验 22　光电效应及普朗克常数的测定 ·································· (192)
实验 23　弗兰克-赫兹实验 ··· (201)
实验 24　密立根油滴实验 ·· (210)

第4章　设计与研究性实验 ·· (220)
实验 1　不规则物体密度的测量 ·· (220)
实验 2　落体法测重力加速度 ··· (221)
实验 3　牛顿第二定律的验证 ··· (222)
实验 4　简谐振动的研究 ··· (224)
实验 5　固体比热容的测量 ·· (226)
实验 6　三用电表的设计、制作与校正 ···································· (227)
实验 7　电子示波器的使用 ·· (230)
实验 8　伏安法测电阻 ·· (231)
实验 9　显微镜和望远镜的组装 ·· (232)
实验 10　三棱镜色散曲线的研究 ··· (235)

附录 ·· (237)
附录 1　仪器的误差限 ·· (237)
附录 2　国际单位制和常用物理数据表 ···································· (238)

参考文献 ·· (244)

绪　　论

物理学是研究物质的基本结构、基本运动形式、相互作用及其转化规律的学科.它的基本理论渗透在自然科学的各个领域,应用于生产技术的许多部门,是自然科学和工程技术的基础.

物理学本质上是一门实验科学,物理实验是科学实验的先驱,体现了大多数科学实验的共性,在实验思想、实验方法及实验手段等方面是各学科科学实验的基础.

1. 物理实验的地位和作用

物理实验是人们根据所要研究的项目,运用科学仪器设备,人为地控制、创造或纯化某种自然物理过程,使之按预期的进程发展,同时在尽可能减少干扰的前提下进行观测,以探究物理过程变化规律的一种科学活动.

物理实验思想、方法和技术的研究不但促进了物理自身的发展,而且也常常成为自然科学研究和工程技术发展的生长点.物理学是建立在实验基础上的一门学科,物理学概念的形成、规律的发现以及理论的建立都是以实验为基础的,并受到实验的检验,可以说没有物理实验的重大突破就没有物理学的发展.大学物理实验是高校对理工科大学生进行科学实验基本训练的必修课程,是大学生接受系统实验方法和实验技能训练的开端,是培养学生科学实验能力和科学素养、提高理论联系实际和适应科技发展的综合应用能力的课程,是其他理论和实践类课程不可替代的.

2. 物理实验课程的任务和内容

大学物理实验课程内容涉及面广,除物理知识外,还涉及数学、测量学、误差理论和计算机科学等方面的知识.它具有丰富的实验思想、方法和手段,同时还能提供综合性很强的基本实验技能训练,是培养学生科学实验能力、提高科学素养的重要课程.作为基础教学的大学物理实验,它不同于科学研究实验,其主要任务概括起来有以下两个方面:

(1) 培养学生的基本科学实验技能,提高学生的科学实验基本素质,使学生初步掌握实验科学的思想和方法,培养学生的科学思维和创新意识,使学生掌握实验研究的基本方法,提高学生综合运用所学知识分析问题、解决问题的能力和创新能力.

(2) 提高学生的科学素养,培养学生理论联系实际、实事求是的科学作风,认真严谨的科学态度,积极主动的探索精神,遵守纪律、团结协作、爱护公共财产等优良品德.

大学物理实验包括普通物理实验(力学、热学、电磁学、光学)和近代物理实验,具体的教学内容基本要求如下:

(1) 测量误差和数据处理方法

掌握测量误差和不确定度的基本知识,能够运用不确定度对直接测量和间接测量的结果进行评估;具有正确处理实验数据的基本能力,掌握处理实验数据的一些常用方法,包括列表法、作图法、逐差法和最小二乘法等,并能用计算机通用软件进行实验数据的处理.

(2) 基本物理量的测量

通过大学物理实验的学习,掌握基本物理量的测量,例如:长度、质量、时间、热量、温度、湿度、压强、压力、电流、电压、电阻、磁感应强度、折射率、电子电量、普朗克常量等,加强数字化测量技术和计算机技术在物理实验中的应用.

(3) 物理实验方法

掌握物理实验中常用的方法,例如:比较法、转换法、放大法、模拟法、补偿法、平衡法等;了解一些前沿技术,如传感器技术、光电子技术等.

(4) 常用仪器的使用

掌握实验室中常用仪器的性能与使用,例如:长度测量仪器、计时仪器、测温仪器、变阻器、电表、示波器、信号发生器、分光计、干涉仪、光谱仪、常用电源和光源等.

(5) 常用的实验操作技术

掌握常用的实验操作技术,例如:零位调整、水平铅直调整、光路的共轴等高调整、消视差调整、逐次逼近调整等,能够根据给定的电路图正确接线,掌握简单的电路故障检查与排除.

(6) 了解物理实验所涉及的物理学史与应用

适当了解物理实验史和物理实验在现代科学技术中的应用.

3. 物理实验课程的基本程序和要求

物理实验课程一般按照实验项目进行,其基本程序和要求可分为三个过程.

(1) 实验课前的预习

由于实验课的时间有限,而熟悉实验设备和仪器并完成实验现象的观察和数据测量的任务一般都比较重,如果学生在上实验课时才开始研究实验的原理,机械地按照教材指定的步骤进行操作,这将导致实验进程缓慢,在规定的课时内不能完成规定的实验内容.即使勉强完成了规定的实验内容,由于熟悉实验设备和实验原理占用了大量的时间,导致动手能力的训练和实验现象观察与分析的有效时间缩短,从而不能高质量地完成实验课的任务.因此,实验课开始前的预习是必不可少的.

预习时,通过认真阅读实验教材和有关参考资料,充分了解实验目的、原理和测量方法及实验所要使用的实验仪器,明确实验步骤和注意事项等.

预习要求写好预习报告,其内容一般应包括:① 实验项目名称;② 实验目的;③ 实验使用的设备和仪器;④ 实验原理;⑤ 列出实验数据记录表格;⑥ 预习过程中存在哪些问题.其中,实验名称和目的应与教材中一致,关于实验使用的设备和仪器要根据实验室中的设备来进行确定,实验原理要在理解的基础上,简明扼要地说明实验依据,不可按照教材整篇照抄,列出实验原理中要用的主要公式,画出与实验有关的实验原理图,如电路图、光路图及实验装置示意图等,实验数据记录表格要根据测量方法和步骤,并参考教材自行设计,完成预习报告.

(2) 进行课堂实验

实验开始前,实验指导教师先对实验做简单扼要的介绍,重点指出实验操作、仪器使用要求及注意事项.学生应根据指导教师的讲解,对照教材或有关说明资料熟悉实验仪器,了解仪器的工作原理和方法,将实验仪器设备安装调整好.例如:力学实验中,调节气垫导轨达到水平;光学实验中,调节光具座上各光学元件处于共轴等高,调节分光计使得望远镜适合于观察平行光、准直管产生平行光、望远镜和准直管的光轴与转轴垂直;电磁学实验中,元器件的电路连接与调节等.

调试完成后,开始进行实验现象的观察和数据测量,测量的原始数据要整齐有序地记录在实验数据记录表格中,所记录的数据应根据所用器材决定其有效数字,并一定要标明单位.注意不得任意涂改实验数据,即使对错误的数据进行删改时,也应注明删改的理由.此外,当实验结果与环境条件(如温度、压强等)有关时,也应及时记下.完成所有测量后,记录的数据要经过指导教师审阅评价.发现错误数据时,应认真分析产生原因,必要时应重新进行测量.

(3) 实验报告的撰写

实验报告是实验工作的总结,学会撰写规范的实验报告是培养实验能力的一个重要环节.实验报告要求用简明的形式将实验结果完整而真实地表达出来,并且要求文字通顺,字迹清楚端正,图表规范,结果结论正确,讨论充分.实验报告要求课后独立完成,用学校统一印制的"实验报告本"书写.

完整的实验报告通常包括以下几个部分:

① 实验项目名称;② 实验目的;③ 实验设备和仪器;④ 实验原理;⑤ 实验内

容与数据记录；⑥ 数据处理与误差分析；⑦ 实验结果和结论；⑧ 问题讨论与展望．

实验项目名称和实验目的与教材中一致；实验仪器和设备可能与教材中提供的不一致，所以要依据实验室中提供的仪器设备，标明仪器的名称、型号和规格；实验原理部分要详细写出本实验依据的理论、画出实验原理图及重要的公式等；实验内容与数据记录部分应列出实验时进行的内容和步骤，尽可能以表格的形式列出实验中测量的数据，要与原始实验数据相一致（交实验报告时要附上预习报告中的原始数据记录情况）；数据处理与误差分析部分要尽可能地反映完整的数据处理过程，应根据原理中提供的公式，代入测量的数据进行有关的计算，或者根据测得的实验数据进行绘图，误差分析要根据误差理论，对各测量结果进行不确定度评定，以确定实验结果的误差范围，这是一项很有意义的工作，在精确测量中判定实验结果的误差范围与获得实验结果具有同等的重要性．实验结果和结论部分要给出实验测量值 $\overline{X}$、绝对误差的估计 ε 和相对误差的估计 E，综合起来可写为：$X = \overline{X} + \varepsilon$（单位）和 $E = (\varepsilon/X) \times 100\%$，实验结果应注意有效数字和单位的正确表示，实验的结论得出要合理．问题讨论和展望可涉及多方面内容，如讨论实验中观察到的异常现象以及可能产生的原因，分析实验误差的主要来源以及减少误差的可能措施，也可以是对实验仪器的选择和实验方法的评价与改进意见，实验的心得体会，实验中所获得的收获，灵活选择，一般没有统一的格式和要求．

实验完成后，应按期提交一份内容完整、格式规范的实验报告．

4．物理实验室守则

为了保证实验教学的正常运行，培养严肃认真的工作作风和良好的实验习惯，每个实验室都有实验室规则，具体见实验室内的实验室守则．其中特别应注意以下几点：

① 按实验分组安排表在课表中规定的时间到指定的实验室进行实验，不得任意调换实验项目和分组，不得无故缺席或迟到，因故不能及时出勤的应在教师的允许下补做实验．

② 实验前应做好实验预习，无预习实验报告者不准进入实验室；进入实验室后应签到，并接受指导教师对预习报告的检查．

③ 进入实验室后，不得随意启用或摆弄仪器，应按事先预习的情况熟悉仪器，检查实验仪器是否缺少和损坏，如有问题，应及时报告．

④ 实验课上课时，应认真听取指导教师讲授实验原理、仪器设备的操作规则、注意事项以及实验内容与要求．对一些危险性较大的实验，在启动设备时，应先经教师或实验室工作人员检查许可后方可启动．

⑤ 实验过程中仪器如出现故障或损坏，应及时报告指导教师或实验室工作人员，损坏仪器的要以书面的形式说明原因，并按学校的规定处理．

⑥ 实验结束后,应将实验数据交指导教师检查并签阅,实验合格者,指导教师应给予评价,实验数据不合格或数据有错误的,必要时应重做或补做实验,课后及时完成实验报告,并于下次实验时提交一份完整的实验报告.

⑦ 遵守实验室的各项规章制度,保持实验室内安静、整洁,禁止大声喧哗、吸烟、吃零食、吐痰、乱扔杂物.

⑧ 实验室内一切物品未经本实验室负责人员批准,严禁携带出实验室,借出设备一定要履行登记手续.

第 1 章 实验误差理论与数据处理的基本方法

1.1 测量与误差

物理实验的任务,不仅仅要定性地观察物理现象,还需要对物理量进行定量的测量,并找出各物理量之间的内在联系.

由于测量原理的局限性或近似性、测量方法的不完善、测量仪器精度的限制、测量环境的不理想、测量者的实验技能等诸多因素的影响,所有测量都只能做到相对准确.随着科学技术的不断进步,实验知识、手段、经验以及技能不断提高,测量误差被控制得越来越小,但是绝对不可能使误差降为零.因此作为一个测量结果,不仅应该给出被测对象的量值和单位,而且还需要对量值的可靠性做出评价,一个没有误差评定的测量结果是没有价值的.

1.1.1 测量

测量是物理实验的基础,所谓测量就是使用合适的工具或仪器,通过科学的方法,确定被测物理量的量值的过程.

按照测量值获得方法不同,测量可分为直接测量和间接测量两类.直接测量是将待测物理量与选定的同类物理量的标准单位直接比较,所得的值就是被测物理量的测量值.如使用千分尺直接测量钢球的直径,用秒表测时间间隔,用天平测出物体的质量等.间接测量是利用待测物理量与某些可直接测量量之间的已知函数关系,求得该待测物理量的测量值,如测量钢球的体积,可通过测量钢球直径 D(直接测量),再利用体积公式 $V = \pi D^3 / 6$ 计算得出钢球的体积.

按照测量条件的不同,测量可分为等精度测量和不等精度测量.等精度测量是指在相同的测量条件下进行的一系列测量.如同一个人用同一仪器,采用同样的实验方法,对同一待测量进行多次测量,此时应该认为每次测量的可靠性都相同,故称之为等精度测量,这样测得一组测量值称为一个测量列.不等精度测量是指在不同条件下进行的一系列测量.如不同的人使用不同的仪器,采用不同的方法进行测量,因此各次测量结果的可靠程度自然不同,故称之为不等精度测量.处理不等精度测量的结果时,需要根据每个测量值的"权重"进行"加权平均",因此在物理实验中很好采用.

此外,按照测量次数的不同,测量又可分单次测量和多次测量.

1.1.2 误差

一个物理量的客观存在值(即真值),与测量所用的仪器及理论方法无关.而实际得到的测量值是依据一定的理论方法,使用确定的仪器,通过直接测量或间接测量得到待测物理量的值.因此物理量的真值与测量值之间必定存在一定的差异.测量值只是真值的近似值,测量值与真值的差值称为绝对误差(简称误差).绝对误差与真值的比值称为相对误差.假设真值为 x_0,测量值为 x,绝对误差为 ε,相对误差为 E,则有

$$\varepsilon = x - x_0 \tag{1.1.1}$$

$$E = \frac{x - x_0}{x_0} \tag{1.1.2}$$

在实际测量中,为了减小误差,常常对某一物理量 X 进行多次等精度测量,得到一系列测量值 $x_i(i=1,2,3,\cdots,n)$,则测量值的算术平均值为

$$\overline{x} = \frac{x_1 + x_2 + \cdots + x_n}{n} = \frac{1}{n}\sum_{i=1}^{n} x_i \tag{1.1.3}$$

算术平均值又称为最佳估计值或近真值,实际中,由于无法获得真值,一般处理数据时,用算术平均值代替真值.把测量值与算术平均值的差值称为偏差或残差.

误差存在于一切测量之中,而我们的目的是尽量减小或消除误差,以求接近真值.所以对误差做出估计是测量不可缺少的组成部分.

正常测量的误差,按照误差产生原因和性质可分为系统误差和随机误差两类,它们对测量结果的影响不同,误差处理的方法也不同.

1. 系统误差

在相同的条件下,对同一物理量进行多次测量时,误差的大小和符号保持恒定,或以某种可预知的方式变化,这种误差称为系统误差.产生系统误差的原因是多方面的,主要有以下几个方面的因素:

① 仪器因素.仪器本身刻度不准确或未校准零点等,如物理天平未调平就测

量、砝码不准、等臂天平的臂长不等等,则每次的测量值都有一共同误差.

② 个人因素.测量员的心理或生理差异导致的误差.如某测量员读数时,喜好略微偏大.

③ 理论与方法因素.如采用电压表外接或内接来测量电阻时,其所得电阻值统一偏大或偏小.

④ 环境因素.如实验环境因素与要求的标准状态不一致.

系统误差的特点是恒定的,不能用增加测量次数的方法使它减小.在实验中发现和消除系统误差是很重要的,因为它常常是影响实验结果准确度的主要因素.对不同原因引起的系统误差要分别对待.已定系统误差在测量结果中引入修正量可对误差进行消除,如伏安法测电阻时,要计算出电表内阻产生的修正量,可采用合适的测量方法对误差进行补偿和消除.未定系统误差不可消除,但要估算出分布范围.

2. 随机误差

由于实验条件和环境等因素的不同,引起测量值围绕真值发生涨落,这种误差称为随机误差.随机误差无法消除,随机误差对每一次测量结果的影响具有随机性的特点,但在多次测量中表现出确定的规律——统计规律.因此,可用概率统计理论对随机误差的影响程度做出客观的估计和评价.

(1) 正态分布

实践表明,大多数偶然误差(其中包括多次测量的算术平均值的偶然误差以及间接测量结果的偶然误差)都可以近似地认为服从正态分布(又称为高斯分布).正态分布是一种很重要的概率分布,服从正态分布的偶然误差往往是大量的、微小的、互相独立的因素综合起来作用的结果.正态分布的概率密度函数为

$$p(\varepsilon) = \frac{1}{\varepsilon\sqrt{2\pi}} e^{-\frac{\varepsilon^2}{2\sigma^2}} \tag{1.1.4}$$

且有

$$\int_{-\infty}^{\infty} p(\varepsilon) d\varepsilon = 1 \tag{1.1.5}$$

一般来说,多次测量某一测量量,当次数趋向于无穷多时,随机误差服从正态分布,如图 1.1.1 所示.

图 1.1.1 中横坐标 ε 为误差,纵坐标为误差的概率密度分布函数 $p(\varepsilon)$, σ 是一个与实验条件有关的常数,称为标准误差,其值为

$$\sigma = \lim_{n \to \infty} \sqrt{\frac{1}{n} \sum_{i=1}^{n} (x_i - x_0)^2} = \lim_{n \to \infty} \sqrt{\frac{1}{n} \sum_{i=1}^{n} \varepsilon_i^2} \tag{1.1.6}$$

由概率分布函数可以证明,对任一次测量,其测量值误差出现在区间 $(-\sigma, \sigma)$ 内的可能性(概率)为 68.3%;任一次测量值误差出现在区间 $(-3\sigma, 3\sigma)$ 内的可能

性(概率)为 99.7%,由此可以看出,测量值误差超过 $\pm 3\sigma$ 范围的情况几乎不会出现,所以把 3σ 称为极限误差.

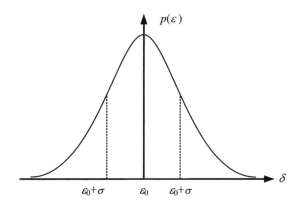

图 1.1.1 随机误差的正态分布曲线图

(2) 标准偏差

真值一般是无法测得的,因此标准误差式(1.1.6)只在理论上有意义,由于算术平均值最接近真值,因此可以用算术平均值参与对标准误差的估算.对具有偶然误差的测量值,其分散情况的定量表示用标准偏差 $s(x)$ 估算,它的定义式为

$$s(x) = \sqrt{\frac{1}{n-1}\sum_{i=1}^{n}(x_i - \overline{x})^2} \qquad (1.1.7)$$

其中 n 为测量次数.可以证明,当 n 足够大时,可以用式(1.1.7)的值代替式(1.1.6)的值.

(3) 算术平均值的标准偏差

通过多次重复测量,获得了一组数据,并把求得的算术平均值 $\overline{x}$ 作为测量结果.但是,如果在完全相同的条件下,再重复测量该被测量量时,由于随机误差的影响,不一定能得到完全相同的 $\overline{x}$,这表明算术平均值本身具有离散性.为了评定算术平均值的离散性,引入算术平均值的标准偏差 $s(\overline{x})$,它与标准偏差 $s(x)$ 的关系为

$$s(\overline{x}) = \frac{s(x)}{\sqrt{n}} = \sqrt{\frac{1}{n(n-1)}\sum_{i=1}^{n}(x_i - \overline{x})^2} \qquad (1.1.8)$$

由式(1.1.8)可得,$s(\overline{x})$ 是测量次数 n 的函数,测量次数越多,算术平均值的标准偏差越小,所以多次测量可以提高测量的精度.但也不是测量次数越多越好,因为测量误差是随机误差和系统误差的综合,多次测量只对随机误差减小有作用,对系统误差无影响.

1.2 测量结果及其不确定度估计

1.2.1 不确定度的基本概念

由于测量误差的存在使得对被测量值不能准确确定的程度,称为测量不确定度.不确定度表示一个区间,被测量的真值以一定的概率存在于此区间中.而误差表示测量值偏离真值的大小,是一个确定的值.不确定度可以根据实验仪器、操作者经验等进行评定,做出定量确定,而误差无法计算.不确定度是对测量质量的重要表征,它给出测量误差可能出现的范围.不确定度越小,测量结果可信度越高.

不确定度根据估算方法的不同,分为 A 类不确定度 u_A(用统计方法计算)和 B 类不确定度 u_B(用非统计方法计算).

1. A 类不确定度

由于偶然效应,被测量量多次重复测量值具有分散性,可以用统计学方法估算不确定度分量.通常就用算术平均值的标准偏差评定 A 类不确定度,即

$$u_A = s(\overline{x}) = \sqrt{\frac{1}{n(n-1)}\sum_{i=1}^{n}(x_i - \overline{x})^2} \quad (1.2.1)$$

按照正态分布的误差理论,若不存在其他误差影响,测量值在 $(\overline{x} - u_A, \overline{x} + u_A)$ 范围内包含真值的概率为 68.3%(置信概率).

2. B 类不确定度

当误差的影响,仅使测量值向某一方向有恒定的偏离,这时不能用统计的方法评定该类不确定度,这一类的评定需要用 B 类不确定度评定. B 类不确定度影响因素较多,本课程中一般只考虑仪器误差这一主要因素. B 类不确定度评定有的依据计量仪器说明书或检定书,有的依据仪器的准确度等级,有的则粗略依据仪器最小分度值.若从不同的途径获得的极限误差为 $\Delta_仪$,则用仪器的等价标准差 $\frac{\Delta_仪}{c}$ 近似表示 B 类不确定度,式中 $\Delta_仪$ 可以是仪器的示值误差(限)、基本误差或仪器的灵敏度阈;因子 c 与仪器误差的分布规律有关,若仪器误差服从均匀分布,则 $c = \sqrt{3}$,此时 B 类不确定度 u_B 为

$$u_B = \frac{\Delta_仪}{\sqrt{3}} \quad (1.2.2)$$

严格地说,c 与仪器误差的分布规律有关,通常均近似地按照均匀分布来

处理.

3. 合成不确定度

A类和B类不确定度采用方和根合成,得到合成的不确定度为

$$u(x) = \sqrt{u_A^2 + u_B^2} \qquad (1.2.3)$$

相对不确定度为

$$u_r = \frac{u(x)}{\bar{x}} \times 100\% \qquad (1.2.4)$$

不确定度量值的大小与置信概率有关,所以在给出测量结果表达式时,必须注明置信概率.

1.2.2 测量的不确定度估算

1. 测量结果的表示

对于一个测量结果,不论它是直接测量得到的还是间接测量得到的,只有同时给出它的最佳估计值和不确定度,这个结果才算是完整的和有价值的,因此对测量结果的正确表示有重要的意义. 一般测量结果可以表示为

$$\text{待测物理量}(x) = \text{近真值}(\bar{x}) \pm \text{标准不确定度}(u(x)) \quad (\text{置信概率}) \qquad (1.2.5)$$

书写测量结果时应注意以下几点:

① 近真值、标准不确定度、单位三者缺一不可.
② 标准不确定度最多取两位有效数字,截取剩余尾数一律采取进位处理.
③ 近真值和不确定度二者的末位必须对齐.
④ 近真值和不确定度的单位、数量级必须统一.

2. 直接测量的不确定度估算

对直接测量数据进行处理的一般程序是:

① 某物理量重复测量 n 次,得测量列为 $x_1, x_2, x_3, \cdots, x_n$,剔除异常数据.
② 计算测量列的算术平均值 $\bar{x} = \frac{1}{n} \sum_{i=1}^{n} x_i$,把 $\bar{x}$ 作为被测量的最佳估计值.
③ 计算测量列的标准偏差 $s(x) = \sqrt{\frac{1}{n-1} \sum_{i=1}^{n} (x_i - \bar{x})^2}$.
④ 审查各测量值,如有异常数据则予以剔除,再重复步骤②、③.
⑤ 求出算术平均值的标准偏差 $s(\bar{x}) = s/\sqrt{n}$,即A类不确定度 u_A.
⑥ 计算合成不确定度 $u(x) = \sqrt{u_A^2 + u_B^2}$.
⑦ 写出测量结果的表达式 $x = \bar{x} \pm u(x)$(置信概率).

若测量准确度要求不高,或实验条件所限,直接测量只进行了一次,则不存在

A 类不确定度,只需考虑 B 类不确定度,所以单次测量的标准不确定度可表示为 $u(x) = u_B = \Delta_仪/\sqrt{3}$.

3. 间接测量的不确定度估算

在物理实验中,大多数的测量都属于间接测量,因为间接测量的物理量是各直接测量的物理量的函数,所以直接测量量的误差必定会影响间接测量量的误差,这被称为误差的传递.这样直接测量结果的不确定度就必然会影响到间接测量结果,这种影响的大小可以由相应的数学公式估算出来.

设间接测量量 y 是各相互独立的直接测量量 $x_1, x_2, x_3, \cdots, x_n$ 的函数,其函数表达式为

$$y = f(x_1, x_2, \cdots, x_n) \tag{1.2.6}$$

设各独立的直接测量量 $x_1, x_2, x_3, \cdots, x_n$ 的测量结果分别为 $\overline{x}_1 + u(x_1)$, $\overline{x}_2 + u(x_2), \cdots, \overline{x}_n + u(x_n)$,则间接测量量 y 的最佳估计值为

$$\overline{y} = f(\overline{x}_1, \overline{x}_2, \cdots, \overline{x}_n) \tag{1.2.7}$$

由于不确定度都是微小的量,相当于数学中的"增量",因此间接测量量的不确定度的计算公式与数学中的全微分公式基本相同,不同的是要用不确定度 $u(x_i)$ 替换微分 dx_i,同时要考虑到不确定度合成的统计性质.

将式(1.2.6)求全微分

$$dy = \frac{\partial f}{\partial x_1}dx_1 + \frac{\partial f}{\partial x_2}dx_2 + \cdots + \frac{\partial f}{\partial x_n}dx_n \tag{1.2.8}$$

用不确定度 $u(y)$ 和 $u(x_i)$ 替换 dy 和 dx_i,并将等式两端进行方和根合成,得到间接测量量的不确定度方和根合成公式

$$u(y) = \sqrt{\left[\frac{\partial f}{\partial x_1}u(x_1)\right]^2 + \left[\frac{\partial f}{\partial x_2}u(x_2)\right]^2 + \cdots + \left[\frac{\partial f}{\partial x_n}u(x_n)\right]^2} \tag{1.2.9}$$

对于积商形式的函数,为计算简洁,可先对式(1.2.6)两边取自然对数,得

$$\ln y = \ln f(x_1, x_2, \cdots, x_n) \tag{1.2.10}$$

再对式(1.2.10)求全微分

$$\frac{dy}{y} = \frac{\partial f}{\partial x_1}\frac{dx_1}{f} + \frac{\partial f}{\partial x_2}\frac{dx_2}{f} + \cdots + \frac{\partial f}{\partial x_n}\frac{dx_n}{f} \tag{1.2.11}$$

则间接测量值的相对不确定度方和根合成公式为

$$\frac{u(y)}{y} = \sqrt{\left[\frac{\partial f}{\partial x_1}\frac{u(x_1)}{f}\right]^2 + \left[\frac{\partial f}{\partial x_2}\frac{u(x_2)}{f}\right]^2 + \cdots + \left[\frac{\partial f}{\partial x_n}\frac{u(x_n)}{f}\right]^2} \tag{1.2.12}$$

利用式(1.2.9)、式(1.2.12)估算间接测量量的不确定度时,应使式中各直接测量值的不确定度具有相同的置信概率.

对间接测量的数据处理程序如下:

① 按照直接测量量的数据处理程序,求出各直接测量值的结果 $\overline{x}_1 + u(x_1)$,

$\overline{x}_2 + u(x_2), \cdots, \overline{x}_n + u(x_n)$.

② 将各直接测量值的最佳估计值代入函数关系式中,求得间接测量值的最佳估计值 $\overline{y} = f(\overline{x}_1, \overline{x}_2, \cdots, \overline{x}_n)$.

③ 依据误差传递公式(1.2.9)和公式(1.2.12),求出间接测量量不确定度的方和根合成公式.

④ 求出间接测量量不确定度 $u(y)$.

⑤ 写出测量结果的表达式 $x = \overline{x} \pm u(y)$(置信概率).

4. 有效数字及运算规则

任何物理量的测量结果都包含误差,那么该物理量的数值就不应该无限制地写下去.测量结果只写到开始有误差的那一位数,以后的数按四舍五入规则进行取舍.

有效数字就是测量数据中有意义的数字,起于最左一位非零数字至最右一位数字均算测量结果的有效位.一般读数时估计到仪器最小分度的下一位,这时有效数字中的最后一位称为存疑数字.但也有一些仪器是不需估读的,如游标卡尺、数字式仪表等.

对所测数据进行运算时,对有效数字的运算规则做如下约定:可靠数字之间的运算,结果为可靠数字;存疑数字与其他数字之间的运算,结果为存疑数字;运算结果只保留一位存疑数字.

(1) 加减运算.几个数相加减,计算结果的有效数字中的最末位应和参与运算的诸数中最早出现的存疑位相同.

例如:$38.8\underline{5} + 27.\underline{2} - 4.82\underline{3} = 61.2\underline{27} \approx 61.\underline{2}$.

式中有下横线的数字表示存疑数字.由有效数字的运算规则可知,最终结果与数据 27.2 的存疑位相同.

(2) 乘除运算.几个数相乘除,计算结果的有效数字与参与运算数据中有效位数最少的那个相同,称为"位数对齐".

例如:$0.022\,1\underline{4} \times 4.1\underline{5} \div 15.568\,\underline{3} = 0.005\,90\underline{1\,8} \approx 0.005\,9\underline{0}$.

式中有下横线的数字表示存疑数字.由有效数字的运算规则可知,三个运算数据有效位数分别是 4 位、3 位和 6 位,最终结果的有效位数是 3 位.

(3) 乘方、开方运算.有效位数一般与其底数的有效位数相同.

例如:$25.25^2 \approx 637.6$,$\sqrt{19.38} \approx 4.402$.

(4) 三角函数的运算.三角函数的运算结果,计算结果的取位随角度有效数字位数而定.

例如:$\sin 18°4\underline{5}' = 0.316\,47\underline{6\,9} \approx 0.316\,\underline{4}$.

运算结果只保留有效数字,其后多余数字的舍弃采用"四舍六入五看右左"进行修约.小于五的全舍,大于五的舍去同时进一;若为五,则看后位(五的右侧)是否为零.不为零则进位,为零则看五的左侧,偶数时不变,奇数时进一.

例如:将下列数字保留小数点后两位数字,则

$$4.674\underline{6} \approx 4.67, \quad 4.67\underline{6}6 \approx 4.68, \quad 4.67\underline{5}1 \approx 4.68,$$
$$3.5\underline{6}50 \approx 3.56, \quad 3.57\underline{5}0 \approx 3.58$$

1.3 常用的数据处理方法

物理实验中,通过测量而获取的实验数据还需要经过适当的处理和计算才能反映出所代表的物理规律和性质,这种过程称为数据处理.根据物理规律的不同需要采取不同的数据处理方法.常用的数据处理方法有:列表法、作图法、逐差法和最小二乘法等.

1.3.1 列表法

使用表格记录和处理实验数据,可以简单明确地表示出有关物理量之间的对应关系,有利于随时检查实验结果是否合理,及时发现问题减少错误.同时列表法还有助于寻找相关物理量之间规律性的联系,从而得出经验公式等.

列表法处理数据,一般有如下要求:

① 表格结构简单明晰,方便记录和运算,栏目排序应注意数据间的联系和计算的先后次序,以便能反映出各物理量之间的关系.

② 表格中应标明各物理量的名称和单位,名称应尽量用规定的符号表示,物理的单位和数量级只需要写在该符号的标题栏内.

③ 表格中所记录的数据要能正确反映出测量结果的有效数字.

④ 表格上方应有表头,写明编号和名称,必要时在表后附加有关测量仪器及测量环境的说明.

例如:用伏安法测电阻的数据记录表如表1.3.1所示.

表1.3.1 伏安法测电阻的数据记录表

次数	1	2	3	4	5	6	7	8	9
$U(V)$	0.6	1.2	1.8	2.4	3.0	3.6	4.2	4.8	5.4
$I(mA)$	1.2	2.4	3.6	4.8	6.0	7.2	8.4	9.6	10.8

1.3.2 作图法

作图法是实验中常用的数据处理方法之一.作图法是将一系列数据之间的关系用图线表示出来,可形象、直观地显示物理量之间的函数关系,揭示物理量之间的联系.作图法还有多次测量取平均的效果,并容易发现测量中的错误.

1. 作图步骤

① 选择坐标纸.作图须采用坐标纸,物理实验中最常用的是直角坐标纸.有时,根据需要也可采用对数坐标纸、极坐标纸等.

② 确定坐标轴.用粗实线在坐标纸上画出坐标轴,通常以坐标的横轴表示自变量,纵轴表示因变量,根据测量数据的量值范围选择合适的比例和分度值,坐标分度值的选取是由测量值的有效位数来定的.一般用有效数字的最后一位和坐标纸中的小格相对应,为便于读数和描点,选定比例时,应使最小分格代表"1""2""5""10",而不使用"3""6""7""9"来划分标尺.有时对应比例也可适当放大些,如表1.3.1中数据作图时,U 轴可选 1 mm 对应于 0.1 V,如图1.3.1所示.并在坐标轴的矢端标明物理量的名称(或符号)及单位,同时在坐标轴整分格上标明该物理量的数值.

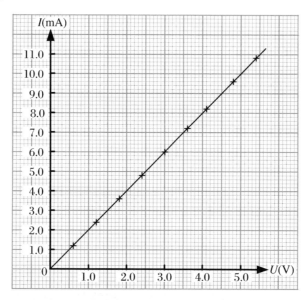

图 1.3.1 伏安法测电阻的伏安特性曲线

③ 标点.在图中标出所测得的实验数据点,可以用"＋""×""⊙""△"等符号标出(同一图中不同曲线用不同的符号).

④ 描线.使用直尺(曲线板)等把点连成直线(光滑曲线).由于实验误差的存在,所以图线不一定要通过每个实验点.应该按照实验数据点的总趋势,把实验数据点连成光滑的曲线,尽量使大多数的实验点落在图线上或附近,对个别差异过大的点应予剔除.

⑤ 添上适当的图注.作完图后,在图的空白位置上标明实验条件、图名、作者和作图日期,使人一目了然,最后将图粘贴在实验报告上.

2. 处理实验数据

若图中所得图线为直线,可设直线的方程为 $y = a + bx$,用下列步骤求直线的斜率、截距和经验公式.

① 在图线上选两点 $A(x_1, y_1)$ 和 $B(x_2, y_2)$,使用与表示实验点不同的符号标出,并在旁边标明其坐标值.A, B 两点不能相隔太近,一般不选实验点.

② 将 A, B 两点的坐标值分别代入直线方程 $y = a + bx$,求得斜率

$$b = \frac{y_2 - y_1}{x_2 - x_1} \tag{1.3.1}$$

③ 计算直线的截距

$$a = \frac{x_2 y_2 - x_1 y_1}{x_2 - x_1} \tag{1.3.2}$$

④ 将求得的斜率 b、截距 a 的数值代入方程 $y = a + bx$ 中,就得到了经验公式.

3. 曲线的改直

在许多实验中,物理量之间的关系并不都是线性的,但可通过一定的变换而成为线性关系,这种变换称为曲线的改直(或称为线性化).直线不仅比曲线更容易描绘,而且其斜率和截距所包含的物理内涵对实验者非常重要.

例如,测单摆周期 T 随摆长 L 的变化,根据绘出的 T-L 图线形状,可判断为抛物线.因此,以 L 为自变量作 T^2-L 图线,可得到一条通过原点的直线,该直线方程为

$$T^2 = bL$$

进一步利用 $b = 4\pi^2/g$ 还可以求得重力加速度 g 的测量值.

1.3.3 逐差法

逐差法也是测量工作中常用的一种处理数据的方法,对测量数据进行有序项的逐项相减或等间隔项相减得到结果.这种方法计算简便,相对于作图法更具有充分利用测量数据减小随机误差的优越性.

使用逐差法要求自变量 x 是等间距变化的,同时被测物理量之间的函数形式

可以写成 x 的多项式.

逐差法最大的优点就是充分利用测量数据,下面以测量弹簧倔强系数的例子来介绍该方法.

如有一原长为 x_0 的弹簧,每次在其下端加挂质量为 1 g 的砝码,逐次添加 10 次,测出其对应的长度分别为 $x_1, x_2, \cdots, x_{10}$. 求弹簧的倔强系数,需知道每克砝码对应的伸长量 Δx. 根据所测实验数据,有

$$\overline{\Delta x} = \frac{1}{9}[(x_2 - x_1) + (x_3 - x_2) + \cdots + (x_{10} - x_9)]$$
$$= \frac{1}{9}(x_{10} - x_0) \tag{1.3.3}$$

由于中间值全部抵消,最终的 $\overline{\Delta x}$ 仅使用了首尾两个数据,损失掉很多有用的信息,因此这种处理方法不太合理.

现在使用逐差法来处理,将实验数据按顺序分为 x_1, x_2, x_3, x_4, x_5 和 $x_6, x_7, x_8, x_9, x_{10}$ 两组,并使其对应项相减,得

$$\overline{\Delta x} = \frac{1}{5}\left[\frac{x_6 - x_1}{5} + \frac{x_7 - x_2}{5} + \frac{x_8 - x_3}{5} + \frac{x_9 - x_4}{5} + \frac{x_{10} - x_5}{5}\right]$$
$$= \frac{1}{25}[(x_6 + x_7 + x_8 + x_9 + x_{10}) - (x_1 + x_2 + x_3 + x_4 + x_5)] \tag{1.3.4}$$

由此可以看出所有的实验数据都得到了利用,这样就起到了多次测量减少误差的作用.

1.3.4 最小二乘法

作图法直观简便,但主观随意性较大,逐差法需要满足一定的条件,是一种粗略的近似方法. 为了克服这些缺点,常用一种以最小二乘法为基础的实验数据处理方法. 最小二乘法是根据一组实验数据找出一条最佳的拟合直线(或曲线),在本书中我们只讨论一元线性问题.

最小二乘法的原理就是:在最佳拟合直线上,各相应点的值与测量值之差的平方和应比在其他的拟合直线上的都要小.

例如,在某一实验中所观测的物理量只有两个,且它们之间存在着线性关系,物理量分别记为 x 和 y. 假设误差主要集中在物理量 y 的观测上,直线拟合的任务便是使用数学方法从这两组实验数据中求出最佳的经验公式 $y = a + bx$. 对应于每一个 x_i 值,最佳经验公式中的 $y = kx_i + b$ 与测量值 y_i 之间都存在一定的偏差 ε_i,ε_i 称之为测得值 y_i 的偏差,即

$$\varepsilon_i = y_i - y = y_i - (a + bx_i) \quad (i = 1, 2, 3, \cdots, n) \tag{1.3.5}$$

将式(1.3.5)平方后对 i 求和,若以 S 表示 ε_i 的平方和,则有

$$S = \sum_{i=1}^{n} \varepsilon_i^2 = \sum_{i=1}^{n} [y_i - (a + bx_i)]^2 \tag{1.3.6}$$

所谓最小二乘法就是求满足诸误差平方和 S 为极小值的参数 a,b 值.根据此原理将式(1.3.6)对 a,b 求偏导数,并令

$$\frac{\partial S}{\partial a} = -2\sum_{i=1}^{n}[y_i - (a + bx_i)] = 0 \tag{1.3.7}$$

$$\frac{\partial S}{\partial b} = -2\sum_{i=1}^{n}[y_i - (a + bx_i)]x_i = 0 \tag{1.3.8}$$

由式(1.3.7)和式(1.3.8)可求得

$$a = \frac{1}{n}\left(\sum_{i=1}^{n} y_i - b\sum_{i=1}^{n} x_i\right) \tag{1.3.9}$$

$$b = \frac{\dfrac{1}{n}\sum_{i=1}^{n} x_i y_i - \dfrac{1}{n^2}\sum_{i=1}^{n} x_i \sum_{i=1}^{n} y_i}{\dfrac{1}{n}\sum_{i=1}^{n} x_i^2 - \dfrac{1}{n^2}\left(\sum_{i=1}^{n} x_i\right)^2} \tag{1.3.10}$$

令

$$\bar{x} = \frac{1}{n}\sum_{i=1}^{n} x_i, \quad \bar{y} = \frac{1}{n}\sum_{i=1}^{n} y_i, \quad \overline{x^2} = \frac{1}{n}\sum_{i=1}^{n} x_i^2, \quad \overline{xy} = \frac{1}{n}\sum_{i=1}^{n} x_i y_i$$

则式(1.3.9)和式(1.3.10)简化为

$$a = \bar{y} - b\bar{x} \tag{1.3.11}$$

$$b = \frac{\bar{x}\,\bar{y} - \overline{xy}}{\bar{x}^2 - \overline{x^2}} \tag{1.3.12}$$

将得出的 a 和 b 的数值代入直线方程 $y = a + bx$ 中,即得最佳的经验公式.

特别指出,上述处理方法的前提是假定物理量 x 和 y 线性关系成立,为了判断所得结果是否合理,通常利用相关系数来评定.相关系数 r 定义如下:

$$r = \frac{\overline{xy} - \bar{x}\,\bar{y}}{\sqrt{[\overline{x^2} - \bar{x}^2][\overline{y^2} - \bar{y}^2]}} \tag{1.3.13}$$

相关系数表示两个变量之间的关系与线性函数的符合程度.可以证明 $|r| \leqslant 1$,如果相关系数 $|r| = 1$,则表示两个变量完全线性相关,表示所得经验公式严格符合测量值;若 $|r|$ 的值越接近于 1,表示两变量的线性近似越好,各实验点就越聚集在一条直线附近;相反,$|r|$ 的值越接近于 0,则表示两变量不成线性关系,不能用线性函数拟合.所以用最小二乘法处理数据前要先用作图法作图,剔除异常数据.

1.4 用计算机处理实验数据

前面已经介绍了实验数据的处理方法,如列表法、作图法、最小二乘法等,其中最小二乘法较作图法准确、客观,但是它的计算比较繁琐.目前计算机技术的发展,为实验数据的处理提供了极大的方便.可以借助于计算机很方便地对数据进行处理,如进行线性拟合、曲线拟合等.引入计算机处理实验数据这一现代化手段,可以省去大量繁琐的人工计算和绘图工作,减少中间环节的计算错误,提高数据处理的效率,节约大量宝贵的时间.常用的计算机处理软件有 Excel 电子表格处理软件、Origin 数据处理软件及 Matlab 软件等.这里不对软件的使用作系统的介绍,只是结合几个实例说明软件在处理实验数据中经常用到的功能.

1.4.1 Excel 电子表格处理数据

1. Excel 内部函数的使用

Excel 中有大量的常用函数供我们选择使用.在实验中,需要进行数据处理的计算有很多,但基本上都可以方便地使用 Excel 提供的函数进行计算,如函数 SUM(求和)、AVERAGE(平均值)、STDEV(测量列的标准差)、DEVSQ(偏差的平方和)、SLOPE(直线的斜率)、INTERCEPT(直线的截距)、CORREL(相关系数)等.

下面以气垫导轨测加速度实验中的电脑计时器对时间的多次测量为例,简介如何应用 Excel 中 AVERAGE 和 STDEV 函数处理实验数据(其他函数使用与此相同).具体操作如下:

(1)新建一个空白"工作表",将项目和实验测得的数据输入后,选择单元格"H2"为活动单元格,如图 1.4.1 所示.

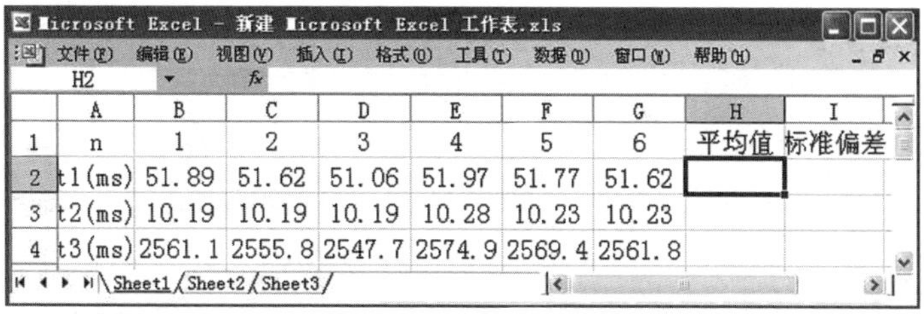

	A	B	C	D	E	F	G	H	I
1	n	1	2	3	4	5	6	平均值	标准偏差
2	t1(ms)	51.89	51.62	51.06	51.97	51.77	51.62		
3	t2(ms)	10.19	10.19	10.19	10.28	10.23	10.23		
4	t3(ms)	2561.1	2555.8	2547.7	2574.9	2569.4	2561.8		

图 1.4.1 工作表数据输入图

(2) 单击"插入"菜单,在下拉菜单中选择"函数"命令,弹出"插入函数"对话框,在"选择类别"窗口的列表中选择"常用函数",并单击"AVERAGE"函数,如图 1.4.2 所示,单击"确定".

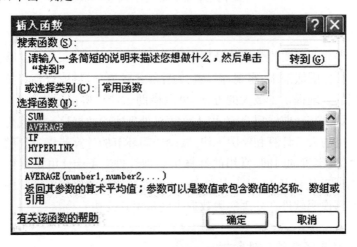

图 1.4.2 "插入函数"对话框

(3) 在弹出的"函数参数"对话框中,输入求平均值的数据所在的单元格区域"B2:G2",如图 1.4.3 所示.

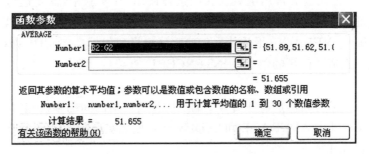

图 1.4.3 "函数参数"对话框

(4) 单击"确定",即在单元格"H2"中显示出 t_1 的平均值,如图 1.4.4 所示.

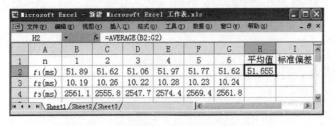

图 1.4.4 测量列的平均值的计算结果图

(5) 选择"H2"为活动单元格,单击"编辑"菜单,在下拉菜单中选"复制"命令(或单击工具栏中"复制"按钮);再选择"H3""H4"为活动单元格,单击"编辑"菜单,在下拉菜单中选择"粘贴"命令(或单击工具栏中"粘贴"按钮),即可在单元格"H3""H4"中显示出 t_2,t_3 的平均值.

(6) 选择"I2"为活动单元格,单击"插入"菜单,在下拉菜单中选择"函数"命令,弹出"插入函数"对话框,在"选择类别"窗口的列表中选择"常用函数",并单击"STDEV"函数,与求平均值的操作类似,即可方便地求出测量列的标准偏差 s_{t_1},s_{t_2},s_{t_3} 的值,如图 1.4.5 所示.

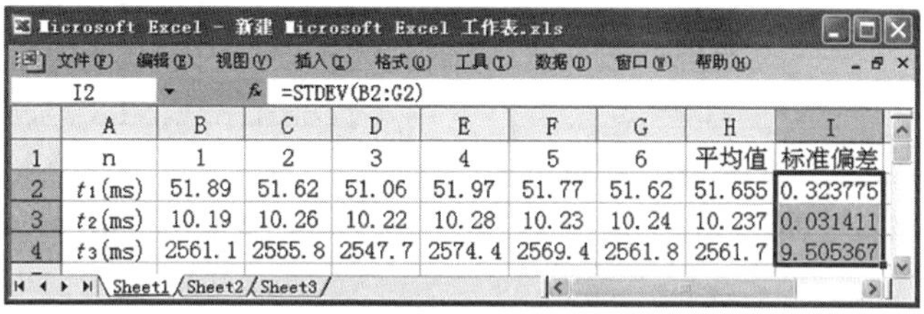

	A	B	C	D	E	F	G	H	I
1	n	1	2	3	4	5	6	平均值	标准偏差
2	t_1(ms)	51.89	51.62	51.06	51.97	51.77	51.62	51.655	0.323775
3	t_2(ms)	10.19	10.26	10.22	10.28	10.23	10.24	10.237	0.031411
4	t_3(ms)	2561.1	2555.8	2547.7	2574.4	2569.4	2561.8	2561.7	9.505367

图 1.4.5　测量列的标准偏差的计算结果图

2. 利用 Excel 绘图

用 Excel 来进行实验数据绘图,既可以保持作图法简明直观的特点,又可以减少作图时人为主观因素的影响.以伏安法测电阻实验数据为例,阐述用 Excel 数据进行绘图的过程.

(1) 依据数据画出数据点

新建一个空白"工作表",将表 1.3.1 中的实验数据输入工作表中,选中单元格区域"B2∶J3",如图 1.4.6 所示.

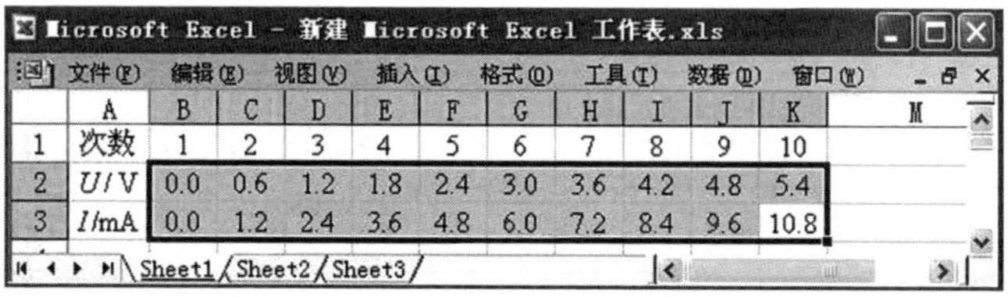

	A	B	C	D	E	F	G	H	I	J	K	M
1	次数	1	2	3	4	5	6	7	8	9	10	
2	U/V	0.0	0.6	1.2	1.8	2.4	3.0	3.6	4.2	4.8	5.4	
3	I/mA	0.0	1.2	2.4	3.6	4.8	6.0	7.2	8.4	9.6	10.8	

图 1.4.6　选定单元格区域图

单击"插入"菜单,在下拉菜单中选择"图表"命令,在弹出的"图表向导—4 步骤之 1—图表类型"对话框的"标准类型"标签下的"图表类型"窗口列表中选择"XY 散点图",在"子图表类型"中选择"散点图"(作校准曲线时,应选折线散点图),如图 1.4.7 所示.

单击 "下一步"按钮,在弹出的"图表向导—4 步骤之 2—图表源数据"中,再单击"下一步"按钮,在弹出的"图表向导—4 步骤之 3—图表选项"对话框的"标题"标签窗口中,键入图表标题、X 轴和 Y 轴代表的物理量及单位,单击"完成"按钮后,适当设置与调整图的属性即可显示图 1.4.8 所示的散点图.

图 1.4.7　图表向导—4 步骤之 1—图表类型图

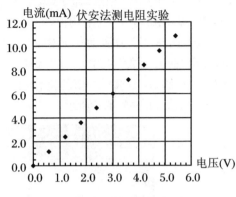

图 1.4.8　散点图

(2) 连线和求经验公式

在图 1.4.8 中数据点处单击鼠标右键选择"添加趋势线"(或单击"图表"菜单,在下拉菜单中选择"添加趋势线"命令来实现),如图 1.4.9 所示.在弹出的"添加趋势线"对话框中,单击"类型"标签后,根据实验数据所体现的关系或规律,从"线性、乘幂、对数、指数、多项式"等类型中选择合适的拟合图线.单击"选项"标签,在"趋势预测"域中通过"前推"和"倒推"的数字增减框可将图线按需要延长,以便能应用外推法;选中"显示公式"复选按钮,可得出图线的经验公式,省去了求常数的过程;选中"显示 R 平方值"复选按钮,可得出相关系数的平方值,以判别拟合图线

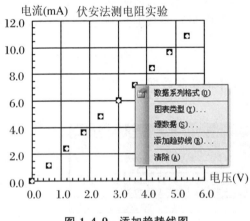

图 1.4.9　添加趋势线图

是否合理.单击"确定"按钮后,即可显示图 1.4.10 所示的图形.

若所得的图不符合实验作图的要求,还可以单击鼠标右键,在下拉菜单中通过"图表选项""坐标轴格式""数据系列格式""绘图区格式"等对话框(均可通过点击所需修改的项目,利用鼠标右键实现),对标度、有效数字等方面进行编辑处理,即可得出符合作图法要求的图形,如图 1.4.11 所示.

Excel 还可以用于对数据进行线性回归分析.用线性回归的方法处理实验数据

比较繁杂,需要进行大量的计算工作,而使用 Excel 之后,这个过程将变得非常简单、方便.线性回归分析的很多计算数值都可显示出来,其中有我们的实验数据处理要求的线性回归方程的常数、相关系数等.这里不再赘述,请参阅相关文献.

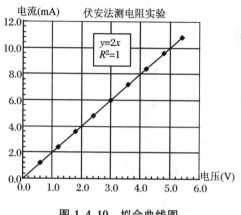

图 1.4.10　拟合曲线图　　　　　图 1.4.11　处理后的实验曲线图

1.4.2　Origin 7.5 软件处理数据

1. 利用统计功能进行误差计算

以用 50 分度的游标卡尺测量某圆环的外径为例,用 Origin 7.5 来处理测量数据.设测量数据如表 1.4.1 所示,试求其合成不确定度.

表 1.4.1　游标卡尺测量某圆环外直径的数据表

次数	1	2	3	4	5	6	7	8	9
直径(cm)	15.72	15.76	15.68	15.74	15.70	15.74	15.68	15.74	15.72

Origin 7.5 中把要完成的一个数据处理任务称为一个"工程"(Project).当启动 Origin 7.5 或在 Origin 7.5 窗口下新建一个工程时,软件将自动打开一个空的数据表,供输入数据,默认形式的数据表中一共有两列,分别为"A(X)"和"B(Y)".将 9 次测量的数据输入到数据表的 A 列(或 B 列),如图 1.4.12 所示.

用鼠标单击"A(X)",选中该列数据,单击"Statistic"菜单,在下拉菜单项中选择"Statistics on Columns"命令,瞬间就完成了直径平均值(Mean)、多次测量的实验标准偏差(sd)、平均值标准差(se)等的统计计算,如图 1.4.13 所示.

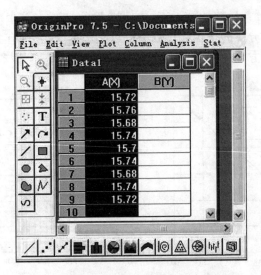

图 1.4.12   Origin 7.5 数据的输入示意图

Col(X)	Rows(Y)	Mean(Y)	sd(yEr±)	se(yEr±)	CIL(Y)	CIU(Y)	P25(Y)	P75(Y)	IQR(Y)
A	[1:9]	15.92	0.02828	0.00943	15.69826	15.74174	15.7	15.74	0.04

图 1.4.13   误差处理结果图

2. 利用绘图功能对实验数据进行绘图

以弦振动实验所得到的测量数据为例,阐述绘图过程.设测量数据如表 1.4.2 所示,用 Origin 7.5 来进行绘图,分析张力 T 与波长 λ 之间的关系.

表 1.4.2   弦振动研究波长与弦线中张力的关系数据表

m(g)	50	100	150	200	250	300	400
L(cm)	52.80	41.70	20.90	44.80	27.80	30.90	33.80
n	4	3	1	2	1	1	1
λ(cm)	26.4	27.8	41.8	44.8	55.6	61.8	67.6
T(N)	0.49	0.98	1.47	1.96	2.45	2.94	3.93

($f=100$ Hz)

将表 1.4.2 中波长 λ 的数据输入到"A(X)"列,将张力 T 的数据输入到"B(Y)"列,如图 1.4.14 所示.

选中这两列数据,单击"Plot"菜单,在"Plot"下拉菜单中选"Scatter"命令,将得到实验数据图,如图 1.4.15 所示. Origin 7.5 默认将图的原点设在第一个数据点的左下方,但是可以改变这一设置.在"Format"下拉菜单中单击"Axis→X Axis",

可以修改 X 轴的起止点和坐标的示值增量，同理单击“Axis→Y Axis”，可以修改 Y 轴设置．此外，单击“Axis titles→X Axis titles”和“Axis titles→Y Axis titles”项可以修改两坐标轴的标注，修改并添加图注后的图，如图 1.4.16 所示．

Data1

	A[X]	B[Y]
1	26.4	0.49
2	27.8	0.98
3	41.8	1.47
4	44.8	1.96
5	55.6	2.45
6	61.8	2.94
7	67.6	3.92
8		
9		

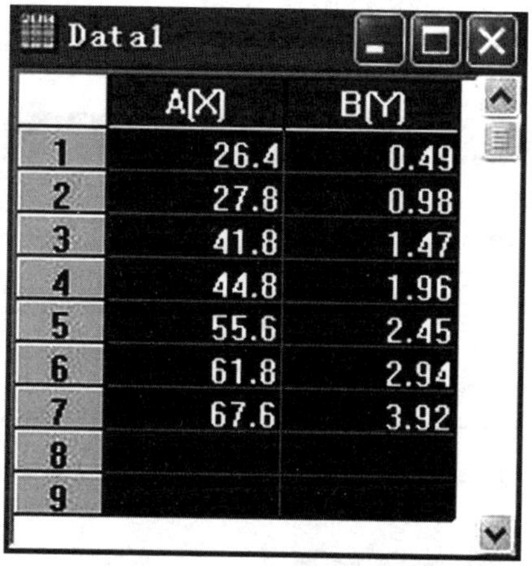

图 1.4.14　数据输入图

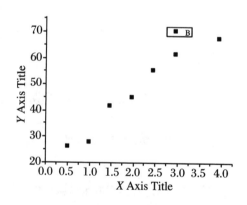

图 1.4.15　数据散点图

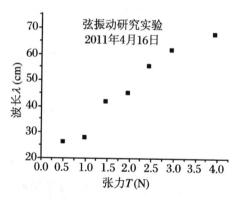

图 1.4.16　添上图注后的数据散点图

3．利用函数表达式计算数据绘图

图 1.4.16 中所绘的不是一条直线，理论分析证明，$\lg T$ 与 $\lg\lambda$ 之间是线性关系．我们仍然可以用图 1.4.16 所用的数据表来绘制 $\lg\lambda-\lg T$ 曲线．在数据表窗口激活时，单击“Column”菜单，在下拉菜单中选“Add New Columns”命令，在弹出的“Add New Columns”对话框中输入“2”，单击“OK”按钮，如图 1.4.17 所示．

这样在“B(Y)”列后就增加了两数据输入列．选中“C(Y)”列，再用鼠标单击“Column”菜单，在下拉菜单中选择“Set Column Values”命令，弹出“Set Column Values”对话框，供设定“C(Y)”列数据使用．在输入框中输入“log(col(A))”，即求

"A(X)"列数据的对数,如图 1.4.18 所示.同法设置 D(Y)列的数据,求 B(Y)列数据的对数.选中"C(Y)"列单击鼠标右键,在下拉菜单中单击"Set As→X",将 C(Y)列数据转换为自变量 C(X),选中"C(X)"和"D(Y)"两列数据,重复画图过程,得到图 1.4.19 所示的数据图(计算机中的"log"对应于正文中的"lg").根据这一方法,也可以计算幂函数、三角函数、指数函数等数据进行绘图.

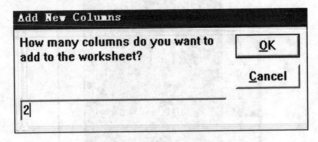

图 1.4.17 Add New Column 对话框图

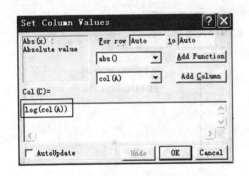

图 1.4.18 Set Column Values 对话框图

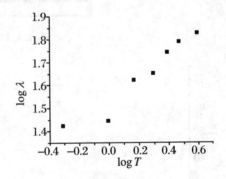

图 1.4.19 数据处理后绘制的散点图

4. 曲线的拟合

Origin 7.5 软件具有多种常用曲线拟合和线性回归功能,其中最具有代表性的是线性拟合.以线性拟合为例,如果绘图窗口被激活,那么选择相应的线性拟合后,则将仅仅针对所激活的数据点进行拟合.以 X 为自变量,Y 为因变量,则其回归拟合的函数形式为 $Y = A + BX$,其中 A,B 为拟合参数,即 A 为直线的截距,B 为直线的斜率,它们是由最小二乘法确定的.

如对图 1.4.19 中的实验数据点进行直线拟合,选择图 1.4.19 为活动窗口,单击"Analysis"菜单,在下拉菜单中选"Fit Linear"命令就会完成线性拟合,拟合结果如图 1.4.20 所示.单击直线可以进一步修改线的粗细、颜色等设置.

同时也计算出 A,B 的值及 A,B,Y 的实验标准差 $s(x)$(SD),$s(A)$、$s(B)$(Error)和相关系数 R,显示在"results log"窗口中,如图 1.4.21 所示,由此得到线性回归方程

即
$$y = 0.505\,6x + 1.528\,4 \tag{1.4.1}$$

$$\lg\lambda = 0.505\,6\lg T + 1.528\,4 \tag{1.4.2}$$

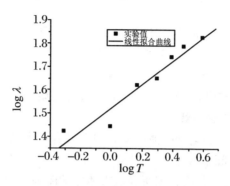

图 1.4.20 线性拟合图

图 1.4.21 results log 窗口图

当然,Origin 7.5 软件的功能还有很多,同学们可以通过软件使用手册或软件的"帮助文件"了解更多的使用功能,请同学们自行学习,在此不作一一介绍.

1.4.3 Matlab 软件处理数据

1. 利用 Matlab 内部函数进行数据处理

在实验中,需要进行数据处理的计算有很多,但所有的计算均可以用 Matlab 函数实现. 如就测量值得平均值、测量列的标准差、偏差的平方和、直线的斜率、直线的截距、相关系数等.

已知表 1.4.1 中的某圆环外直径的测量值,求其平均值,只要在 Matlab 命令提示符下输入:

>>mean([15.72 15.76 15.68 15.74 15.70 15.74 15.68 15.74 15.72])

输出结果显示 ans = 15.72.

若求测量值的标准偏差,只要在 Matlab 命令提示符下输入:

>>std([15.72 15.76 15.68 15.74 15.70 15.74 15.68 15.74 15.72])

输出结果显示 ans = 0.028 3.

若求测量值的平均值标准差,只要在 Matlab 命令提示符下输入:

>>var([15.72 15.76 15.68 15.74 15.70 15.74 15.68 15.74 15.72])

输出结果显示 ans = 8.000 0e − 004.

数据处理的结果与利用 Origin 7.5 软件处理的结果相同.

2. 利用 Matlab 拟合直线

以用板式电势差计测量干电池电动势和内阻实验为例,实验原理参考第 3 章实验 17,各物理量之间的关系为 $1/U_{03} = (R_S + r_内)/E_x R_S + (1/E_x R_S)R$,显然 $1/U_{03}$ 与 R 呈线性关系,若该方程所确定直线的截距为 a 和斜率为 b,则由斜率和截距可求得干电池的电动势 $E_x = 1/bR_S$ 和内阻 $r_内 = a/b - R_S$. 实验测得在不同的电阻 R 的情况下,板式电势差计的电阻丝长度 l'_{cd} 如表 1.4.3 所示.

表 1.4.3　板式电势差计的电阻丝长度

$R(\Omega)$	1	2	3	4	5	6	7	8	9	10
l'_{cd}(m)	9.359 0	8.593 2	7.918 2	7.372 1	6.930 5	6.523 9	6.151 2	5.823 5	5.526 8	5.256 5

编写 Matlab 程序 m 文件,程序如下:

```
clear;
clc;
x = [1 2 3 4 5 6 7 8 9 10];              %电阻 R 的取值.
lx = [9.3590 8.5932 7.9182 7.3721 6.9305 6.5239 6.1512 5.8235 5.5268 5.2565];                    %电势差计电阻丝长度的取值.
U03 = 0.10000 * lx;                      %电阻 R 的端电压.
y = 1./U03;
Rs = 10;                                 %标准电阻的阻值 Rs.
xy = polyfit(x,y,1);                     %对 x,y 进行一元线性回归.
b = xy(1)                                %k 为直线正比例系数.
a = xy(2)                                %b 为直线截距.
R = corrcoef(x,y)                        %计算 x,y 的线性相关系数 R.
Ex = 1/(b * Rs)                          %求出待测干电池的电动势.
R_in = a/b - Rs                          %求出待测干电池的内阻.
xx = [1 2 3 4 5 6 7 8 9 10];
```

yy = b. * xx + a;
plot(x,y,'*');   %1/U02 随 R 变化的关系实验数据点图.
hold on;
plot(xx,yy);   %根据数据点进行直线拟合结果图.
legend('实验数据描点','直线拟合')
xlabel('R(\Omega)');   %坐标系中 x 轴标记.
ylabel('U_{02}^{-1}(V^{-1})');   %坐标系中 y 轴标记.

程序运行结果显示:b = 0.092 1, a = 0.981 7, Ex = 1.086 0 V, r_in = 0.661 48. 其中 b 为拟合直线的斜率, a 为拟合直线的截距, Ex 为待测干电池的电动势, r_in 为待测干电池的内阻, 图 1.4.22 为运行程序所得的线性拟合结果图.

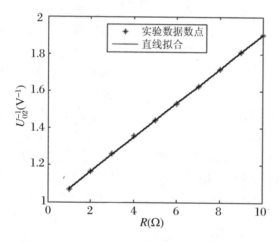

图 1.4.22　Matlab 程序运行的线性拟合结果图

3. 利用 Matlab 拟合曲线

以单色仪定标实验为例来阐述 Matlab 在曲线拟合中的应用,在单色仪定标实验中通常采用汞光灯作为光源,测量鼓轮读数与已知的各个波长的对应关系,并在坐标纸上手工绘制出单色仪的定标曲线,从而确定与鼓轮读数对应的未知出射光波长. 表 1.4.4 是单色仪定标实验的测量数据.

表 1.4.4　单色仪定标实验测量数据表

波长(nm)	579.07	576.96	546.07	496.03	491.60	435.84	407.78	404.66
鼓轮读数 N	10.562	10.594	10.963	11.712	11.798	13.152	14.109	14.238

编写 Matlab 程序 m 文件,程序如下:
clear;clc;

x = [579.07 576.96 546.07 496.03 491.60 435.84 407.78 404.66]; %已知可见光波长.
y = [10.562 10.594 10.963 11.712 11.798 13.152 14.109 14.238]; %已知可见光.波长相对应的鼓轮读数 N.
A = polyfit(x,y,7);   %对给定已知点数据 x,y 进行多项式拟合.
x1 = 404:0.001:580;   %拟合的波长范围.
y1 = polyval(A,x1);   %按系数计算拟合函数的一系列点.
plot(x1,y1,x,y,'*')   %在坐标系中描点,并根据描点绘制多项式拟合曲线.
legend('拟合曲线','实验数据描点')   %给图形添加注释.
xlabel('波长\lambda/nm')   %坐标系中 x 轴标记.
ylabel('鼓轮读数 N')   %坐标系中 y 轴标记.
hold on
B = polyfit(y,x,7);   %对给定已知点数据 y,x 进行多项式拟合,便于由 y 求 x.
y2 = 10.5:0.001:14.5;   %可见光范围内对应的鼓轮读数范围.
x2 = polyval(A,y2);   %按系数计算拟合函数的一系列点.
N = input('请输入鼓轮读数(10.562 - 14.238 范围):N = ')   %实现人机互动.
Lambda = B(1)*N^7 + B(2)*N^6 + B(3)*N^5 + B(4)*N^4 + B(5)*N^3 + B(6)*N^2 + B(7)*N + B(8)   %求出输入鼓轮读数对应的可见光波长.

运行该程序后将出现 Matlab 拟合的单色仪定标曲线,如图 1.4.23 所示.同时命令行中还会显示"请输入鼓轮读数(10.562～14.238 范围):N = ",此时若按要求输入数值后按"回车"键,将会出现与该鼓轮读数 N 对应的波长数值,完成人机交互过程.例如,输入的鼓轮读数 N 为 13.100,则会显示波长 Lambda 为 440.070 0 nm.

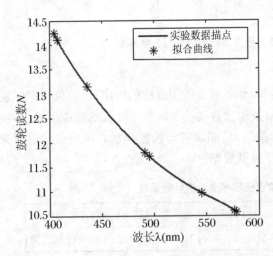

图 1.4.23　Matlab 程序运行的曲线拟合结果图

习 题

1. 判断下列情况属于哪类误差:
(1) 天平测量前未调平造成的误差.
(2) 实验中因环境温度的变化而引起的测量误差.
(3) 天平不等臂所造成的误差.
(4) 测量员读数时的视差所引起的误差.

2. 对恒温室标准温度 25 ℃ 测量 12 次,测量值如下:25.42,25.43,25.40,25.43,25.42,25.43,25.39,25.30,25.40,25.43,25.42,25.41.其中是否有异常数据需剔除? 若有,则剔除后它们的标准偏差是多少?

3. 将下列数据化整为三位有效数字:
4.564 8,3.555 0,0.023 04,1.975 0,6.545 1,0.799 6,7.385 0,3.954×10^{-5},0.500 0

4. 按有效数字的运算规则,计算下列各式:
(1) $123.4 + 1.30 - 0.500$;
(2) 120×0.100;
(3) $\dfrac{12^2 + 104.0}{100}$;
(4) $20.3 + \dfrac{4.057\ 3}{5.047 - 3.272}$.

5. 用伏安法测电阻实验,测量数据如下:

$U(\text{V})$	0.00	2.00	4.01	5.90	7.86	9.75	11.80	13.74	15.90	16.86
$I(\text{A})$	0.00	1.00	2.00	3.00	4.00	5.00	6.00	7.00	8.00	9.00

(1) 用作图法求出电阻 R(做出 U-I 曲线).
(2) 用逐差法求电阻 R.
(3) 用最小二乘法求电阻 R.

6. 用 Origin 7.5 软件处理 5 题中的数据.

第 2 章 物理实验常用仪器和基本方法

2.1 物理实验常用仪器

2.1.1 力热实验常用仪器

1. 游标卡尺

长度测量中,米尺是最常用的仪器之一,但米尺的测量精确度较低,为了提高长度测量的精确度,实验室还常用游标卡尺和螺旋测微计来测量长度.

游标卡尺又称游标尺或卡尺,其外形结构如图 2.1.1 所示,它由主尺和可沿着主尺滑动的副尺(游标)组成,主尺 D 与量爪 AA′ 为一整体,副尺 E 与量爪 BB′ 和深度尺 C 为一整体,F 为副尺固定螺丝.量爪 A、B 用来测量物体的厚度或外径,A′、B′ 则用来测物体内径,深度尺 C 则用于测槽或孔的深度.当左右量爪合拢时,副尺上的"0"刻度线与主尺上的"0"刻度线应对齐,如图 2.1.2(a)所示,此时读数为 0.00 mm.测量时,这两个"0"刻度线之间的距离等于被测物体的长度.

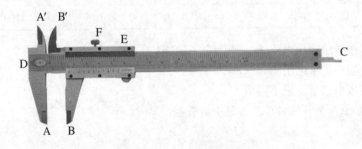

图 2.1.1 游标卡尺

游标卡尺的主尺上刻有毫米分格,而副尺上的刻度则有不同的分格法.通常副尺上的 n 个分格(称为 n 分度游标卡尺)的总长与主尺上 $n-1$ 个分格的总长相等.故如主尺的一个分格长度为 x,则副尺上的一个分格的长度为 $(n-1)x/n$,二

者之差 $\Delta x = x/n$ 称该副尺的分度值。一般使用的游标卡尺有 n 等于 10、20 和 50 三种,由上述可知其分度值分别为 0.1 mm、0.05 mm 和 0.02 mm。在测量长度小于 300 mm 时,卡尺的示值误差与分度值相同。

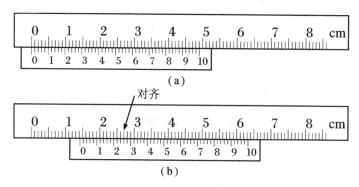

图 2.1.2 游标卡尺读数

测量时,根据副尺"0"线所对主尺的位置,可由主尺读出毫米位的准确值,而毫米以下的部分则由副尺读出。以图 2.1.2 所示的 50 分度游标卡尺为例,若被测物体的示数如图 2.1.2(b)所示,则被测物在主尺上毫米位的准确读数为 14 mm,由于图中副尺上第 13 条线与主尺上某一刻度对齐,则被测物体的长度 L 应为

$$L = 14 \times 1 \text{ mm} + 13 \times \frac{1}{50} \text{ mm}$$
$$= 14 \times 1 \text{ mm} + 13 \times 0.02 \text{ mm} = 14.26 \text{ mm}$$

所以被测物体的长度为 14.26 mm。

综上所述,使用 n 分度的游标卡尺时,主尺的一个分格长度为 x,如副尺的第 k 条线与主尺上某一刻线对齐,则毫米以下的部分的长度为 $\Delta l = kx - k(n-1)x/n = kx/n$。设主尺读得毫米以上部分为 L_1,则被测物体的测量值 L 为 $L = L_1 + kx/n$。

用游标卡尺测量前,应先将量爪合拢,检查主尺与游标上两"0"刻度线是否对齐,如不对齐,应先记下此时的零点读数,用以修正测量值。

游标卡尺的读数也会产生误差,由于在判断副尺上哪一条刻线与主尺上的某条刻度线对齐时,可能有正负一条刻线之差,所以取游标卡尺的分度值为仪器最大示值误差。

2. 螺旋测微计(千分尺)

螺旋测微计是一种比游标卡尺更精密的长度测量仪器,常用的螺旋测微计如图 2.1.3 所示,它的量程是 0~25 mm,分度值为 0.01 mm。螺旋测微计主要由弓形体、固定套筒和活动套筒(微分筒)三部分组成。固定套筒管上有一水平线,这条线上下各有一列间距为 1 mm 的刻度线,下面的刻度线恰好在上面两相邻刻度线中间。微分筒上的刻度线是将圆周等分为 50 等份的水平线,它是旋转运动的。

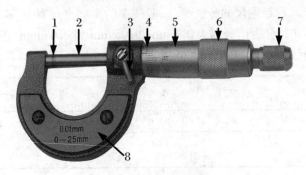

图 2.1.3 螺旋测微计
1. 固定测砧；2. 测微螺杆；3. 锁紧装置；4. 固定套筒；5. 微分筒；
6. 大棘轮；7. 小棘轮；8. 弓形体

根据螺旋运动原理，当微分筒旋转一周，测微螺杆前进或后退一个螺距，即 0.5 mm．这样当微分筒旋转一个分度后，它转过 1/50 周，这时螺杆沿着轴线移动了 $0.5 \times 1/50 = 0.01$ (mm)，因此使用螺旋测微计可以准确读出 0.01 mm 的数值．实际测量时，分度线不一定正好与读数基线对齐，因此还必须往后估读到 0.001 mm．可见用螺旋测微计测量物体的长度时，以 mm 为单位，小数点后必有 3 位有效数字．读数时，先从固定套筒上读出大于半毫米的大数部分，再从微分筒上读出小于半毫米的部分，二者之和就是被测物体的总长度，读数时一定要注意观察半毫米刻线是否露出来了．如图 2.1.4(a)所示应该读作 7.172 mm，如图 2.1.4(b)所示应该读作 7.672 mm．

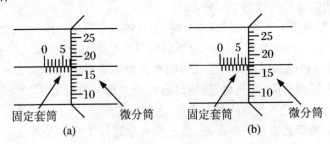

图 2.1.4 螺旋测微计的读数

使用螺旋测微计之前，必须先检查零点读数．先转动大棘轮使螺杆前进，当螺杆快要接触固定测砧时，就应转动尾端的小棘轮，听到"嗒嗒"声立即停止转动．如果此时活动套筒上的零线正好对齐读数基线，零点读数就记作 0.000 mm，如果活动套筒上的零线在读数基线上方，零点读数记作负数，反之为正数．每一次测量的直接读数减去零点读数才是真正的测量值，即测量值＝直接读数－零点读数．例如零点读数是 －0.003 mm，直接读数是 5.672 mm，测量值 = 5.672 － (－0.003)

= 5.675（mm）．

3. 读数显微镜

读数显微镜是将测微螺旋和显微镜组合起来精确测量长度用的仪器，常见的读数显微镜如图 2.1.5 所示．它是将低倍显微镜安装在精密的螺旋测量装置上，转动测微鼓轮，显微镜能在垂直于光轴的方向上移动，移动的距离可从读数装置上读出．目镜中装有十字分划板，用以对准测量目标．

读数显微镜的读数原理与螺旋测微计相同，它的螺距为 1 mm，测微鼓轮盘上有 100 个分度，每转动一个刻度镜筒移动 0.01 mm，读数时也需要向后估读到 0.001 mm．具体测量操作步骤如下：

① 调节目镜，看到清晰的十字叉丝，并将叉丝调正．

② 将被测物平放到载物台上，并在镜筒的正下方，使被测长度的方向与镜筒平移的方向平行，然后调节镜筒物镜调焦手轮，使镜筒缓缓地上升进行调焦，直到看清楚物体的像，无视差．

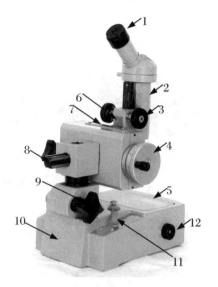

图 2.1.5 读数显微镜

1. 目镜；2. 镜筒；3. 物镜调焦手轮；4. 测微鼓轮；
5. 载物毛玻璃；6. 指标；7. 标尺；8. 横轴；
9. 底座手轮；10. 底座；11. 工作台压簧；
12. 反光镜调节手轮

③ 转动鼓轮，平移镜筒，当十字叉丝的竖线与物体像的始端相切时，记下始位置读数 x_1，继续沿着同一方向平移镜筒，当竖线与物体像的末端相切时，记下末位置读数 x_2，如图 2.1.6 所示，则待测物体的长度 $d = |x_2 - x_1|$．

④ 读数时，从固定的标尺上读出大于 1 mm 部分，从鼓轮边缘上读出小于 1 mm 的部分，二者之和就是位置读数 x_1 或 x_2 的值．

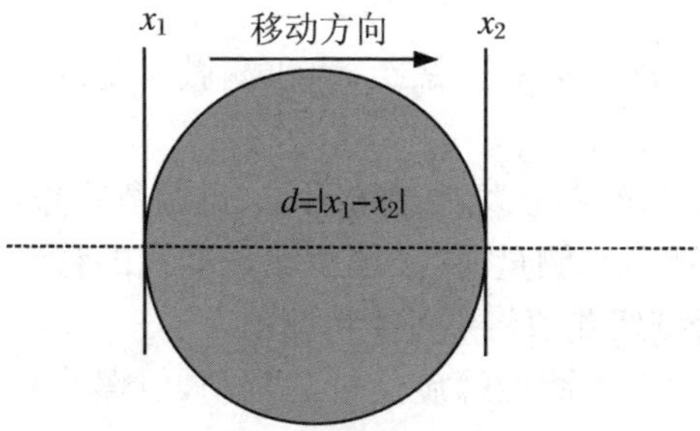

使用读数显微镜时要注意以下两点：

① 使显微镜的移动方向和被测两点间连线平行．

② 防止回程误差．回程误差指的是由于螺丝和螺套之间存在间隙，螺

图 2.1.6 读数显微镜长度测量原理图

旋转动方向改变时,它们的接触状态将发生改变,两次读数不同,由此产生的测量误差.所以在测量时应向同一方向转动鼓轮,使叉丝和各目标对准.

4. 测微目镜

测微目镜是带有测微装置的目镜,可作为测微显微镜和测微望远镜等仪器的部件,在光学实验中有时也作为一个测长仪器独立使用,例如,测量非定域干涉条纹的间距.图 2.1.7 是实验室常用的 MCU-15 型测微目镜实物图,其目镜内部结构如图 2.1.8(a)所示.鼓轮转动时通过传动测微螺旋推动十字叉丝分划板移动;鼓轮反转时,叉丝分划板因受弹簧恢复力作用而反向移动.有 100 个分格的鼓轮每转一周,叉丝移动 1 mm,所以鼓轮上的最小刻度为 0.01 mm.图 2.1.8(b)表示通过目镜看到的固定分划板上的毫米尺,可移动分划板上的"十"字叉丝与竖丝.

图 2.1.7 测微目镜实物图

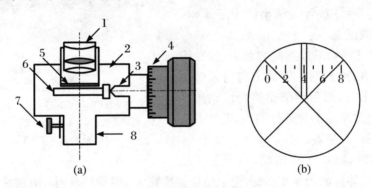

图 2.1.8 测微目镜结构图

1.目镜;2.本体盒;3.传动测微螺旋;4.读数鼓轮;5.有毫米刻度的固定玻璃标尺;
6.十字叉丝分划板;7.螺丝;8.接头套筒

使用测微目镜时应注意以下几点:

① 读数鼓轮每旋转一周,十字叉丝移动距离等于螺距,由于测微目镜的种类繁多,精度不一,因此使用时首先要确定分度值.

② 使用时先调节目镜,使测量准线(叉丝)在视场中清晰可见,再调节物象,使之与测量准线无视差地对准后,方可进行测量.测量时,必须使测量准线的移动方向和被测量的两点之间连线方向平行,否则实测值将不等于待测值.

③ 防止回程误差.由于分划板的移动是靠测微螺旋丝杆的推动,但螺旋和螺套之间不可能完全密合,存有间隙.如果螺旋转动方向发生改变,则必须转过这个间隙后,叉丝才能重新跟着螺旋移动.因此当测微目镜沿相反方向对准同一测量目

标时,两次读数将不同,由此而产生测量的回程误差.测量时,螺旋应沿着同一个方向旋转,不要中途反向,若转过了头,必须退回一圈,再从原方向旋转推进,对准目标进行测量.

④ 旋转测微目镜时,动作要平稳、缓慢,如果已经达到一端,则不能再强行旋转,否则会损坏螺旋.

5. 物理天平

物理天平是常用的测量物体质量的仪器,它是一种利用等臂杠杆称量物体质量的双盘天平,其外形结构图如图 2.1.9 所示.它具有一个能调节水平的金属底座,立柱固定在其中央部位.横梁支持在刀垫槽内的玛瑙中刀托上;而中刀托则固定在升降杆的上端.当旋转手轮时升降杆能随之上下移动,带动横梁上升或下降.横梁的中间和两边镶有钢制刀口,为天平的支点与受力点.两端有平衡螺母和边刀吊架.砝码盘挂在两边的挂钩上.在立柱的后面装有水平水准器,调节底座下的两个调平螺丝,使气泡在圆圈刻线中间位置即为天平的工作位置.

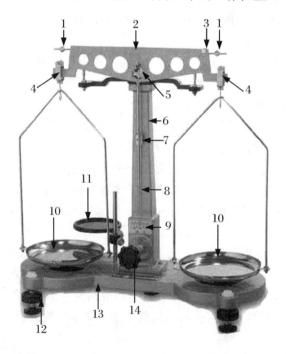

图 2.1.9 物理天平

1. 平衡螺母;2. 横梁;3. 游码;4. 边刀吊架;5. 中刀口;6. 立柱;7. 感量砣;
8. 指针;9. 标尺;10. 托盘;11. 杯托盘;12. 调水平螺丝;13. 金属底座;14. 手轮

指针固定在横梁的下端,其末端在刻度盘前摆动,指针上装有可上下调整的感量砣,调节其位置可使天平灵敏度改变,一般产品出厂前已把位置调好,不要擅自改变.

在立柱左边有一支杆,杯托盘固定在支杆的上面;当把杯托盘转至砝码盘中央位置时,可在它上面放置实验器具(如烧杯等).放入器具内的物体可用细线捆着挂在挂钩上,这时和用两盘称量时的作用完全相同.如把杯托盘转到托盘外则可作一般称量用.

此天平有游码装置,移动游码,在游码尺范围内可得到 1 g(1 000 mg)的称量范围.除此以外还有一组砝码,每架天平所附砝码的公差不同,不能彼此换用.

使用天平的具体步骤如下:

① 调整底座水平.旋转调水平螺丝,使天平底座处于水平位置,这可从天平上立柱后面的水平水准器气泡是否在圆圈刻线中间来检查.

② 确定零点.零点是天平无负载时的平衡位置,即是无负载时指针的静止点.通常,零点应在刻度盘的中间,如果偏离过大,要调节横梁两端螺母.调好后应将同一端的两螺母相互并紧,以免松动.

确定零点时,先转动手轮,使横梁升起.这时指针摆动,一般不必等指针完全静止,只要摆动幅度两边相同即可.

③ 称量物体质量.天平称量时,先转动手轮,使横梁制动,一般将待称量物体放在左盘,砝码放在右盘.再转动手轮使横梁升起,观察指针是否指在中间.如不在中间,则放下横梁增减砝码或拨动游码.再升起横梁,观察指针的摆动,直到平衡为止.这时所放砝码的总质量加上游码质量,就是被称量物体的质量.

在使用天平称量时应遵守下列规则:

① 被称量物质的质量,绝对不能超过天平规定的量程.

② 放入或取下物体或砝码时,应在天平横梁被制动的情况下进行.

③ 被称物体和砝码应放在托盘的中央,如果同时放上大小砝码,应将大砝码放在盘的中央.

④ 不能用手直接拿取砝码,应用镊子夹持砝码.对于微量砝码,应轻轻地夹持它翘起的一角,而不能用力乱夹,如有质量较大砝码用镊子夹持不便,应该用干净的软纸衬垫着拿取.从盘中取出砝码后应立即放回盒中原位,要防止砝码沾着酸、碱或油脂.砝码上有灰尘或玷污时,应用软毛刷清除或用软纸擦拭,切勿用手擦抹,以免手汗腐蚀表面.

⑤ 不可以将化学药品、湿的物体以及过冷、过热物体直接放在托盘上.

6. 秒表

实验室常用的计时仪器是秒表.秒表有机械秒表和电子秒表两种.常用的秒表外形结构如图 2.1.10 所示,(a) 为机械秒表,(b) 为电子秒表.机械秒表的最小计时单位为 0.1 s,电子秒表的最小计时单位常为 0.01 s.秒表是由人手动来操作计时起止的,这样会引起误差,该误差因人而异,低的在 0.1 s 以内.机械秒表上端的按钮是用来旋紧发条和控制秒表计时起止的.

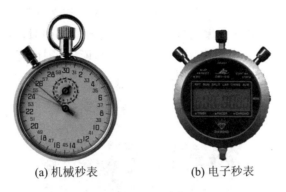

(a) 机械秒表　　　　　　(b) 电子秒表

图 2.1.10　秒表

7. 数字毫秒计

数字毫秒计以石英晶片控制的振荡电路的频率作为测量标准.常用的数字毫秒计的基准频率为 100 kHz,经过分频后可得 10 kHz、1 kHz 和 0.1 kHz 的时标信号,信号脉冲的时间间隔分别为 0.1 ms、1 ms 和 10 ms.数字毫秒计上的时间选择挡,就是对这几个信号的选择.如果用 1 ms 挡,而在控制时间内有 1 893 个 1 ms 信号进入计数电路,则显示为 1.893,即 1.893 ms.

信号源可以连续输出等间隔的电脉冲信号,但是它不一定都能进入计数电路.图 2.1.11 是工作原理示意图,信号源与计数电路之间有一门控电路,它的"开"和"关"可以使脉冲信号"通过"和"中断",因而进入计数电路脉冲的个数,等于门控电路从"开"到"关"这段时间内信号源发出脉冲的个数,即仪器显示时间等于从"开"到"关"的时间.

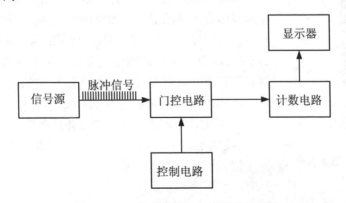

图 2.1.11　数字毫秒计工作原理示意图

对门控电路"开"和"关"的控制有两种方式:一是机控,即用机械开关发出控制信号;二是光控,即用光电管来控制.图 2.1.12 是 FB231A 型数显计时计数毫秒仪,它是采用光电管来控制门控电路的.它将输入口与光电门的光电管插头相连,光电门由一个光电管和一个聚光灯组成,当光电管受光照时,电阻下降到零,电路导通,如光照受阻,则光电管电阻极大,电路近似断开,因而光电门相当于一个开关.有关仪器的使用详见仪器说明书.

图 2.1.12　FB231A 型数显计时计数毫秒仪

8. 温度计

具有随温度变化而变化的特性的物体都可以用来制造温度计,如气体、液体和固体温度计都是利用物体体积随温度变化的特性制造的;热敏电阻温度计和温差电偶温度计则是利用电阻随温度的变化关系制造的.各种温度计有不同的适宜测温区域,实验时要根据温度的高低和被测物体的状态,选取适当的温度计.

实验室中常用的是液体温度计,如图 2.1.13 所示.在使用液体温度计测量液体的温度时,正确的操作如下:

① 手拿着温度计的上端,避免手的温度影响管内液体的胀缩.将温度计的玻璃泡全部浸入被测液体中,不要碰到容器底或容器壁,若测量时,温度计的玻璃泡碰到容器的底或壁,测定的便不是液体的温度.

② 温度计玻璃泡浸入被测液体后要稍等一会,待温度计的示数稳定后再读数.如果不等温度管内液柱停止升降就读数,或读数时拿出液面,所读的都不是液体的真实温度.

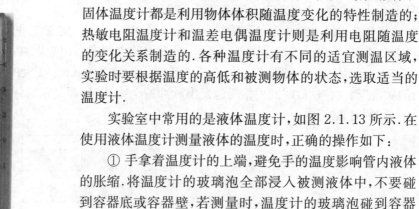

图 2.1.13　液体温度计

③ 读数时温度计的玻璃泡要停留在液体中,视线要与温度计中液柱的上表面相平.

2.1.2 电学实验常用仪器

1. 电流计

电流计是最基本的直流电流表,也称为表头,表头的内部结构如图 2.1.14 所示.电流计是磁电系仪表,它主要由永久磁铁、转动线圈、游丝和指针构成.其基本原理是处在磁场中的线圈通电时,受到力矩的作用而转动,从而带动指针的转动,直到与游丝的反力矩平衡.它的特点是指针偏角的大小与通过线圈的电流成正比,电流方向不同时,指针偏转的方向也不同.电流计能直接测量的电流在几十微安到几十毫安之间,如果要用它测量较大的电流,则需要分流电阻.

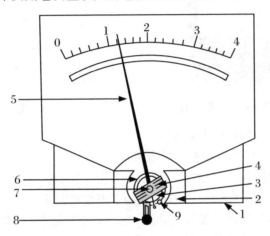

图 2.1.14 磁电式表头的结构原理图
1. 永久磁铁;2. 极掌;3. 圆柱形铁芯;4. 转动线圈;
5. 指针;6. 游丝;7. 转轴;8. 调零螺杆;9. 平衡锤

表头的主要特性参数如下:

① 满偏电流:是指偏转到满标时,线圈所通过的电流值,以 I_g 表示.一般表头的 I_g 值为 50 μA、200 μA、1 mA.

② 电流常数:是指指针或光标偏转一个分格所对应的电流值,以 C_I 表示,单位为安培/分度.电流常数的倒数称为仪表的电流灵敏度 $S_I = 1/C_I$,表示一个单位电流所引起指针或光标的偏转量.

③ 内阻:是指偏转线圈的内阻,以 r_g 表示.表头的满标电流愈小,内阻愈大,一般 r_g 为几十欧姆到几千欧姆.

2. 直流电流表

直流电流表包括直流微安表、毫安表和安培表,用符号 μA、mA 和 A 表示.图

2.1.15 为实验室常用的微安表,它有三个量程,分别为 0～250 mA、0～500 mA 和 0～1 000 mA.

直流电流表是在磁电式表头上并联分流电阻而成的,其原理图如图 2.1.16 所示.改变分流电阻 R 的阻值大小,可以得到不同量程的电流表,分流电阻愈小,量程愈大.

图 2.1.15　直流电流表实物图

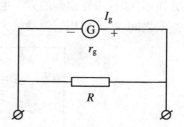

图 2.1.16　电流表结构原理图

直流电流表的主要特性参数如下:

① 量程:是指指针偏转满标时的电流值.

② 内阻 R_A:是指电流表两端之间的电阻值.是表头内阻与扩程电阻(分流电阻)的并联电阻,即 $R_A = r_g R/(r_g + R)$.为了不使电流表串入被测电路而影响电路的电流,电流表的内阻一般较小,量程愈大,内阻愈小.一般安培表的内阻在 0.1 Ω 以下,毫安表的内阻可达 10^2 Ω 量级,微安表的内阻可达 10^3 Ω 量级.电流表的内阻,有时以内阻上流过满标电流时的电压降表示,这时,内阻＝压降/量程.

③ 准确度等级:是指电流表的基本误差的百分数值,用 α 表示,定义为最大绝对误差与满刻度值之比.若一个电表,其基本误差为 $\pm 1.0\%$,则电表的准确度等级(简称级别)为 1.0 级.电表的准确度级别分为 7 个等级,分别为 0.1、0.2、0.5、1.0、1.5、2.5、5.0.

3. 直流电压表

直流电压表包括直流毫伏表、伏特表,用符号 mV、V 表示,图 2.1.17 是实验室常用的直流电压表,它有三个量程,分别为 0～1.5 V、0～3 V 和 0～7.5 V.

直流电压表是由磁电式表头串联分压电阻而成的,其原理图如图 2.1.18 所示.改变分压电阻 R 的阻值大小,可以得到不同量程的电压表,分压电阻 R 愈大,电压表的量程愈大.

直流电压表的主要特性参数如下:

图 2.1.17　直流电压表

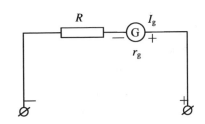

图 2.1.18　电压表结构原理图

① 量程:是指指针偏转满标时的电压值.

② 内阻 R_V:是指电压表两端之间的电阻值,是表头内阻与扩程电阻(分压电阻)的串联电阻,即 $R_V = r_g + R$.电压表的量程愈大,内阻愈大.电压表某一量程的内阻 R_V 与量程 U_m 之比称为电压表的电压灵敏度 S_V,即 $S_V = R_V/U_m$.因为任一量程都有关系 $U_m = I_g(r_g + R) = I_g R_V$ 存在,其中,$R_V = r_g + R$ 为电压表的内阻,可得电压表的灵敏度为 $S_V = R_V/U_m = 1/I_g$.这表明多量程的电压表,不同量程的电压灵敏度都相等,I_g 越小,电压灵敏度越高,内阻越大.为了不使测量电压时,因并联电压表而影响电路的电流,电压表的内阻一般很大,量程愈大,电压表的内阻愈大.

③ 准确度等级:与电流表相类似,这里不再重复.

4. 检流计

检流计是用来检测微弱电流的高灵敏度的机械式指示仪表,在电桥、电位差计中作为零位指示仪表,也可用于测微弱电流、电压等.实验室常用的有指针式检流计、光电反射式检流计和冲击检流计等类型.

图 2.1.19 为实验室常用的 AC5 型直流指针检流计,它属于便携式磁电式结构,主要是作零位指示之用.检流计指针零点在刻度中央,当检流计通入微小电流时,根据电流流入的方向不同,指针可左右偏转.检流计不用时,应处于关机状态,以免电池消耗完影响下次使用.

检流计允许通过的电流非常小,使用时常需要串联一保护电阻,以防止电流过大损坏检流计.检流计用作零位指示时,当调节测量电路使通过的电流已经很小时,可短路保护电阻以提高检流计的测量灵敏度.

图 2.1.19　AC5 型直流指针检流计

5. 电源

电源是通过非静电力做功把其他形式的能量转化为电能的装置,分直流电源和交流电源两种.物理实验中常用的电源有干电池、标准电池、直流稳压电源和电网提供的交流电.

(1) 电池

电池是最简单的电源,常用的有干电池、锌汞电池(常称纽扣电池)、锂电池及铅蓄电池等.日常生活中的电子表、数码照相机、手机等电子产品都需要配备电池.在物理实验中,当不需要强电流时,使用干电池是很方便的,一般单个电池的电动势为 1.5 V,使用时可根据需要将干电池组成电池组.

(2) 标准电池

标准电池是电动势的度量器,它也是将化学能转换为电能的装置,电池内用的化学物质均经过严格提纯,化学成分非常稳定,用量十分准确,所以其电动势能维持较长时间,准确度高.根据标准电池电解液中是否有硫酸镉晶体,将标准电池分为饱和标准电池和不饱和标准电池两种.

使用标准电池应注意以下几个方面:

① 使用和存放地点的湿度和温度要符合说明书的要求.

② 不能震动、摇晃和倒置,在运输后必须静置一昼夜的时间才能使用.

③ 防止阳光及其他光源、热源、冷源的直接作用.

④ 不能过载,通过或取自标准电池的电流不能大于规定的值(一般为 1 μA),使用时间应尽量短.

⑤ 严禁用万用电表、直读式仪表测量其电动势,也不能让人手将其短路.

⑥ 绝不能将标准电池当作一般电源使用.

图 2.1.20 LM1719A 型数显直流稳压电源

(3) 直流稳压电源

直流稳压电源是实验室中常见的供电装置,它将电网的 220 V 交流电经变压、整流、滤波及稳压后以直流电压形式输出.

直流稳压电源面板一般有电源开关、输出电压调节旋钮、仪表监视选择开关和输出端口等,图 2.1.20 为 LM1719A 型数显直流稳压电源,电压和电流表采用的是数字显示,有 A,B 两路电源可供使用.

直流稳压电源主要参数有输出电压范围、最大输出电流、电压稳定度、负载稳定度等.有的直流稳压电源设有短路保护装置,当输出电流过大或短路时,自动切断电源,外电路正常后才可以恢复工作.尽管如此,我们还是应该养成良好的工作习惯,实验前仔细检查电路,避免电流过大和短路发生.

6. 电阻箱

电阻箱是由锰铜合金线绕制的低温度系数、高准确度的标准电阻相串联,装在盒子内而制成的.电阻箱上一般有 6 个(或 4 个)旋钮,可以用它们步进调节电阻值.图 2.1.21 是 ZX21 型旋转式电阻箱的实物图及内部电路示意图,电阻箱的规格参数有以下几方面.

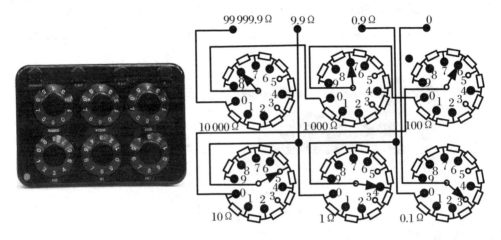

图 2.1.21 电阻箱实物图和内部结构示意图

① 电阻箱的额定功率:指电阻箱内每个电阻的额定功率.一般电阻箱的额定功率为 0.25 W,可以由它算出各挡电阻允许通过的最大电流,见表 2.1.1.

表 2.1.1 电阻箱各挡电阻允许通过的最大电流

电阻挡	×0.1	×1	×10	×100	×1 000	×10 000
最大允许的电流(A)	1.5	0.5	0.15	0.05	0.015	0.005

② 总电阻:即最大可调电阻.ZX21 型电阻箱电阻值可变范围为 0~99 999.9 Ω,即最大电阻为 99 999.9 Ω.

③ 电阻箱的等级:电阻箱根据其误差分为 7 个等级,分别为 0.01、0.02、0.05、0.1、0.2、0.5 和 1.0 级.级别表示电阻箱相对误差的百分数.例如,ZX21 型电阻箱为 0.1 级,当电阻值为 662 Ω 时,其阻值误差为 662×0.1%≈0.7 Ω.另外电阻箱每个旋钮上存在接触电阻,0.1 级电阻箱每个旋钮的接触电阻为 0.000 2 Ω.当电阻较大时,接触电阻与之相比微不足道;但电阻较小时,接触电阻却引起很大的误差.因此,需要 0.1~0.9 或 9.9 Ω 的阻值时,应使用 0 和 0.9 Ω 或 9.9 Ω 两接线柱,以

减小相对误差.

电阻箱的总误差等于标明在等级中的误差与接触误差之和.

7. 滑动变阻器

滑动变阻器的外形构造与等效电路如图 2.1.22 所示.涂有绝缘层的电阻线绕在长直瓷管上,电阻丝的两端固定在接线柱 A 和 B 上,瓷管上方装一根与瓷管平行的金属杆,金属杆的一端连有接线柱 C,杆上还套有紧压在电阻线圈上的接触器.线圈与接触器接触处的绝缘层被刮掉,滑动接触器用来改变滑动端的位置,就可以改变 AC 或 BC 之间的电阻,而 A、B 两端之间的电阻是固定的总电阻.滑动变阻器在电路中的符号如图 2.1.22(b)所示,它的三个连接点与变阻器的三个接线柱相对应.

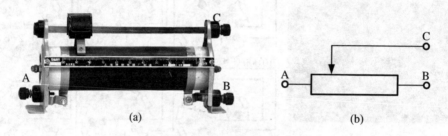

图 2.1.22 滑动变阻器

8. 示波器

示波器是一种用途非常广泛的电子测量仪器,用它能直接观察电信号的波形,也能测定电压信号的幅度、周期和频率等参数.用双踪示波器还可以测量两个电信号之间的时间差或相位差,理论上凡是能转化为电压信号的电学量和非电学量都能用示波器观测.示波器的规格和型号很多,根据工作原理的不同,分为电子示波器和数字存储示波器两类,下面介绍实验室中常用的两种示波器.

(1) 电子示波器

图 2.1.23 是 YB4324 型双踪电子示波器实物图,主要由示波管、信号放大器和衰减器、扫描信号发生器、触发同步电路和电源五个部分组成.各旋钮和按键功能如下:

1—辉度调节旋钮:光迹亮度调节,顺时针旋转光迹增亮.

2—聚焦调节旋钮:用以调节示波管电子束的焦点.

3—电源指示灯:电源打开时,指示灯亮.

4—电源开关:打开和关闭示波器.

5—Y_1垂直位移旋钮:调节通道 1 输入信号波形在垂直方向位置.

6—Y_2垂直位移旋钮:调节通道 2 输入信号波形在垂直方向位置.

7—垂直方式:选择垂直系统的工作方式.按下"CH1"或"CH2",显示通道 1 或

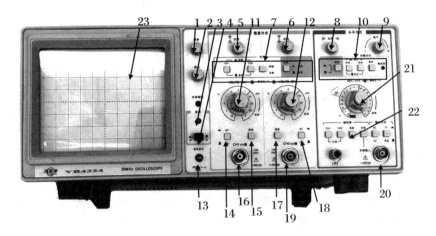

图 2.1.23　YB4324 型双踪示波器

通道2输入信号,同时按下两键,两通道信号同时出现;按下断续,两通道信号交替出现;按下"CH2"反相,表示通道2输入信号反相.

8—水平位移:调节输入信号波形在水平方向的位置.

9—电平:用以调节被测信号在变化至某一电平时触发扫描.

10—扫描方式:选择产生扫描的方式,当仪器工作在锁定状态时,无需调节电平即可使波形稳定地显示在屏幕上.

11—通道1灵敏度选择开关(VOLTS/DIV):底端为粗调旋钮,顶端为微调旋钮,可连续调节垂直轴的偏转因数,调节范围≥2.5倍,该旋钮顺时针旋足时为校准位置,此时根据"VOLTS/DIV"开关度盘位置和屏幕显示幅度可读取该信号的电压值.

12—通道2灵敏度选择开关(VOLTS/DIV):功能同11.

13—探极校准信号:此端口输出幅度为0.5 V、频率为1 kHz的方波信号,用于校准 Y 轴偏转系数和扫描时间系数.

14—CH1 耦合方式:通道1的输入耦合方式选择,AC 为信号中的直流分量被隔开,用于观察信号的交流成分;DC 为信号与仪器通道直接耦合,当需要观察信号的直流分量或被测信号的频率较低时应选用此方式.

15—接地按钮:垂直通道1处于接地状态,用于确定输入端为零电位时光迹所在位置.

16—通道1输入端口:双功能端口,在常规使用时,此端口作为通道1的输入口,当仪器工作在"X-Y"方式时,此端口作为水平轴信号输入口.

17—CH2 耦合方式:功能同14.

18—接地按钮:通道2处于接地状态,用于确定输入端为零电位时光迹所在位置.

19—通道2输入端口:双功能端口,在常规使用时,此端口作为通道2的输入口,当仪器工作在"X-Y"方式时,此端口作为竖直轴信号输入口.

20—触发信号输入端.

21—扫描速率:底端为粗调旋钮,可根据被测信号频率的高低,选择合适的挡级,当逆时针旋到底时,为"X-Y"方式输入位置,表示仪器工作方式为"CH1"与"CH2"两通道输入信号垂直叠加,顶端为微调旋钮,当扫描速率"微调"置于校准位置,即旋钮顺时针旋足时,可根据度盘的位置和波形在水平轴的距离读出被测信号的时间参数.

22—触发指示:指示灯具有两种功能指示,当仪器工作在非单次扫描方式时,灯亮表示扫描电路工作在被触发状态;当仪器工作在单次扫描方式时,灯亮表示扫描电路在准备状态,此时若有信号输入将产生一次扫描,指示灯随之熄灭.

23—显示屏.

示波器的结构原理图如图 2.1.24 所示.其中,示波管是示波器的主要部件,包括电子枪、偏转系统和荧光屏三个部分.阴极 K 被灯丝 H 加热发射电子,电子束通过控制栅极 G,在阳极 A_1 和 A_2 产生的加速电场作用下以很高的速度向阳极运动;另一方面阳极对发散的电子束起聚焦作用.荧光屏是涂有发光材料的屏,当它受到电子撞击时发出荧光,荧光的亮度取决于电子束的强度.电子束的强度是用栅极 G 来控制的,其电位通常低于阴极,对电子束中电子数起控制作用.在阳极与荧光屏之间,安装两组相互垂直的 X 极板和 Y 极板.为了使电子运动尽可能少地与空气分子碰撞,以上部件被安装在抽成真空的玻璃泡里.

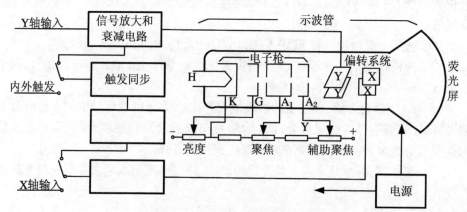

图 2.1.24 示波器的结构原理图

电子示波器的工作原理是:当 Y 极板上加恒定电压时,二极板之间产生电场,在电场作用下,电子束在竖直方向上偏转,荧光屏上亮点相应在竖直方向产生位移,可以证明产生的位移与电压成正比;再在 X 极板上加一恒定电压,水平方向的电场使电子束在水平方向上偏转,亮点同时在 X 方向上产生一个位移.当 Y 极板上加上正弦电压时,可以想象荧光屏上的亮点也随时间做正弦移动;如果同时在 X 极板上加一个与时间成正比的电压,则光点不仅沿 Y 方向随时间做正弦运动,同时也做水平匀速运动,光点的运动轨迹是这两个方向的运动合成,即为电压随时间变化的波形图.X 方向与时间成正比的电压的作用就是扫描作用.当 X 轴方向的线性电压不是随时间无限增加,光点从荧光屏左端移动到右端时,必须迅速移回到原左端位置重复上述过程,这样 X 轴的扫描电压必须是锯齿波电压,为了观察到稳定的波形,被测信号频率 f_Y 必须是扫描电压频率 f_X 的整数倍,即锯齿波的周期是被测信号周期的整数倍,这样锯齿波在被测信号的每个周期的同一时刻开始扫描,使每次扫描的图像重合,波形稳定显示.如果不满足整数倍关系,则每次扫描得到的波形不重合,观察到的波形向右或向左移动,不能稳定显示.

(2) 数字存储示波器

图 2.1.25 是 TDS1002B 型双踪数字存储示波器实物图,与模拟示波器相比,数字存储示波器具备不受取样速率限制就可获得稳定的波形、能够长时间保存信号、先进的触发功能和较高的测量精度等优点.同时由于其内含微处理器,因而具备较强的处理能力,能够自动实现多种波形和参数的测量与显示;而较好的数字存储示波器都带有 USB 接口,因此其还可以通过连接计算机或其他外部设备,进行更复杂的数据运算和分析.此外,数字存储示波器能够实现将波形"冻结"以供后续使用的能力.

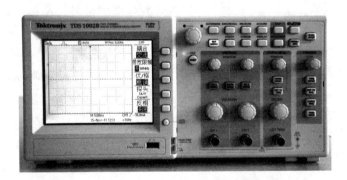

图 2.1.25　TDS1002B 型数字存储示波器

数字存储示波器利用模/数(A/D)转换器把模拟信号变为数字信号,然后存入随机存储器(RAM)中,待需要时再将存储的内容从 RAM 中调出,再通过数/模(D/A)转换器将其恢复为模拟信号,进而显示在示波器屏幕上,其工作原理图如图 2.1.26 所示.其仪器使用方法详见仪器说明书.

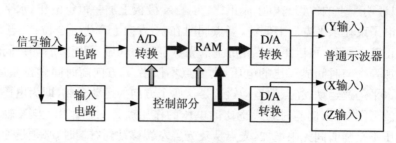

图 2.1.26 数字存储示波器工作原理图

9. 信号发生器

信号发生器是指用于产生各种标准交流测试信号的信号源．在各种测量、调试或研究电子电路及设备时，常需要提供符合一定技术条件的电信号．为了适应多种测量需要，要求信号发生器不仅能输出多种稳定的波形信号，而且能输出信号的参数，如频率、波形、输出电压或功率等，能在一定范围内进行精确调节并可数字显示信号参数．

图 2.1.27 F05A 型数字合成函数信号发生器/计数器

信号发生器最重要的参数之一是信号频率范围．物理实验中经常使用低频信号发生器，其产生的信号频率一般可在 1 Hz～1 MHz 范围内连续调节．简单的信号发生器只能产生正弦波信号，而函数信号发生器则可产生正弦波、方波、三角波、锯齿波及脉冲波等多种信号．信号发生器的型号种类很多，但功能都相近．图 2.1.27 是 F05A 型数字合成函数信号发生器/计数器实物图，它是一种精密的测试仪器，具有输出函数信号、调频、调幅、FSK、PSK、触发、频率扫描等信号功能，同时还具有测频和计数的功能，详细使用方法参考仪器使用说明书．

2.1.3 光学实验常用仪器

1. 光具座

光具座结构的主体是一个平直的导轨，导轨的长度为 1.2～2 m，上面配有毫米刻度尺，另外还有多个可以在导轨上移动的滑块支架，用来固定光学元件和设备．

一台性能良好的光具座应该是导轨长度较长、平直度好，同时光具座上各组件的同轴性和滑块支架的平稳性好.图 2.1.28 为 CXJ-1 型光具座的实物图,长度约为 1.5 m.

图 2.1.28　光具座实物图

光具座上各种光学元件组成的光学系统成像时,要想获得优良的像,必须保持光束的同心结构,所以在光具座上调节光学系统时,需要进行共轴、等高调节.

共轴调节:调节光学系统中各种元件的光轴,使之共轴,并让物体发出的成像光束满足近轴光线的要求.

等高调节:因为成像公式中的各段距离都是指光学系统光轴上的距离,所以要从光具座导轨上的刻度尺上读数符合实际距离,必须做到光学系统的光轴和光具座导轨的基线平行,即等高.

2. 分光计

分光计主要由底座、望远镜、准直管、载物台和刻度盘等 5 个部分组成,物理实验中常用的 JJY 型分光计,其外形结构如图 2.1.29 所示.

(1) 底座

分光计的底座要求平稳、坚实.在底座的中央固定着中心轴(又称主轴),轴上装有可绕中心轴转动的望远镜、刻度盘、角游标盘、载物台和与底座座脚相连接的准直管.

(2) 望远镜

望远镜安装在支臂上,支臂与转座固定在一起,套在主刻度盘上,可以通过止动螺丝与刻度盘固定在一起,它是用来观察目标和出射光线的行进方向.望远镜采用的是阿贝式自准直望远镜,其结构和目镜中的视场如图 2.1.30 所示,由物镜、复合目镜、镜筒、分划板、小棱镜和灯泡组成,物镜一般为消色差物镜.目镜中的分划板下方紧贴一块 45°全反射小棱镜 P,棱镜与分划板 R 的粘贴部分涂成黑色,仅留一个小的十字窗口,绿色照明小灯泡 S 发出的光从小棱镜的另一直角边入射,从 45°反射面反射到分划板 R 上,透光部分在分划板上便形成一个明亮的十字窗.

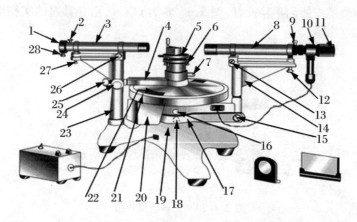

图 2.1.29 JJY 型分光计外形结构图

1. 狭缝装置；2. 狭缝装置锁紧螺丝；3. 准直管；4. 制动架（二）；5. 载物台；6. 载物台调平螺丝（3只）；7. 载物台与游标盘锁紧螺丝；8. 望远镜；9. 目镜锁紧螺丝；10. 阿贝式自准直目镜；11. 目镜调焦手轮；12. 望远镜光轴高低调节螺丝；13. 望远镜光轴水平调节螺丝；14. 支臂；15. 望远镜微调螺丝；16. 刻度盘与望远镜锁紧螺丝；17. 制动架（一）；18. 望远镜止动螺丝（在刻度盘右侧下方）；19. 底座；20. 转座；21. 刻度盘；22. 游标盘；23. 立柱；24. 游标盘微调螺丝；25. 游标盘止动螺丝；26. 准直管光轴水平调节螺丝；27. 准直管光轴高低调节螺丝；28. 狭缝宽度调节手轮

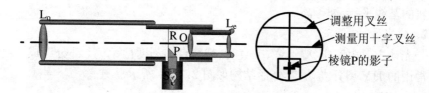

图 2.1.30 阿贝式自准直望远镜示意图

(3) 载物台

载物台是一个可以放置光学元件的圆形平台，套在游标盘上，可以绕通过平台中心轴转动，松开载物台固定螺丝，可以使平台沿中心轴升降，平台下有三个调节螺丝，用来调节载物台的水平度．

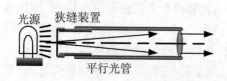

图 2.1.31 准直管内部构造装置

(4) 准直管

准直管固定在底座的立柱上，它是用来产生平行光的．准直管的一端为装有消色的差物镜，另一端为装有狭缝的套管，狭缝的宽度可在 0.02～2 mm 范围内调节，松开狭缝装置锁紧螺丝，前后移动狭缝装置，以使狭缝位于准直管物镜的焦平面上．如图 2.1.31 所示，当狭缝被照亮时，光便以平行光形式射出准直管．

（5）刻度盘

望远镜和载物台的相对方位可由刻度盘上的读数确定.读数装置由刻度盘和游标盘两部分组成,读数方法与游标卡尺相似,对于 JJY 型分光计,刻度盘上有 $0°\sim 360°$ 的刻度,每一格的值为 $30'$,游标盘上刻有 30 个分格,它与主刻度盘上 29 个分格相当,因此其最小分辨读数为 $1'$,它是 JJY 型分光计的误差限,如图 2.1.32 所示,此时的读数示值为 $131°51'$.

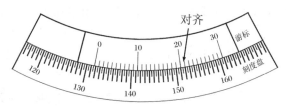

图 2.1.32　分光计读数原理图

为了消除刻度盘和分光计中心轴之间的偏心差引入的误差,在刻度盘同一直径的两端各设置了一个角游标.测量角度时,记录测量数据必须同时读取两个游标的读数.计算角度时,分别计算出两个游标所对应的读数差,再取它们的平均值作为望远镜或载物台转过的角度,特别注意防止混淆游标读数算错角度.

分光计上控制望远镜和刻度盘转动三套结构,正确运用它们对于测量很重要.① 望远镜制动和微动机构,如图 2.1.29 中的 18、15 所示的螺丝;② 分光计游标盘制动和微动控制机构,如图 2.1.29 中的 24、25 所示的螺丝;③ 望远镜和刻度盘的离合控制机构,如图 2.1.29 中的 16 所示的螺丝.转动望远镜或移动游标位置时,都要先松开相应的制动螺丝;微调望远镜及游标位置时要先拧紧制动螺丝.改变刻度盘和望远镜的相对位置时,应先松开它们间的离合制动螺丝,调整后再拧紧.一般是将刻度盘的 $0°$ 线置于望远镜下,可以避免在测角度时 $0°$ 线通过游标引起的计算上的不方便.

3. 光源

（1）白炽灯

白炽灯是通过加热钨丝而发射的连续辐射的光源.它的发光频率一般分布在近红外及整个可见光范围内,也包括部分紫外光.白炽灯基本上可以近似看作是点光源(与灯丝的大小及形状有关).放在凸透镜焦点上的白炽灯通过透镜后成为近似的平行光.

如果白炽灯灯泡内加入微量的碘或溴,就制成碘钨灯或溴钨灯.图 2.1.33 是一种常用的溴钨灯,它的亮度可调.灯泡内加热灯丝蒸发的钨可以与

图 2.1.33　GY-6 型溴钨灯

碘、溴等卤族元素起反应生成卤钨化合物,在灯丝周围,化合物又受热分解,钨重新沉淀回灯丝,形成卤钨循环,起到保护灯丝的作用.

(2) 钠光灯

钠光灯是一种气体放电灯,在放电管内充有金属钠和氩气.与家用日光灯类似,点燃灯管需要外接整流器,而启辉器是装在灯管内的.

在开启电源的瞬间,由于启辉器的作用,产生高压使氩气放电,发出粉红色的光,氩气放电后金属钠被蒸发成钠蒸气,钠蒸气放电发出黄色光.随着钠不断地蒸发,黄色越来越强,几分钟后形成稳定的黄光,又称为"钠黄光".钠光在可见光范围内有两条谱线,波长分别为 589.59 nm 和 589.00 nm,这两条谱线很近,所以可以把它视为单色光源,并取其平均波长 589.3 nm 为钠光波长.

常用的钠光灯型号有 GY-5 型,其功率为 20 W,工作电压为 220 V,管端工作电压为 20 V,如图 2.1.34 所示.使用钠光灯时,在钠光灯工作过程中不要轻易将其熄灭,频繁开关不仅耗费时间,还会极大影响其使用寿命.

(3) 汞光灯

汞光灯也是一种气体放电光源,汞光灯灯管中充有汞蒸气,按工作时汞蒸气压大小又分为低压汞光灯、高压汞光灯和超高压汞光灯.图 2.1.35 为 GY-16 型高压汞光灯.

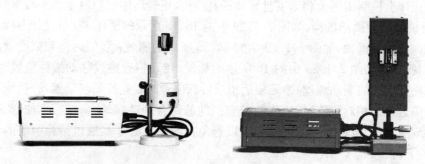

图 2.1.34　GY-5 型钠光灯　　　　图 2.1.35　GY-16 型高压汞光灯

汞光灯的结构、工作原理及使用注意事项与钠光灯相近.在可见光范围内,汞的发射光谱如表 2.1.2 所示.

表 2.1.2　汞(Hg)的发射光谱

λ(nm)	颜色	相对强度	λ(nm)	颜色	相对强度
690.72	深红	弱	546.07	绿	很强
671.62	深红	弱	535.40	绿	弱
623.44	红	中	496.03	蓝绿	中

续表

λ(nm)	颜色	相对强度	λ(nm)	颜色	相对强度
612.33	红	弱	491.60	蓝绿	中
589.02	黄	弱	435.84	蓝紫	很强
585.94	黄	弱	434.75	蓝紫	中
579.07	黄	强	433.92	蓝紫	弱
578.97	黄	强	410.81	紫	弱
576.96	黄	强	407.78	紫	中
567.59	黄绿	弱	404.66	紫	强

2.2 物理实验基本测量方法

2.2.1 比较测量法

比较测量法是物理实验中最常用的基本方法,它是将待测量和标准量进行比较来确定测量值的一种实验方法.其要点是:首先确定与被测量为同类的一个单位量,将此单位量作为标准,然后将被测量与此单位量进行比较,求出它们的倍率而得到测量结果.根据比较方式不同可分为"直接比较法"和"间接比较法"两种.

(1) 直接比较法

直接比较法是将待测量与同类物理量的标准量直接比较、测量的方法,如用米尺测长度、用天平测质量、用秒表测时间等.直接比较法简便实用,也很准确,它几乎存在于一切物理量测量中,但它也有一定的局限性,即要求标准量必须与待测量有相同的量纲且大小可比.例如可用米尺测黑板的尺寸,却不能测原子的大小.

(2) 间接比较法

通常情况下,大多数物理量测量都无法直接比较,而是借助于一个中间量或将待测量进行某种变换来间接实现比较,这就是间接比较法.例如可以将面积的比较转化为长和宽的比较;又如电流、电压的比较是利用载流线圈在磁场中受到力矩的原理,可以将电流、电压转化成电表指针的偏转来进行比较.利用间接比较法还可以将很难测准的量转化为较易测准的量,像力学量的电测法和光测法都是如此.

2.2.2 放大测量法

当待测物理量数值过小时,可以将其按一定的规律加以放大再进行测量,这就是放大测量法.广义的放大包括倍数小于 1 的,即缩小.根据放大的原理和方法不同,可分为以下几种.

(1) 累计放大法

如果测量仪器达不到精度要求,常采用在时间或空间上累计的方法以减小测量的相对误差,称为累计放大法.例如单摆测重力加速度实验,要用秒表测单摆的摆动周期,如果所用计数器的仪器误差为 0.1 s,单摆周期为 1 s,测量单个周期时间间隔的相对误差为 10%,若测 50 个周期的累计时间间隔,则相对误差为 0.2%,这样就提高了测量精度,这种放大属于"时间"累计放大.再如测干涉条纹间距时,为了减小测量的相对误差,一般不是测量一个条纹间隔,而是测量若干个条纹的间距.若其条纹间距为 0.050 mm,所用量具误差为 0.005 mm,测量一个条纹间距的相对误差为 10%,若测 100 个条纹间距,这时相对误差便减小到 0.1%,使得精度大大提高,这种放大属于"空间"累计放大.

(2) 机械放大法

利用机械部件之间的几何关系,使标准单位在测量过程中得到放大的方法,称为机械放大法.机械放大法可以提高测量仪器的分辨率,例如螺旋测微计利用螺杆鼓轮(微分筒),使仪器的最小刻度从 1 mm 变为 0.01 mm,从而提高测量精度.

(3) 光学放大法

光学放大法由于具有稳定性好、受环境干扰小、灵敏度高等特点,在物理实验中经常被采用.光学放大法大体可分为两种,一种是将被测物体通过光学仪器形成放大像,以便观察判别,如用望远镜、读数显微镜观察被测物体等;另一种是通过测量放大的物理量来获得本身较小的物理量,如拉伸法测量杨氏模量的实验中,采用测量长度微小变化的光杠杆法测量.为了进一步提高光学放大倍数,有些仪器还采用了光杠杆多次反射,最高精度可达 10^{-6} m 以上.

(4) 电学放大法

电子学的放大电路将微弱的电信号放大后进行测量,这种方法称为电学放大法.该方法在电子仪器中应用十分普遍.电学放大中有直流放大和交流放大,有单级放大和多级放大.电学放大的放大率可以远高于其他放大方式.如示波器可以将电信号放大,不仅可以直观显示,而且可以定量测量.同样,为了避免失真,要求电学放大的过程也应尽可能是线性放大.

2.2.3 平衡测量法

平衡状态是物理学上一个重要的概念,在平衡状态下,许多复杂的物理现象可以采用简单方法描述,而复杂的函数关系也可变得比较简单,由此便于定量和定性地分析.所谓平衡状态,其本质就是各物理量之间的差异逐步减小到零的状态.判断测量系统是否已达到平衡态,可以通过"零示法"测量来实现,即在测量中,不是研究被测物理量本身,而是让它与已知量或相对参考量达到平衡态来测量待测物理量.

利用平衡状态测量待测物理量的方法,称为平衡法,例如利用天平称物体质量是一种平衡测量法.再如利用惠斯通电桥测电阻时,当电桥平衡时检流计指针示为零,才能得出待测电阻与已知量之间的关系,所以也是一种典型的平衡法测量.

2.2.4 转换测量法

根据物理量之间的各种效应和定量的函数关系,利用变换原理将不能或不易测量的物理量转换成能测量或容易测量的物理量,称为转换测量法.由于物理量之间存在多种物理效应,所以有各种不同的转换测量法,随着科学技术的发展,物理实验方法渗透到各个学科领域.转换测量法大致可分为参量转换法和能量转换法两大类.

参量转换法是利用各种参量变换及其变化关系来测量某一物理量的方法.前面介绍的间接比较法大多属于此类,这种方法几乎贯穿于整个物理实验中,应用十分广泛.例如利用单摆周期随摆长的关系测量重力加速度,将加速度的测量转换为摆长和周期的测量;在牛顿环实验中,利用干涉条纹随入射光波长的变化规律,将波长的测量转换为干涉环半径的测量;在光栅衍射实验中,利用光栅方程将波长转换为测衍射角等.

能量转换法是利用一种运动形式转换为另一种运动形式时,物理量之间的对应关系进行的间接测量.这种测量方法在物理实验中大量存在,例如在霍尔效应测磁场的实验中,利用半导体霍尔效应进行磁学量与电学量的转换测量;在声速测量实验中,利用压电换能器将电信号转换为压力变化产生超声波发射,又利用逆变换将接收的声波信号转换为电信号在示波器上显示,由此测定声音在空气中的传播速度等.

转换法具有灵敏度高、反应快、控制方便并能够进行自动记录和动态测量等优越性,与其他方法的综合运用,使很多过去很难解决的问题得到解决.

2.2.5 补偿测量法

补偿测量法也是物理实验中一种常用的测量方法. 当某一系统受某种作用产生 A 效应, 受到另一种作用产生 B 效应, 如果由于 B 效应的存在能使 A 效应显示不出来, 就叫 B 对 A 进行了补偿, 利用该原理进行的物理量测量就称为补偿测量法. 例如要测某一电源的短路电流 I_x, 如果接入电流表测量, 由于电流表内阻的影响, 测量值必然偏小. 为了更准确测定 I_x, 采用图 2.2.1 的补偿电路, R' 为保护电阻, 调节 R_0 增大 I_0 使得 I_g 减小, 逐步调节至 $R'=0$ 且 $I_g=0$, 此时 $V_A=V_B$(相当于 A、B 间短路), $I_x=I_0$, 电流表 A 的读数即为短路电流 I_x.

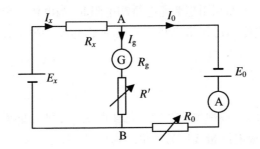

图 2.2.1 用补偿法测短路电流

2.2.6 模拟测量法

模拟测量法是一种间接测量法, 以相似理论为基础, 把不能或不易直接测量的物理量用与之类似的模拟量进行替代测量的一种方法. 采用模拟法的基本条件是模拟量和被模拟量必须是等效或相似的, 模拟测量法一般分为物理模拟法和数学模拟法两大类.

物理模拟法的特点是模拟量与被模拟量的变化服从同一物理规律. 如医学上的动物实验、飞机模型的风洞实验和光测弹性显示工件内部的应力分布等, 都是模型的动力学参量测量代替原型的动力学参量测量, 其结果对被模拟量的研究有着重要的参考作用.

数学模拟法是基于两个类比的物理现象遵从的物理规律具有相同的数学形式. 例如机电(力电)类比中, 力学的共振与电学的共振虽然不同, 但它们却有相同的二阶常微分方程;再如物理实验中, 静电场既不易获得, 又容易发生畸变, 很难直接测量, 实验中用直流或低频交流电场来模拟静电场, 虽然两者完全不同, 但它们都服从拉普拉斯方程, 显然两种场的解形式也相同.

2.3 物理实验基本调整技术

物理实验中要使用各种仪器、仪表和装置,这些设备在使用之前都需要进行仔细的调整,以达到最佳状态.正确的调整和操作可将系统误差减小到最低限度,对提高实验结果的准确度有直接的影响.要掌握实验调整方法和操作技术,需要通过每个具体实验的训练逐渐地积累,因此基本调整方法和操作技术是大学物理实验的一项重要训练内容.

实验的基本调整技术的内容广泛,下面介绍一些最基本的、通用的调整技术,一些专门技术可通过相应的实验去学习.无论哪种实验技术都必须通过自身的实践才能掌握,没有捷径可走.

(1) 零位调整

零位调整,就是要求测量前首先检查各测量仪器的初始位置是否正确.实验中各测量仪器由于外界环境的变化或经常使用而引起的磨损等原因,导致仪器零位往往已发生了偏离,因此实验前必须要检查和校准仪器的零位,以避免不必要的零位(系统)误差引入.零位校准的方法有两种,一种是测量仪器本身有零位校准器(如电表等),测量前应调整校准仪器使其处于零位;另一种是仪器虽然零位不准,但无法调整、校准(如磨损的米尺、千分尺等),这种系统误差可以在实验过程中去除,可在测量前先记下初始读数,而后在测量中加以修正.

(2) 水平、铅直调整

物理实验中所用的仪器或装置,有些需要进行水平或铅直调整,如在转动惯量实验中的平台的水平或支柱的铅直调整.大部分的仪器自身装有水准仪或悬锤,底座又有可调节的螺丝,使水准仪的气泡居中或悬锤的锤尖对准底座上的座尖,即可达到调整要求.

(3) 消除视差调整

在实验测量中,从仪器上读取数据时,会遇到读数平面(如电表的指针、光学仪器中的叉丝等)和标度面不重合,两者之间存在一间隙.这时观察者的眼睛在不同方位读数时,得到的示值不同,这就是视差.

在进行非接触测量时,对于一般仪表仪器,读数时应正面垂直观测.如精密电表在刻度盘下有平面反射镜,读数时只有垂直正视,指针和其在平面镜中的像重合时,读出标尺的示值才是无视差的正确读数.对于带有叉丝的测微目镜、望远镜和侧移显微镜等,若观察物的像不与叉丝共面,则人眼移动时,两者存在相对运动,即存在视差.消除这种视差的方法是仔细调节目镜(连同叉丝)与物镜之间的距离或物镜的焦距,使被测物体经物镜后成像在叉丝所在的平面内,边调整边稍微移动人眼,看两者是否有相对运动,调整至无相对运动时,表示无视差.

(4) 共轴等高调整

用光学仪器观测待测物体,需保证近轴成像,要求仪器装置中的各光学元件的主光轴重合,因此要在观测前进行共轴等高调节.

首先用目测进行粗调,把光学元件和光源的中心都调到同一高度,同时要求调节各光学元件平行且均垂直于水平面,这样各光学元件的光轴已接近重合;然后依据光学成像的基本规律来细调,调整可根据自准直法、二次成像法(共轭法)等,或利用光学系统本身或借助其他光学仪器来进行.

(5) 逐次逼近调整

仪器的调整都需要经过仔细地反复调节才能达到预期目的,实验中经常采用"逐次逼近法"进行调整,使得实验时快捷高效.特别是运用零示法的实验或零示仪器,如天平测质量、电桥法测电阻、分光计调节等实验中,采用"反向区逐次逼近"调节,效果显著.方法是:首先估计待测量的值,然后选择仪器的一个相应量程进行测量,根据偏离情况逐渐缩小调整范围,达到所需要结果.例如输入量为 x_1 时,零示器向右偏离 5 个分度,输入量为 x_2 时,向左偏离 3 个分度,可判断出零示的平衡位置应在输入量 x_1 与 x_2 之间;再在 x_1 与 x_2 之间取 x_3 输入时,若向右偏离 2 个分度,可判断出零示的平衡位置应在输入量 x_2 与 x_3 之间;再在 x_2 与 x_3 之间取 x_4 输入时,若向左偏离 1 个分度,可判断出零示的平衡位置应在输入量 x_4 与 x_3 之间,这样逐次逼近调节,就可以找到平衡位置.

(6) 先定性、后定量原则

进行实验时,切忌为了急于获得测量结果,盲目操作,有科学素养的实验者总是采取先定性、后定量的原则进行实验.在定量测量之前,通过对实验内容、仪器设备的使用的预习情况先定性地观察实验变化的全过程,了解一下各物理量变化的规律,然后再着手进行定量测定.例如用伏安法测硅二极管特性的实验中,在 $0.6 \sim 0.8 \text{ V}$ 这一范围电流变化迅速,因此要多取测量点进行测量,而小于这一范围时,可相应少测几个测量点.

第 3 章　基础性实验

实验 1　长度及密度的测量

长度测量实际上是指用"尺子"去度量空间. 随着人们探索范围的扩大, 对长度测量精度要求的提高, 陆续制造出各种测量长度的仪器, 其测量精度愈来愈高, 测量范围愈来愈广. 广义的长度测量, 覆盖了整个物理学研究的尺度范围——小到微观粒子, 大到宇宙深处 ($10^{-16} \sim 10^{26}$ m), 跨越了从微观的粒子到现代天文学的整个研究领域.

密度是物体的基本特性之一, 它与物质的组成、结构及纯度有关. 实际应用中经常把密度测定作为物质成分分析及纯度鉴定的重要手段之一, 所以掌握密度测量的方法具有重要意义.

【实验目的】

① 掌握游标卡尺与螺旋测微计的测量原理及正确的使用方法.
② 掌握物理天平的结构原理、操作规程、使用及维护方法.
③ 了解密度测量的基本方法.
④ 掌握静力称衡法测量不规则固体及液体密度的原理和方法.
⑤ 掌握有效数字、绝对误差和平均值标准偏差的计算方法, 学习多次直接测量和间接测量的误差传递.

【实验仪器与用具】

游标卡尺、螺旋测微计(千分尺)、小钢球、圆柱体、物理天平、待测物体(玻璃片和乙醇)、水、玻璃烧杯、广口瓶、细线.

【实验原理】

1. 圆柱体体积的测量

圆柱体是一种规则的几何物体,它的体积

$$V = \frac{1}{4}\pi D^2 H \tag{3.1.1}$$

其中,D 和 H 分别为圆柱体的直径和高. 实验中,通过使用游标卡尺测量该圆柱体的直径和高,可以间接地计算出圆柱体的体积. 有关游标卡尺的使用可参阅第 2 章相关内容.

2. 小钢球体积的测量

小钢球(球体)是一种规则的几何物体,它的体积

$$V = \frac{1}{6}\pi d^3 \tag{3.1.2}$$

其中,d 为小钢球直径. 实验中,通过使用螺旋测微计测量小钢球的直径,可以间接地计算出小钢球的体积. 有关螺旋测微计的使用可参阅第 2 章相关内容.

3. 物体密度的测量

若物体质量为 m、体积为 V,则该物体的密度

$$\rho = \frac{m}{V} \tag{3.1.3}$$

对质量分布均匀并且形状规则的物体可直接根据定义,通过测量物体的质量和体积求得密度. 对于质量分布均匀但形状不规则的物体而言,直接测量其体积比较困难,可用流体静力称衡法间接地测出其体积.

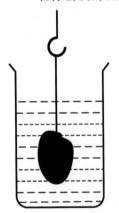

图 3.1.1 物体密度的测量示意图

设被测固体(玻璃)不溶于液体(水)中,且固体密度比液体(水)的密度大,如图 3.1.1 所示. 若不计空气浮力,则物体在空气中的重量 $W = mg$ 与其在液体(水)中的视重 $W_1 = m_1 g$ 之差为该物体在液体(水)中所受到的浮力大小,即

$$F = W - W_1 = (m - m_1)g \tag{3.1.4}$$

根据阿基米德原理,物体在液体中所受到的浮力等于它排开液体的重量. 若以 ρ_0 表示液体(水)的密度,V 表示排开液体(水)的体积,则

$$F = \rho_0 g V \tag{3.1.5}$$

由式(3.1.3)、式(3.1.4)和式(3.1.5)可求得待测物体(玻璃)的密度

$$\rho = \frac{m}{m - m_1}\rho_0 \tag{3.1.6}$$

如将上述物体再浸入密度为 ρ_1 的待测液体中,测得视质量若为 m_2,则有
$$(m - m_2)g = \rho_1 g V \tag{3.1.7}$$
由式(3.1.4)、式(3.1.5)和式(3.1.7)可求得待测液体的密度
$$\rho_1 = \frac{\rho_0(m - m_2)}{m - m_1} \tag{3.1.8}$$

实验时,只有当浸入液体后物体性质不发生变化,且要求物体完全浸没液体中,才能采用静力称衡法测定其密度.此外,对于密度小于已知液体密度的物体,可采用在其下方悬挂一重物的方法加以实现,请读者参阅其他实验教材.

【实验内容与数据记录】

1. 圆柱体体积的测量

用游标卡尺测量圆柱体的直径和高,将数据记录于表 3.1.1 中.

表 3.1.1 圆柱体体积测量数据记录表

次数 项目	1	2	3	4	5	6
圆柱体直径 D_i(mm)						
$\Delta D_i = \vert D_i - \overline{D} \vert$(mm)						
$(\Delta D_i)^2$(mm)						
圆柱体高 H_i(mm)						
$\Delta H_i = \vert H_i - \overline{H} \vert$(mm)						
$(\Delta H_i)^2$(mm^2)						

($\overline{D}$ = ___ , $\sum(\Delta D_i)^2$ = ___ , $\overline{H}$ = ___ , $\sum(\Delta H_i)^2$ = ___)

2. 小钢球体积的测量

用螺旋测微计测量小钢球的直径,将数据记录于表 3.1.2 中.

表 3.1.2 小钢球体积测量数据记录表

次数 项目	1	2	3	4	5	6
零点读数 δ_i(mm)						
小球的直径读数 d'_i(mm)						
$d_i = \vert d'_i - \delta_i \vert$(mm)						
$\Delta d_i = \vert d_i - \overline{d} \vert$(mm)						
$(\Delta d_i)^2$(mm)						

($\overline{d}$ = ___ , $\sum(\Delta d_i)^2$ = ___)

3. 物体密度的测量

(1) 调节物理天平至平衡状态

调节天平底座水平；调节天平零点(即空载平衡)，有关物理天平的使用请参阅第 2 章有关内容.

(2) 称量物体在各种状态下的视质量

测量待测物体(玻璃)在空气中的视质量 m；测量待测物体(玻璃)在水中的视质量 m_1；测量待测物体(玻璃)在无水乙醇(酒精)中的视质量 m_2，将数据记录于表 3.1.3 中.

表 3.1.3　物体密度的测量数据记录表

	m		m_1		m_2	
	砝码数值	游码数值	砝码数值	游码数值	砝码数值	游码数值
质量(g)						

【数据处理与误差】

1. 圆柱体的体积测量数据处理

(1) 求圆柱体直径的平均值 $\overline{D}$ 和算术平均值的标准偏差 $s(\overline{D})$，即 A 类不确定度为 $u_A(\overline{D}) = s(\overline{D}) = \sqrt{\sum (\Delta D_i)^2 / [n(n-1)]}$，其中 $n = 6$.

(2) 对于 50 分度的游标卡尺，仪器误差为 $\Delta_{仪} = 0.02 \text{ mm}, c = \sqrt{3}$. 所以 B 类不确定度为 $u_B(D) = \Delta_{仪}/\sqrt{3}$，合成不确定度为 $u_C(\overline{D}) = \sqrt{[u_A(\overline{D})]^2 + [u_B(D)]^2}$.

(3) 圆柱体直径的标准形式为 $D = \overline{D} \pm u_C(\overline{D})$(置信概率).

(4) 求出圆柱高的平均值 $\overline{H}$ 和算术平均值的标准偏差 $s(\overline{H})$，即 A 类不确定度为 $u_A(\overline{H}) = s(\overline{H}) = \sqrt{\sum (\Delta H_i)^2 / [n(n-1)]}$，则合成不确定度为 $u(\overline{H}) = \sqrt{[u_A(\overline{H})]^2 + [u_B(H)]^2}$.

(5) 圆柱体高的标准形式为 $H = \overline{H} \pm u(\overline{H})$(置信概率).

(6) 圆柱体体积的最佳估计值为 $\overline{V} = \frac{1}{4}\pi \overline{H} \overline{D}^2$.

(7) 根据间接测量量的误差传递公式得圆柱体体积的相对不确定度 $E = \frac{\Delta V}{V}$

$\sqrt{[u(\overline{H})/\overline{H}] + [2u(\overline{D})/\overline{D}]^2}$，则体积的绝对误差，即合成不确定度为 $U(\overline{V}) = \Delta V = \overline{V} \sqrt{[u(\overline{H})/h]^2 + [2u(\overline{D})/\overline{D}]^2}$.

(8) 圆柱体体积的标准表达式为 $V = \overline{V} \pm u(\overline{V})$(置信概率)。

2. 小钢球体积的测量数据处理

(1) 求出小钢球直径的平均值 $\overline{d}$ 和算术平均值的标准偏差 $s(\overline{d})$，即 A 类不确定度为 $u_A(\overline{d}) = s(\overline{d}) = \sqrt{\sum(\Delta d_i)^2/[n(n-1)]}$，其中 $n = 6$.

(2) 螺旋测微计的仪器误差 $\Delta_\text{仪} = 0.005 \text{ mm}, c = \sqrt{3}$. 故 B 类不确定度为 $u_B(d) = \Delta_\text{仪}/\sqrt{3}$，合成不确定度为 $u(\overline{d}) = \sqrt{[u_A(\overline{d})]^2 + [u_B(d)]^2}$.

(3) 小钢球的直径的标准表达式为 $d = \overline{d} \pm u(\overline{d})$(置信概率).

(4) 小钢球体积的最佳估计值为 $\overline{V} = \frac{1}{6}\pi \overline{d}^3$，根据间接测量的误差传递公式可求得体积的绝对不确定度为 $u(\overline{V}) = 3\overline{V}u(\overline{d})/\overline{d}$.

(5) 小钢球体积的标准形式为 $V = \overline{V} \pm u(\overline{V})$(置信概率).

3. 物体密度的测量数据的处理

(1) 将实验测得的 m, m_1 代入公式(3.1.6)中，计算出待测物体(玻璃)的密度 ρ. 已知水的密度 $\rho_0 = 1.000 \text{ g/cm}^3$.

(2) 计算玻璃密度的误差.

根据间接测量的误差传递公式得玻璃的相对误差

$$E_r = \frac{\Delta\rho}{\rho} = \sqrt{\left(\frac{1}{m} - \frac{1}{m-m_1}\right)^2 \Delta m^2 + \left(\frac{1}{m-m_1}\right)^2 \Delta m_1^2}$$

式中，Δm、Δm_1 为天平的感量，计算出玻璃的相对误差，则玻璃密度的绝对误差，即不确定度 $u(\rho) = \Delta\rho = E \cdot \rho$.

(3) 玻璃密度的标准表达式 $\rho_\text{真} = \rho \pm u(\rho)$.

(4) 将实验测得的 m, m_1, m_2 代入公式(3.1.8)中，计算出酒精的密度 ρ_1. 已知水的密度 $\rho_0 = 1.000 \text{ g/cm}^3$.

(5) 计算酒精密度的误差.

根据间接测量的误差传递公式得密度的相对误差

$$E = \frac{\Delta\rho_1}{\rho_1} = \sqrt{\left(\frac{1}{m-m_2} - \frac{1}{m-m_1}\right)^2 \Delta m^2 + \left(\frac{1}{m-m_2}\right)^2 \Delta m_2^2 + \left(\frac{1}{m-m_1}\right)^2 \Delta m_1^2}$$

计算出酒精密度的相对误差，则酒精密度的绝对误差，即不确定度 $u(\rho_1) = \Delta\rho_1 = E \cdot \rho_1$.

(6) 酒精密度的标准表达式 $\rho_{1\text{真}} = \rho_1 \pm u(\rho_1)$.

【注意事项】

① 测量前检查游标卡尺，应将量爪间的脏物、灰尘和油污等擦干净.

② 测量时,用左手拿物体,右手拿卡尺进行测量,对比较长的零件要多测几个位置.

③ 严格遵守物理天平操作步骤和操作规则,正确使用天平.

④ 在液体中称量时应注意不使样品露出液面或接触烧杯.

⑤ 尽量减少无水乙醇与水的混合,并注意排除附着在玻璃片上的气泡(用细线轻轻摇振).

【思考题】

(本内容在实验报告中完成)

① 用游标卡尺、螺旋测微计测长度时,怎样读出毫米以下的数值?

② 何谓仪器分度值? 米尺、20 分度游标卡尺和螺旋测微计的分度值各为多少? 如果用它们测量约 7 cm 的长度,问各能读得几位有效数字?

③ 使用螺旋测微计时应注意些什么?

④ 什么叫天平的最大称量和灵敏度?

⑤ 调好物理天平的标志是什么? 调零时指针停在任意一个位置都可以吗? 为什么?

⑥ 流体静力称衡法的基本思想是什么?

实验 2　牛顿第二定律的验证

验证性实验都是在某一理论结果已知的条件下进行的,所谓验证是指实验的结果和理论结果完全一致.但这种一致实质上是在实验装置、方法存在误差范围内的一致,若实验结果与理论结果之差超出了实验误差的范围,则不能说验证了理论的正确性,此时或者否定验证方法的可靠性,或者怀疑理论本身的正确性,但无论怎样,由一次实验或一种实验装置得出这种结论都是非常困难的,要做大量的对比实验才能得到科学正确的结论,切不可草率地下结论.即使实验结果与理论结果之差在实验的误差之内,也不能武断地认为一定验证了理论的正确性,往往随着实验水平的提高而发现了理论上的不足之处,从而推动了理论工作的不断发展,因此验证性实验属于难度很大的一类实验.

验证性实验可分为两大类:一是直接验证,一是间接验证.本实验属于直接验证,所谓直接验证是指理论上所涉及的物理量都能在实验中直接测定,并能研究它们之间的定量关系.

【实验目的】

① 学习气垫导轨的调节与使用.
② 熟悉光电门、电脑计数器的使用.
③ 研究力、质量和加速度之间的关系,验证牛顿第二定律.

【实验仪器与用具】

QG-5气垫导轨、电脑计数器、托盘天平、微音洁净气泵、光电门、细线.

【实验原理】

1. 牛顿第二定律的研究方法

牛顿第二定律指出,对于一质量为 m 的物体,其所受的合外力 F 和物体所获得的加速度 a 之间存在关系

$$F = ma \tag{3.2.1}$$

如图 3.2.1 所示,若滑块质量为 m_1,砝码和托盘的总质量为 m_2,细线中的张力为 T,且细线不可伸长,将滑块、托盘、砝码视为一整体系统.对托盘砝码运用牛顿第二定律得

$$m_2 g - T = m_2 a \tag{3.2.2}$$

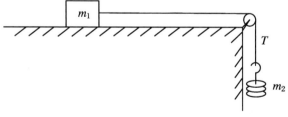

图 3.2.1

对滑块运用牛顿第二定律得

$$T = m_1 a \tag{3.2.3}$$

对整个系统运用牛顿第二定律有

$$F = m_2 g = (m_1 + m_2) a \tag{3.2.4}$$

令 $M = m_1 + m_2$,则式(3.2.4)化为

$$F = Ma \tag{3.2.5}$$

为了验证牛顿第二定律,实验分两步进行:首先保持物体的质量 M 不变,研究加速度 a 与合外力 F 之间关系;然后保持物体所受的合外力 F 不变,研究加速度 a 与物体质量 M 之间关系.

2. 速度的测量

当装有"U"形挡光片的滑块通过光电门处时,把数字毫秒计置 s_2 挡,数字毫秒计显示出相距 Δx 的两挡光片前沿通过光电门的间隔时间 Δt(有关数字毫秒计的内容请参阅第 2 章有关内容),故知滑块通过光电门的平均速度 $\overline{v}$ 为

$$\overline{v} = \frac{\Delta x}{\Delta t} \tag{3.2.6}$$

因为 Δx 较小,在 Δx 范围内滑块的速度变化也较小,所以常以 $\overline{v}$ 为滑块经过光电门的瞬时速度近似值.由于瞬时速度是时间间隔 Δt 趋于零时平均速度的极限值,因此,Δt 越小(相应的 Δx 也越小),理论上平均速度越接近瞬时速度,但这导致 Δt 测量误差变大,因此不宜用 Δx 过小的挡光片.

数字毫秒计光控如果置 s_1 挡,显示的是平板形挡光片经光电门时连续挡光时间 Δt,此时 Δx 为挡光片有效遮光宽度(应仔细校验是否等于挡光片实际宽度),也可由上式计算平均速度.

3. 加速度的测量

当滑块在滑轨上做匀变速运动时,设 A、B 为滑轨上的两个光电门,测出滑块分别经过相距为 s 的两光电门 A 和 B 的速度 v_A 和 v_B.再由加速度 a、位移 s 和速度 v 的关系式

$$a = \frac{v_B^2 - v_A^2}{2s} \tag{3.2.7}$$

计算出加速度,测加速度时会存在用平均速度代替瞬时速度的系统误差,但适当增大滑块运动初始位置距第一个光电门 A 的距离可减小这项系统误差.

4. 气垫导轨简介

(1) 气垫导轨的结构

气垫导轨是为了消除摩擦而设计的一种力学仪器,它利用气泵将压缩空气打入导轨腔中,导轨表面的气孔喷出的压缩气流,使导轨表面和滑块之间形成一层非常薄的"气垫",将滑块托起,这样可以把滑块在导轨表面上的运动看成近似无摩擦的直线运动.本实验将利用这种仪器来精确测量滑块的速度和加速度.

气垫导轨装置如图 3.2.2 所示,它是一个方形(或三角形)铝合金型材料的管体结构,全长约 1580 mm,两个轨面互成直角,经过精细加工,轨面有较高的平直度和表面光洁度,每个轨面上均匀分布着直径为 0.6 mm 的喷气孔.气泵将压缩空气从导轨一端的进气管送入,压缩空气通过导轨面上的喷气孔作用于滑块下部,在

滑块的上下部便形成了一定的压力差,这个压力差超过滑块本身的自重时,滑块便浮起,滑块与导轨之间就形成了气膜,气膜内的气体向四周流出使其气压降低,当滑块上下部的压力差等于滑块自重时,气膜厚度就保持在一定的数值上,滑块被托起,并能在导轨上做近似无摩擦的运动.一般气膜厚度为 $10\sim200\ \mu m$.气膜厚度取决于气垫导轨的制造精度、滑块的重量和气源流量的大小,而气膜厚度过大时,滑块在运动时会产生左右摇摆现象,使测量的数据不够准确.

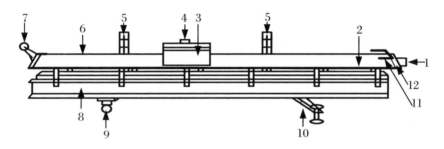

图 3.2.2 气垫导轨示意图

1. 进气口;2. 标尺;3. 滑块;4. 挡光片;5. 光电门;6. 导轨;7. 滑轮;8. 支承梁;9. 垫脚;
10. 支脚;11. 发射架;12. 端盖

(2) 气垫导轨的主要附件介绍

① 滑块:一般导轨都配备几个大小不同的滑块,装有碰簧、挡光片夹等,它与导轨配套使用,不可随意调换.滑块两端的弹簧与气垫导轨端座的弹簧,校准到发生对心碰撞.如果碰撞偏斜,滑块运动时就会左右摇摆,造成能量损失,产生较大的实验误差.

② 挡光片:挡光片安装在滑块上,随滑块一起运动.当经过光电门时,挡光片阻挡光电门的光路,使电脑计数器"开始计时"或"停止计时".挡光片形状有"U"形(开口)和条形(不开口)两种,如图 3.2.3 所示.挡光片的宽度 d,对于"U"形挡光片是第一前沿到第二前沿的距离,即"11′"和"33′"之间的距离;对于条形挡光片 d 就是指挡光片的宽度.

③ 光电门:共两个,内装发光二极管及光敏二极管,能将挡光信号转换为电信号,用来控制电脑计数器的"开始计时"或"停止计时".

④ 导轨面:导轨面的表面上有喷气孔,喷出的气流在导轨表面与跨在表面上的滑块之间形成气垫,使滑块在导轨面上做无摩擦的滑动.

⑤ 碰簧:位于导轨面的两端.当滑块上的碰簧与之相撞时起缓冲作用.

⑥ 高度调节旋钮:用于调节导轨左右、前后水平.

⑦ 进气管:气泵和气垫导轨相连接的波纹管,将一定压强的气流输进导轨内部.

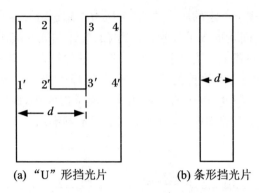

(a) "U"形挡光片　　　(b) 条形挡光片

图 3.2.3　挡光片示意图

⑧ 标尺:固定在导轨上用来指示光电门、滑块的位置及间距等.

⑨ 配重块:每组八块,每块质量为(25.0 ± 0.5) g,用以调节滑块的质量.

(3) 气垫导轨使用注意事项

① 气垫导轨的导轨面与滑块的工作面必须保持平整、清洁;在使用、搬动和存放时,都应谨防碰伤,切勿在导轨上压、划、敲击,以免损坏.

② 使用之前,用酒精棉球擦拭导轨面和滑块的工作面,不应留有灰尘和污垢,并检查气流是否全部畅通.如有气孔堵塞,可用直径 0.5 mm 的钢丝疏通.

③ 在气泵不供气的情况下,不得在导轨面上推动滑块,以防划伤气垫导轨和滑块的工作面,影响正常实验.

④ 实验完毕应先取下滑块,再关闭气泵.更换或调节滑块上的附件时,也必须将滑块从气垫导轨上取下再调节,并要注意轻拿轻放.

【实验内容与数据记录】

1. 实验前准备

① 接通电脑计数器,安装光电门,使光电门之间相距约 50 cm,并记下该距离.

② 气垫导轨调节水平:接通气泵,把滑块放在导轨某处,用手轻轻地把滑块放在导轨上放开,调节水平螺钉,使滑块能在导轨上静止;或稍有滑动,但不总是向同一方向滑动即可;或将气轨与毫秒计配合进行调平,接通电源,毫秒计功能选择在 s_2 挡,让滑块以一定的速度运动,通过两个光电门的速度相对不确定度不超过 3% 即可.

③ 用酒精棉球擦拭气垫导轨表面.

④ 滑块两端装上挂钩架,将拴有砝码桶的细线跨过滑轮上的方孔并挂在滑块的座架上,连线长度保证砝码桶刚好着地,滑块要能通过靠近滑轮一侧的光电门.

⑤ 在电脑计数器上选择相应的功能．

2. 保持总质量 M 不变，研究加速度与合外力之间的关系

① 保持系统总质量 M 不变，选择合外力 mg 为某一合适的数值，测出相应的 $\Delta t_1, \Delta t_2$，计算出 v_1, v_2，并计算出加速度 a 的值．

② 逐步增加合外力 mg 再进行测量，共测量 6 次，将测量数据记录于表 3.2.1 中．

表 3.2.1　总质量不变，外力与加速度关系数据记录表

	m(g)	mg(N)	Δt_1(ms)	v_1(m/s)	Δt_2(ms)	v_2(m/s)	a(m/s²)
1							
2							
3							
4							
5							
6							

（总质量 M = ＿＿＿＿＿＿kg）

3. 保持合外力 F 一定，研究加速度与质量之间的关系

① 保持合外力 mg 不变（如加 3 个砝码），选择系统的总质量 M 为某一合适的数值，测出相应的 $\Delta t_1, \Delta t_2$，计算出 v_1, v_2，并计算出 a 和 $1/a$ 的值．

② 逐步改变滑块的质量 M（具体做法是：改变滑块上的配重砝码片质量）再进行测量，共测量 6 次，将测量数据记录于表 3.2.2 中．

表 3.2.2　合外力不变，质量与加速度关系数据记录表

	M(g)	Δt_1(ms)	v_1(m/s)	Δt_2(ms)	v_2(m/s)	a(m/s²)	$\dfrac{1}{a}$(s²/m)
1							
2							
3							
4							
5							
6							

（合外力 F = ＿＿＿＿＿＿N）

【数据处理与误差】

1. 保持总质量 M 一定，研究加速度与合外力之间关系的数据处理

① 根据表 3.2.1 中测量的数据，计算出合外力 $F=mg$ 和相应的加速度 a，在坐标纸上以 a 为横坐标，F 为纵坐标，作出 $F-a$ 曲线图.

为了作图的准确性，减少计算量，也可用 Excel 电子表格来处理.即将 a 和 mg 的值输入新建 Excel 电子表格中，选中数据，如图 3.2.4 所示.单击"插入"菜单下的"图表"命令，在弹出的"图表向导——4 步骤之 1—图表类型"对话框的"标准类型"标签下的"图表类型"窗口列表中选择"散点图"，在"子图表类型"中选择"散点图"，单击"完成"按钮，即可画出散点图.然后在数据点处单击鼠标右键，在下拉菜单中选择"添加趋势线"，在弹出的对话框中的"类型"标签对话框中，选择"线性拟合"，在"选项"标签对话框中，选中"显示公式"和"显示 R 平方"，单击"确定"，即可画出拟合直线图.最后通过单击鼠标右键，利用下拉菜单"图标选项""坐标轴格式"和"绘图区格式"等设置好横坐标、纵坐标以及标题等标注，即可得到图 3.2.5 所示的拟合图.从公式显示可以直接得到直线的斜率.

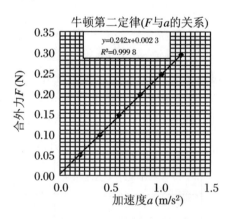

图 3.2.4　数据输入图　　　　图 3.2.5　$F-a$ 的线性拟合图

② 根据所作出的 $F-a$ 曲线，得出相关的结论.理论上 $F-a$ 曲线为通过原点的一条直线，若直线方程为 $y=a+bx$，通过求直线的斜率，可以得出总的物体的总质量 M.

③ 对结论作出分析，分析产生误差的原因.

2. 保持合外力 F 一定，研究加速度与总质量的关系数据处理

① 根据表 3.2.2 中测量的数据，计算出合外力加速度 a 和加速度的倒数 $1/a$，在坐标纸上以 $1/a$ 为横坐标，总质量 M 为纵坐标，作出 $M-1/a$ 曲线图.利用计算

机作图与数据处理1中类似，这里不再重复.

② 根据所作出的 M-$1/a$ 曲线，得出相关的结论. 理论上 M-$1/a$ 曲线为通过原点的一条直线，若直线方程为 $y = a + bx$，通过求直线的斜率，可以得出物体受到的合外力 F.

③ 对结论作出分析，分析产生误差的原因.

【注意事项】

① 先调平气垫导轨，通气后放滑块，结束时先取下滑块，后关掉气泵，不应长时间供气，以免气源温度过高，缩短使用寿命.

② 挡光片必须通过光电门进行挡光，才能计时.

③ 改变滑块质量时，应对称地加减配重块.

【思考题】

（本内容在实验报告中完成）

① 如果滑块通过两个光电门的时间 $\Delta t_A = \Delta t_B$，是否表示气垫导轨已调平，为什么？

② 滑块沿导轨下滑是否是严格的匀加速运动，为什么？

③ 测滑块运动速度时，电脑计数器光控通常置 s_2 挡而非 s_1 挡，为什么？

实验 3 用三线摆法测物体的转动惯量

转动惯量是刚体转动惯性的量度，它与刚体的质量分布和转轴的位置有关. 对于形状简单、质量分布均匀的刚体，测量其外形尺寸和质量，就可以计算出转动惯量. 对于形状复杂、质量分布不均匀的刚体，通常利用转动实验来测定其转动惯量，如转动法、扭摆法、三线摆法等，本实验学习用三线摆法测量刚体绕固定轴的转动惯量.

【实验目的】

① 掌握使用三线摆测定物体转动惯量的原理和方法.

② 学会用三线摆测量圆盘和圆环绕对称轴的转动惯量.

【实验仪器与用具】

三线摆、数显计时计数毫秒仪(秒表)、米尺、游标卡尺、水准仪、待测圆盘、待测圆环、待测圆柱.

【实验原理】

1. 转动惯量的测量

图 3.3.1 为三线摆的实验装置图,三条等长的悬线,对称地将一质量均匀的圆盘水平地悬挂在固定的小圆盘上,且上下两圆盘的圆心在同一条竖直线上,两盘面彼此平行.

图 3.3.1 三线摆的实验装置图

图 3.3.2 为三线摆实验装置示意图,把上面的小圆盘绕轴线 OO' 扭转某一角度放开时,下圆盘将绕 OO' 轴来回扭转摆动.假设每一条悬挂线长为 l,上圆盘的圆心到悬挂点间的距离为 r,下圆盘的圆心到悬挂点间的距离为 R.当下圆盘转过转角为 θ 时,圆盘将上升高度 h,如图 3.3.3 所示,扭转摆动前后的各个量之间存在关系

$$h = |BC| - |BC_1| \tag{3.3.1}$$

$$|BC| = \sqrt{|AB|^2 - |AC|^2} = \sqrt{l^2 - (R-r)^2} \tag{3.3.2}$$

$$|BC_1| = \sqrt{|A_1B|^2 - |A_1C_1|^2} = \sqrt{l^2 - (R^2 + r^2 - 2Rr\cos\theta)} \tag{3.3.3}$$

由式(3.3.1)、式(3.3.2)和式(3.3.3)化简得

$$h = \frac{2Rr(1-\cos\theta)}{|BC|+|BC_1|} = \frac{4Rr\sin^2\frac{\theta}{2}}{|BC|+|BC_1|} \tag{3.3.4}$$

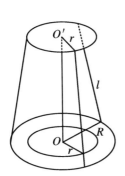

图 3.3.2 三线摆实验装置示意图

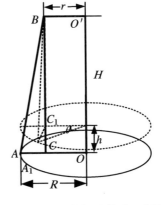

图 3.3.3 扭转摆动前后示意图

当转角 θ 的角度很小时,$\sin(\theta/2)\approx\theta/2$,$|BC_1|\approx|BC|\approx l$,则式(3.3.4)可以简化为

$$h \approx \frac{Rr\theta^2}{2l} \tag{3.3.5}$$

将式(3.3.5)两边对时间 t 求一阶导数,得下圆盘上下平动的速度

$$v = \frac{\mathrm{d}h}{\mathrm{d}t} = \frac{Rr}{l}\left(\frac{\mathrm{d}\theta}{\mathrm{d}t}\right)\theta \tag{3.3.6}$$

下圆盘在扭转摆动时,既有绕中心轴 OO' 的转动,又有竖直方向的升降运动,设下圆盘转动惯量为 J,转动角速度为 $\omega=\mathrm{d}\theta/\mathrm{d}t$,则下圆盘任意时刻的动能为 $J\omega^2/2+mv^2/2$,而圆盘的重力势能为 mgh,忽略摩擦力,则系统在重力场中机械能守恒,即

$$\frac{1}{2}J\left(\frac{\mathrm{d}\theta}{\mathrm{d}t}\right)^2 + \frac{1}{2}m\left(\frac{\mathrm{d}h}{\mathrm{d}t}\right)^2 + mgh = 恒量 \tag{3.3.7}$$

考虑到下圆盘的转动动能远比上下运动的平动动能大得多,即

$$\frac{1}{2}J\left(\frac{\mathrm{d}\theta}{\mathrm{d}t}\right)^2 \gg \frac{1}{2}m\left(\frac{\mathrm{d}h}{\mathrm{d}t}\right)^2 \tag{3.3.8}$$

则式(3.3.7)可简化为

$$\frac{1}{2}J\left(\frac{\mathrm{d}\theta}{\mathrm{d}t}\right)^2 + mgh = 恒量 \tag{3.3.9}$$

将式(3.3.9)两边对时间 t 求一阶导数得

$$J\left(\frac{\mathrm{d}\theta}{\mathrm{d}t}\right)\frac{\mathrm{d}^2\theta}{\mathrm{d}t^2} + mg\frac{\mathrm{d}h}{\mathrm{d}t} = 0 \tag{3.3.10}$$

将式(3.3.6)代入式(3.3.10),化简得

$$\frac{d^2\theta}{dt^2} + \frac{mgRr}{lJ}\theta = 0 \quad (3.3.11)$$

显然方程(3.3.11)为一个简谐运动方程式,故其圆频率

$$\omega_0 = \sqrt{\frac{mgRr}{lJ}} \quad (3.3.12)$$

由于简谐运动的周期 $T = 2\pi/\omega_0$,于是得圆盘的转动惯量为

$$J = \frac{g}{4\pi^2}\frac{Rr}{l}mT^2 \quad (3.3.13)$$

令 $K = \frac{g}{4\pi^2}$, $L = \frac{Rr}{l}$, $G = mT^2$,其中 K 为常数,L 由实验装置的参量决定,在测量过程中不发生改变,而 G 随下圆盘上所加待测样品质量不同而改变.

当下圆盘上不加样品时,设圆盘的质量 $m = m_0$,周期 $T = T_0$,即可得圆盘的转动惯量为

$$J_0 = \frac{g}{4\pi^2}\frac{Rr}{l}m_0 T_0^2 \quad (3.3.14)$$

当圆盘上放置质量为 m_1 的圆环时,其质心必须在转轴上,此时三线摆的摆动周期为 T_1,则圆盘和圆环的总转动惯量为

$$J = \frac{g}{4\pi^2}\frac{Rr}{l}(m_0 + m_1)T_1^2 \quad (3.3.15)$$

设 J_1 为圆环绕转轴的转动惯量,圆环绕其质心轴的转动惯量为

$$J_1 = J - J_0 = \frac{g}{4\pi^2}\frac{Rr}{l}[(m_0 + m_1)T_1^2 - m_0 T_0^2] \quad (3.3.16)$$

2. 平行轴定理的验证

质量为 m 的物体绕通过其质心轴的转动惯量为 J_c,当转轴平行移动距离 x 时,此物体对新转动轴 OO' 的转动惯量为

$$J_{OO'} = J_c + mx^2 \quad (3.3.17)$$

实验时将质量均为 m_x、形状和质量分布完全相同的两个圆柱体对称地放置在下圆盘上,如图 3.3.4 所示,OO' 为转动轴,$O_1 O_1'$ 为圆柱体的质心轴.

根据平行轴定理可得,小圆柱体绕轴 OO' 的转动惯量为

$$J_{OO'} = \frac{1}{8}m_x d_x + mx^2 \quad (3.3.18)$$

由式(3.3.13)可得两个小圆柱体和下圆盘绕中

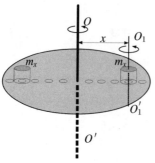

图 3.3.4　圆柱体转动惯量测量示意图

心轴 OO' 的总转动惯量为

$$J = \frac{g}{4\pi^2}\frac{Rr}{l}(m_0 + m_x)T_x^2 \qquad (3.3.19)$$

则一个小圆柱体绕圆盘中心轴 OO' 的转动惯量为

$$J_{OO'} = \frac{1}{2}(J - J_0) = \frac{1}{2} \times \frac{g}{4\pi^2}\frac{Rr}{l}[(m_0 + 2m_x)T_x^2 - m_0 T_0^2] \qquad (3.3.20)$$

比较式(3.3.17)和式(3.3.19)的结果,可以验证平行轴定理.

【实验内容与数据记录】

1. 调整三线摆装置

① 先观察上圆盘上的水平器,调节底座上的三个调节螺丝,使上圆盘处于水平状态.

② 再观察下圆盘中心的水平器,调节上圆盘上的三个绕线调节螺丝,改变悬线的长度,使下圆盘处于水平状态,此时三悬线等长,这时固定锁紧螺丝.

③ 适当调整光电传感器的位置,使下圆盘边上的挡光杆能自由往返通过光电门槽口.

2. 测量周期 T_0、T_1 和 T_x

① 接通数显计时计数毫秒仪的电源,把光电接收装置与毫秒仪连接,预置测量周期数 N 次(根据实验需要可以从 1~99 次任意设置),可分别按"预置"键的十位和个位进行调节.

② 在下圆盘处于静止状态下,拨动上圆盘的"转动手柄",将上圆盘转过一个小角度(5°左右),带动下圆盘绕中心轴 OO' 做微小扭摆运动.摆动若干次后,按毫秒仪上的"执行"键,毫秒仪开始计时,每计一个周期,周期显示数值自动逐一递减,直到递减为 0 时,计时结束,毫秒仪显示出 N 个周期的总时间,将数据记录于表 3.3.1 中.重复测量 6 次,并计算出周期 T_0 的平均值,在进行下一次测量时,要先按下毫秒仪上的"复位"键.

③ 将圆环放在下圆盘上,使两者的中心轴线相重叠,按内容②的方法测定摆动周期 T_1,将数据记录于表 3.3.1 中.

④ 将两小圆柱体对称地放在下圆盘上,按内容②的方法测定摆动周期 T_x,将数据记录于表 3.3.1 中.

表 3.3.1 累计法测周期数据记录表

摆动周期数 N		圆盘	圆盘+圆环	圆盘+两小圆柱
测量次数	1			
	2			
	3			
	4			
	5			
	6			
	时间平均值			
周期平均值 $\overline{T}$(s)		$\overline{T_0}$ = _____ s	$\overline{T_1}$ = _____ s	$\overline{T_x}$ = _____ s

3．测量其他物理量

① 用米尺测出悬线长度 l．

② 用游标卡尺测出上下圆盘三悬点之间的距离 a 和 b，然后利用 $r = \frac{1}{\sqrt{3}}a$ 和 $R = \frac{1}{\sqrt{3}}b$ 计算出悬点到中心的距离 r 和 R．

③ 用游标卡尺测量出放置两小圆柱体小孔间距 $2x$、小圆柱体的直径 d_x、圆环的内外直径 d_1 和 d_2．

④ 记录圆盘、圆环、小圆柱体上标注的质量，将数据记录于表 3.3.2 中．

表 3.3.2 转动惯量测量数据记录表

测量量	测量值	测量量	测量值
悬线长 l(mm)		圆环内直径 d_1(mm)	
下圆盘半径 r(mm)		圆环外直径 d_2(mm)	
下圆盘半径 R(mm)		平行轴间距 x(mm)	
圆盘质量 m_0(kg)		小圆柱体质量 m_x(kg)	
圆环质量 m_1(kg)		圆柱的直径 d_x(mm)	

【数据处理与误差】

1．圆盘的转动惯量及误差

① 将 R、r、l、m_0 和 $\overline{T_0}$ 代入公式(3.3.14)中计算出圆盘的转动惯量测量

值 $J_{0测}$.

② 利用圆盘的转动惯量计算公式 $J_0 = \frac{1}{2}m_0 R^2$ 求出理论值 $J_{0理}$.

③ 计算相对误差 $E = \dfrac{J_{0测} - J_{0理}}{J_{0理}} \times 100\%$.

2. 圆环的转动惯量的数据处理及误差

① 将 R、r、l、m_0、m_1、$\overline{T}_0$ 和 $\overline{T}_1$ 代入公式(3.3.16)中计算出圆环的转动惯量测量值 $J_{1测}$.

② 利用圆环的转动惯量计算公式 $J_1 = \frac{1}{2}m_1(d_1^2 + d_2^2)$ 求出理论值 $J_{1理}$.

③ 计算相对误差 $E = \dfrac{J_{1测} - J_{1理}}{J_{1理}} \times 100\%$.

3. 平行轴定理的验证

① 将 R、r、l、m_0、m_x、$\overline{T}_0$ 和 $\overline{T}_x$ 代入公式(3.3.20)中计算出一个小圆柱体绕 OO' 轴的转动惯量测量值 $J_{x测}$.

② 利用公式(3.3.18)求出小圆柱体绕圆盘中心轴转动时的转动惯量理论值 $J_{x理}$.

③ 计算相对误差 $E = \dfrac{J_{x测} - J_{x理}}{J_{x理}} \times 100\%$.

④ 比较计算结果,验证平行轴定理的正确性,若误差较大,应分析其产生原因.

【注意事项】

① 在操作中要注意使下圆盘做扭转运动时,应避免产生左右摆动.

② 摆动的转角不宜过大,否则不能按简谐运动来处理.

【思考题】

(本内容在实验报告中完成)

① 为了减少误差,l, r, R, d_1, d_2 应选用什么仪器进行测量,为什么?测量时如何确定 l, R, r 的始末位置?

② 用三线摆测物体转动惯量时,为什么必须保持下圆盘水平?

③ 三线摆加上待测物后,其摆动周期是否一定比没有加被测物时三线摆的扭动周期大?为什么?

④ 如何用三线摆测定任意形状的物体绕某轴的转动惯量？
⑤ 三线摆在摆动中受到空气阻尼，振幅越来越小，它的周期是否会变化？对测量结果影响大吗？为什么？

实验 4 自由落体运动

距我们三百多年前的伽利略经过大量的实验、严密的数学推理得出，自由落体运动是初速度为零的匀加速直线运动．后来人们采用先进的实验手段测得，在同一地点，一切物体做自由落体运动时的加速度都相同，这个加速度叫重力加速度，用 g 表示．地球表面的 g 值随着纬度、海拔高度、地质构造的不同而不同，其方向竖直向下．自由落体运动的研究在物理学的发展中起着重要的作用．

【实验目的】

① 熟悉自由落体的运动规律，并测定当地的重力加速度．
② 熟悉用数字毫秒计测定时间．
③ 掌握用逐差法处理实验数据．

【实验仪器与用具】

自由落体实验仪、数字毫秒计、铅锤线、小铁球。

【实验原理】

当离地球表面高度不太大时，自由落体运动的重力加速度 g 可以认为是一个恒量．当忽略空气阻力，仅在重力作用下时，物体做自由落体运动，其下落时间 t 和下落高度 h 之间存在关系

$$h = \frac{1}{2}gt^2 \tag{3.4.1}$$

理论上，使物体由静止开始自由下落，测出物体下落高度 h，用数字毫秒计测出所用时间 t，由式(3.4.1)即可计算出重力加速度 g．但实验中由于所使用的自由落体装置上，小球开始下落的时间很难准确测定，而且由静止开始自由下落的初始条件也由于气体涡流的存在而不能得到保证，所以不能直接利用式(3.4.1)来进行

测定重力加速度.

为了精确测定重力加速度,实验时采用如下方法进行,如图 3.4.1 所示,E_1 和 E_2 为两个光电门,将光电门 E_1 固定在 A 位置,光电门 E_2 固定在 B 位置,设小球沿竖直方向 Ox 下落,经 A 点速度为 v_0',用数字毫秒计可测得小球通过 A、B 两点间距离所需的时间 t_1,则 A、B 两点间距离 h_1 为

$$h_1 = v_0' t_1 + \frac{1}{2} g t_1^2 \quad (3.4.2)$$

因小球经两个光电门时,产生遮光计时信号的情形相同,从而测量 t_1 引起的误差大大减小了.

保持光电门 E_1 不动,将 E_2 移至 C 点,小球以同样的释放条件由 O 点下落,用数字毫秒计测得小球通过 A、C 两点间距离所需的时间为 t_2,则 A、C 间距离 h_2 为

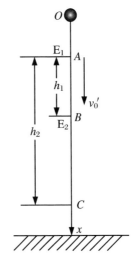

图 3.4.1 自由落体实验仪测重力加速度示意图

$$h_2 = v_0'' t_2 + \frac{1}{2} g t_2^2 \quad (3.4.3)$$

因两次下落释放的条件相同,即

$$v_0' = v_0'' \quad (3.4.4)$$

故由式(3.4.2)、式(3.4.3)和式(3.4.4)得

$$g = \frac{2\left(\dfrac{h_2}{t_2} - \dfrac{h_1}{t_1}\right)}{t_2 - t_1} \quad (3.4.5)$$

如果将光电门 E_2 按等距离(如 10.00 cm)下移定位,作小球下落实验,测出小球经过两光电门所需的时间 t_i 和两光电门之间的距离 h_i,只要各次小球下落时的释放条件一样,则有

$$\left.\begin{aligned}
h_1 &= v_0' t_1 + \frac{1}{2} g t_1^2 \\
h_2 &= v' t_2 + \frac{1}{2} g t_2^2 \\
&\cdots \\
h_i &= v_0' t_i + \frac{1}{2} g t_i^2
\end{aligned}\right\} \quad (3.4.6)$$

从式(3.4.6)中任意选择两式便可计算出重力加速度 g 的数值.

【实验内容与数据记录】

1. 仪器的调试

① 自由落体实验仪如图 3.4.2 所示,首先将上面的光电门 E_1 固定于标尺的 10.00 cm 处,将下面的光电门 E_2 固定于标尺 100.00 cm 处;用手将一铅垂线线端按在橡皮吸球吸口中心.调节底脚螺丝使立柱与铅垂线平行,且铅垂线能从两光电门中间经过,并通过光敏二极管上水平狭缝中央;将接球网篮调到能接住落下钢球的位置.

② 数字毫秒计的面板如图 3.4.3 所示,将数字毫秒计的功能旋钮拨至 S_2,时基选择为 0.01 ms,复位方式选为"自动".接通电源,待仪器复零后,用一小纸片遮挡任一光电门,数字毫秒计应立即计时,再次遮挡任一光电门,计数应立即停止.调整"显示时间"旋钮,使显示数据的时间为 5 s 左右,这样便于及时读数而不影响光电门的下一次计时.

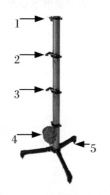
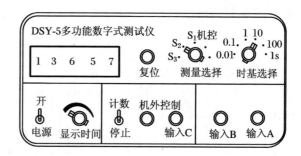

图 3.4.2　自由落体实验仪　　　　图 3.4.3　数字毫秒计面板图
1. 橡皮吸球器;2. 光电门 E_1;3. 光电门 E_2;4. 接球网;5. 底座调平螺丝

2. 重力加速度的测定

① 将下光电门 E_2 移至标尺 20.00 cm 位置上,此时 $h_1 = 10.00$ cm,用橡皮吸球吸住小钢球,当小钢球下落时,数字毫秒计立即显示出小球通过 h_1 距离所经历的时间 t_1,测量三次并取平均值,将数据记录于表 3.4.1 中.

② 将光电门 E_2 分别移至 30.00,40.00,…,90.00 cm 处,重复步骤①,分别测出 $t_2,t_3,…,t_8$,每个时间测量三次并取平均值,将数据记录于表 3.4.1 中.测量时间时,数字毫秒计的时基应从原来的 0.01 ms 旋到 0.1 ms 处.

表 3.4.1　自由落体运动测加速度实验数据记录表

	E_1(cm)	E_2(cm)	h_i(cm)	t_i(s)	$\overline{t}_i$(s)
1	10.00	20.00			
2	10.00	30.00			
3	10.00	40.00			
4	10.00	50.00			
5	10.00	60.00			
6	10.00	70.00			
7	10.00	80.00			
8	10.00	90.00			

【数据处理与误差】

1. 重力加速度的实验值计算

根据表 3.4.1 中的测量值,利用逐差法处理该数据,将 $\overline{t}_i$ 分成两组,利用公式(3.4.5),即 $g_i = 2\left(\dfrac{h_{i+4}}{t_{i+4}} - \dfrac{h_i}{t_i}\right) / (t_{i+4} - t_i)$ 计算出重力加速度 g_i,并求出重力加速度的平均值 $\overline{g}$.

2. 重力加速度的理论值计算

不同纬度的海平面处重力加速度值: $g_\varphi = 9.78049 \times [1 + 0.0052884 \sin^2\varphi - 0.0000059 \sin^2 2\varphi]$ m/s^2,其中 φ 为纬度.

不同海拔处的重力加速度值: $g_{\varphi h} = (g_\varphi - 3.086 \times 10^{-6} h)$ m/s^2,其中 h 为海拔高度.

由此得到当地的重力加速度值,有关我国部分重要城市的重力加速度值请参考附录 2.

3. 重力加速度误差估计

重力加速度的相对误差为 $E = \left(\dfrac{|\overline{g} - g_{理}|}{g_{理}}\right) \times 100\%$.

【注意事项】

① 利用铅垂线和立柱的调节螺丝,确保立柱处于铅直.保证小球下落时,两个光电门的遮光部位均相同.

② 测量时一定要保证支架稳定、不晃动．高度 h 的准确测量对实验结果影响很大．

【思考题】

（本内容在实验报告中完成）
① 根据测得的重力加速度值与理论值的偏差，分析产生该偏差的原因．
② 利用逐差法处理数据的优点是什么？

实验 5　用单摆法测重力加速度

地球表面附近的物体，在仅受重力作用时具有的加速度叫作重力加速度，也叫自由落体加速度，用 g 表示．重力加速度在力学中是个很重要的物理量，它的大小和诸多因素有关，能否精确测定出地球表面附近的重力加速度具有很大的意义．本实验主要利用单摆的简谐运动来测量地球表面附近的重力加速度的大小．

【实验目的】

① 掌握用单摆法测量重力加速度的方法，加深对简谐运动规律的认识．
② 练习使用秒表、米尺、游标卡尺，测量单摆的周期和摆长．
③ 学习用图解法处理实验数据．

【实验仪器与用具】

单摆仪、秒表、米尺、游标卡尺（或螺旋测微计）。

【实验原理】

一根长度不能伸缩的细线，上端固定，下端悬挂一金属小球，当细线质量远小于小球质量，且小球的直径比细线的长度小很多时，就可以把体系看作是一根不计质量的细线系住一个质点．如果把悬挂的小球从平衡位置拉至一侧（保持摆角 $\theta<5°$），然后释放，小球将在平衡位置附近做周期性摆动，这种装置称为单摆，如图

3.5.1所示.单摆往返摆动一次所需要的时间为单摆的周期.

通过对摆球受力分析可知,摆球所受的切向力 f 是重力 $W=mg$ 和绳子张力的合力,且总指向 $\theta=0$ 这个平衡位置.当摆角很小时($\theta<5°$),圆弧可以近似看成直线,合力 f 的方向也可以近似地看作沿着这一直线.若设小球的质量为 m,其质心到单摆的支点 O 的距离为 L(摆长),小球位移为 x,则

$$\sin\theta \approx \theta \approx \frac{x}{L} \tag{3.5.1}$$

$$f = W\sin\theta = -mg\frac{x}{L} = -m\frac{g}{L}x \tag{3.5.2}$$

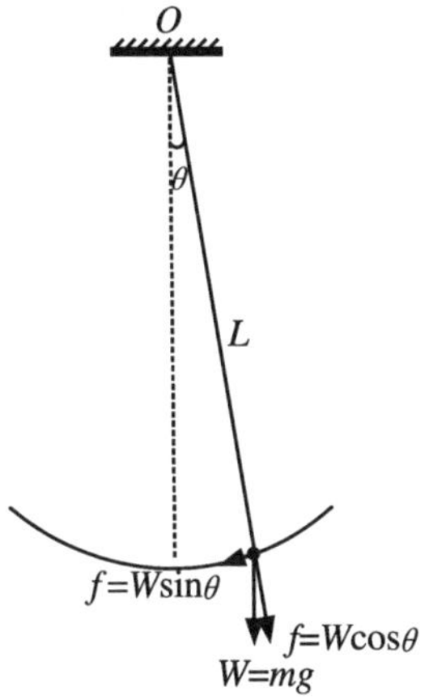

图 3.5.1 单摆示意图

式(3.5.2)中负号表示 f 与位移 x 的方向相反.

另一方面,小球的运动满足牛顿第二定律

$$f = ma = m\frac{d^2x}{dt^2} \tag{3.5.3}$$

由式(3.5.2)和式(3.5.3)得

$$\frac{d^2x}{dt^2} = -\frac{g}{L}x \tag{3.5.4}$$

由式(3.5.4)可知单摆在摆角很小时,摆球的运动可以近似地看作简谐振动.而简谐振动的动力学方程可写为

$$\frac{d^2x}{dt^2} + \omega^2 x = 0 \tag{3.5.5}$$

比较式(3.5.4)和式(3.5.5)可得单摆做简谐振动的圆频率为

$$\omega = \sqrt{\frac{g}{L}} \tag{3.5.6}$$

由简谐运动的周期与圆频率的关系得单摆的运动周期为

$$T = \frac{2\pi}{\omega} = 2\pi\sqrt{\frac{L}{g}} \tag{3.5.7}$$

将式(3.5.7)化简得重力加速度为

$$g = 4\pi^2\frac{L}{T^2} \tag{3.5.8}$$

通过测量单摆摆长 L、单摆摆动周期 T,将数据代入式(3.5.8)即可求得当地地球表面的重力加速度 g.若测出不同摆长 L_i 下的周期 T_i,作 T_i^2-L_i 图线,由直线的斜率可求出重力加速度 g.

实验时,测量单个周期的相对误差较大,一般是测量单摆连续摆动 n 个周期

的总时间 t，则一个摆动周期 $T=t/n$，因此

$$g = 4\pi^2 \frac{n^2 L}{t^2} \tag{3.5.9}$$

式中的 n 不考虑误差，因此上式的误差传递公式为

$$\frac{\Delta g}{g} = \sqrt{\left(\frac{\Delta L}{L}\right)^2 + \left(2\frac{\Delta t}{t}\right)^2} \tag{3.5.10}$$

从式(3.5.10)可以看出，在 $\Delta L, \Delta t$ 一定的情况下，增大 L 和 t 对减小测量值 g 的误差有利.

【实验内容与数据记录】

1. 重力加速度 g 的测量

① 将单摆仪组装并调整好，调整时要求立柱铅直，各部分连接牢固.

② 测量摆长 L. 摆长 L 为摆线长 l 加上摆球（球形）半径 r，建议摆长取约 1 m. 用米尺测量摆线长 l，游标卡尺（螺旋测微计）测摆球直径 $2r$，分别测量 6 次，将数据记入表 3.5.1 中.

③ 测量单摆摆动周期 T. 拉开单摆小球至一侧，让小球偏离平衡位置，然后释放，使单摆摆球在竖直平面内做小角度（摆角 $\theta < 5°$）摆动，用秒表测出单摆摆动 $n = 50$ 个周期所需要的总时间 $t(50T)$，重复测量 6 次，将数据记录于表 3.5.1 中.

表 3.5.1 摆长固定时的测量单摆摆动周期数据记录表

	1	2	3	4	5	6	平均值
线长 l(mm)							
小球直径 $2r$(mm)							
摆长 $L=l+r$(mm)							
时间 t(s)							
周期 T(s)							

2. 图解法测量重力加速度 g

测量不同摆长下的周期. 改变摆线长度 l 的值，使摆长分别为 110.00 cm、100.00 cm、90.00 cm、80.00 cm、70.00 cm、60.00 cm，测量各摆长下，单摆摆动 50 个周期对应的总时间 $t(50T)$，将数据记录于表 3.5.2 中。

表 3.5.2　不同摆长的单摆周期数据记录表

摆长 L(cm)	110.00	100.00	90.00	80.00	70.00	60.00
时间 t(s)						
周期 T(s)						
周期 T^2(s^2)						

【数据处理与误差】

1. 测量重力加速度 g 的数据处理及误差

① 重力加速度的理论值计算请参考本章实验 4 的数据处理部分.

② 根据表 3.5.1 记录的数据,按式(3.5.9)计算出重力加速度 g 的值,并求出相对误差 $E=(|g-g_理|/g_理)\times100\%$.

2. 图解法测量重力加速度 g 的数据处理

根据表 3.5.2 中所测量的数据,计算出 T^2.以 L 为横坐标,T^2 为纵坐标,在坐标纸上作 $L-T^2$ 图线($T^2=4\pi^2L/g$),理论上应为过原点的一条直线,若直线方程为 $y=a+bx$,求出直线的斜率 b,再由 $b=4\pi^2/g$,求出重力加速度 g.将其与当地理论值比较,计算出相对误差 $E=(|g-g_理|/g_理)\times100\%$.

为了数据处理的准确性,可采用 Excel 电子表格进行处理.首先将表 3.5.2 中第一行和第四行数据输入 Excel 表格中,如图 3.5.2 所示,选中数据,单击"插入"菜单下的"图表",选择"标准类型"标坐下的"图类类型"窗口列表中选择"XY 散点图"在"子图表类型"中选择"散点图",单击"完成"出现散点图,然后,在散点图的数据处单击鼠标右键选择"添加趋势线",在弹出的"添加趋势线"对话框中,单击"类型"标签,选择"线性"拟合,单击"选项"标签,选中"显示公式"和"显示 R 平方值",单击"确定",最后通过单击鼠标右键,利用下拉菜单"图标选项""坐标轴格式""绘图区格式"等设置好横坐标、纵坐标以及标题等标注,即可得到图 3.5.3,从显示的公式中可得出直线斜率 b.

【注意事项】

① 单摆摆动时,摆角 θ 应小于 5°.

② 必须在垂直平面内摆动,小球不能形成椭圆运动.

③ 测量周期时,应在摆球通过平衡位置时开始计时.

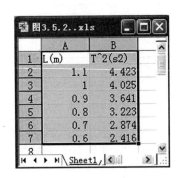
图 3.5.2 数据输入图

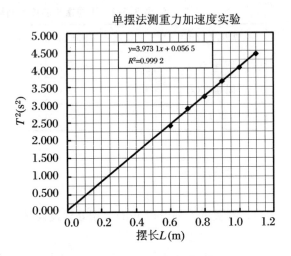
图 3.5.3 L-T^2 图线图

【思考题】

(本内容在实验报告中完成)

① 公式 $g=4\pi^2 L/T^2$ 成立的条件是什么？在实验中如何保证这一条件的实现？

② 从 g 的相对误差公式分析中思考：影响测量误差的主要因素是什么？当摆长改为 10.00 cm，甚至 5.00 cm 时，会对测量结果产生什么影响？

实验 6　伸长法测金属的杨氏模量

材料受外力作用时必然发生形变，其内部应力(单位面积上受力大小)和应变(即相对形变)的比值称为弹性模量，也称为杨氏模量．材料的杨氏模量是衡量材料受力后形变能力大小的参数之一，是工程机械设计时选用材料的主要依据之一．材料杨氏模量的测量方法很多，其中最基本的方法有伸长法和弯曲法，本实验采用伸长法来测量材料的杨氏模量，利用测微目镜来测量钢丝长度的微小改变，因实验时对样品没有"限制"，不同粗细、长短的样品均可进行实验，所以被广泛采用．

【实验目的】

① 测量钢丝和黄铜丝材料的杨氏模量.
② 学习基本长度的测量方法,掌握米尺、外径千分尺、测微目镜的使用方法.
③ 学习用逐差法处理数据.

【实验仪器与用具】

杨氏模量测定仪、监视器、测微目镜、CCD 摄像机、螺旋测微计、米尺、砝码、待测样品(钢丝).

【实验原理】

1. 杨氏模量的测量

设有一根粗细均匀、横截面积为圆形的钢丝,其横截面积的大小为 S,钢丝的原长为 L,沿其长度方向施加一拉力 F 后,钢丝伸长了 ΔL. 比值 F/S 是钢丝单位面积上所受到的力,称为应力;比值 $\Delta L/L$ 是钢丝的相对伸长量,称为应变.根据胡克定律,在弹性限度内,固体的应力和应变成正比,即

$$\frac{F}{S} = E \frac{\Delta L}{L} \tag{3.6.1}$$

式(3.6.1)中的比例系数 E 称为钢丝材料的杨氏模量,单位为 $N \cdot m^{-2}$,在数值上等于产生单位应变的应力,只与材料的性质有关,从微观结构来看,杨氏模量是一个表征原子间结合力大小的物理量. 由于钢丝的横截面积 $S = \pi d^2/4$,其中 d 为钢丝的直径,因此杨氏模量 E 为

$$E = \frac{FL}{S\Delta L} = \frac{4FL}{\pi d^2 \Delta L} \tag{3.6.2}$$

由式(3.6.2)可知,对 E 的测量实际上就是对 F、S、L、d 和 ΔL 的测量,其中 F、S、L、d 都容易测量,只有 ΔL 是一个很小的长度变化,很难用一般测长度的仪器测量,实验中采用视角放大法,用测微目镜配 CCD 成像系统直接测量,把原来从测微目镜中看到的图像通过 CCD 呈现在监视器的屏幕上,便于观测,简单直观.

2. 实验仪器及装置

实验采用 FD-YC-ICCD 伸长法杨氏模量测定仪,其装置示意图如图 3.6.1 所示,包括以下几部分:

(1) 金属丝支架

S为金属丝支架,高约132.00 cm,可置于实验桌上,支架顶端设有金属丝悬挂装置,金属丝长度可调,约95.00 cm,金属丝下端连接一小圆柱,圆柱中部方形窗中有细横线供读数用,小圆柱下端附有砝码托.支架下方还有一钳形平台,设有限制小圆柱转动的装置,支架底脚螺丝可调,可用于调整支架竖直.

(2) 测微目镜

测微目镜M用来观测金属丝下端小圆柱中部方形窗中细横线位置及其变化,目镜前方装有分划板,分划板上有刻度,其刻度范围0~6 mm,分度值0.01 mm,每隔1 mm刻一数字,有关测微目镜的使用请参考第2章相关内容. H_1 为读数显微镜支架.

(3) CCD成像、显示系统

测定仪配有CCD黑白摄像机、CCD专用12 V直流电源和黑白视频监视器,H_2 为摄像机支架.测量时将摄像机所拍摄的像显示在监视器屏幕上,监视器屏幕的大小为14寸,便于测试样品伸长量的测量观测.

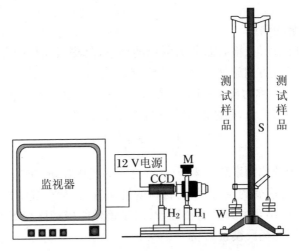

图3.6.1　FD-YC-ICCD伸长法杨氏模量测定仪

【实验内容与数据记录】

1. 仪器设备的调节

① 支架的调节.调节底座上的螺丝使支架S铅直,使金属丝下端的小圆柱与钳形的平台无摩擦地上下自由移动,旋转金属丝上端夹具,使圆柱两侧刻槽对准钳形平台两侧的限制圆柱转动的小螺丝,两侧同时对称地将旋转螺丝旋入刻槽中部,力求减小摩擦.

② 测微目镜的调节.用眼睛直视测微目镜并调节,使分划板像清晰.将测微目镜的物镜对准小圆柱平面中部,前后调节测微目镜与小圆柱平面之间的距离,然后微调测微目镜旁的螺丝,直到看清小圆柱平面中部上细横刻线的像,并消除视差,关于判断无视差的方法请参考第2章有关内容.

③ CCD摄像机调节.将 CCD 摄像机装上镜头,把视频电缆线的一端接摄像机的视频输出端,另一端接监视器的视频输入端.将 CCD 摄像机专用 12 V 直流电源接到摄像机后面板"Power"孔,并将直流电源和监视器分别接 220 V 交流电源,仔细调整 CCD 位置及镜头焦距,直到在监视器屏幕上看到清晰的图像.

2. 测量钢丝材料的杨氏模量

① 钢丝伸长量的测量

由于钢丝有挠曲,码钩上应预先加上适量的砝码,将钢丝拉直,使钢丝在伸直的状态下开始实验,此时监视器屏幕上显示的小圆柱上的细横刻线指示的刻度为 Y_0,记录其数值;然后在砝码托盘上逐次加上 50 g 砝码,对应的读数为 $Y_i(i=1,2,\cdots,10)$;再将所加的砝码逐个减去,对应的读数为 $Y_i'(i=1,2,\cdots,10)$,并将两对应读数 Y_i 与 Y_i' 求平均值 $\overline{Y}_i=(Y_i+Y_i')/2$,将数据记录于表 3.6.1 中.

表 3.6.1　钢丝伸长量的测量数据记录表

砝码质量(g)	Y_i(mm)	Y_i'(mm)	$\overline{Y}$(mm)
50			
100			
150			
200			
250			
300			
350			
400			
450			
500			

② 其他参量的测量

用钢卷尺测量金属丝长度 L,用螺旋测微计测量金属丝直径 d(测 10 次),测量时应测钢丝不同部位的直径,将数据记录于表 3.6.2 中.

表 3.6.2 钢丝材料的杨氏模量测量数据记录表

测量次数 项目	1	2	3	4	5	6	7	8	9	10
零点读数 δ_i(mm)										
钢丝直径读数 d'_i(mm)										
$d_i = \|d'_i - \delta_i\|$(mm)										

3. 测量其他钢丝材料的杨氏模量(选做)

与实验内容 2 类似,测量其他钢丝材料和涂树脂康铜丝受相同力的伸长量,以了解不同材料对杨氏模量的影响.

【数据处理与误差】

1. 钢丝伸长量的计算

为了减小误差,利用逐差法对 $\overline{Y_i}$ 进行处理,计算出钢丝伸长量 $\overline{\Delta L}$. 将表 3.6.1 中所记录的数据按顺序分为 $\overline{Y_i}(i=1,2,3,4,5)$ 和 $\overline{Y_i}(i=6,7,8,9,10)$ 两组,使其对应项相减,即

$$\overline{\Delta L} = [(\overline{Y_6} - \overline{Y_1}) + (\overline{Y_7} - \overline{Y_2}) + (\overline{Y_8} - \overline{Y_3}) + (\overline{Y_9} - \overline{Y_4}) + (\overline{Y_{10}} - \overline{Y_5})]/5 \tag{3.6.3}$$

2. 杨氏模量的计算

由 $F = \Delta M g$ 计算钢丝所受到的拉力的改变量,由于采用逐差法,此处 $\Delta M = 250 \text{ g}$,由表 3.6.2 所测量的钢丝直径的数据,求出钢丝的平均直径 $\overline{d}$. 将 F、$\overline{\Delta L}$、$\overline{d}$ 和 L 代入式 3.6.2 中求出钢丝的杨氏模量 $E_{测}$.

3. 计算杨氏模量的相对误差

查阅相关材料的杨氏模量公认值,已知钢丝的杨氏模量公认值为 $E_0 = 20.0 \times 10^{10} \text{ N/m}^2$. 杨氏模量的相对误差 $E = [(E_{测} - E_0)/E_0] \times 100\%$.

【注意事项】

① 在测微目镜的调节过程中,一定要消除视差.
② 在测量 $\overline{\Delta L}$ 时,要轻轻地转动测微目镜鼓轮,防止测微目镜产生侧移.
③ 增减砝码时,要轻拿轻放,防止钢丝产生摇晃而影响测量.

【思考题】

① 对微小伸长量测量除读数显微镜方法外,还有哪些方法?

② 根据间接测量量的不确定度估算,哪些量的测量对测量结果影响较大?实验中如何降低其影响?

实验 7　弦振动实验

一切机械波在有限大小的介质中进行传播时会形成各式各样的驻波.驻波是常见的一种波的叠加现象,它广泛存在于自然界中,如管、弦、膜和板的振动都可形成驻波.驻波理论在声学、光学及无线电中都有重要的应用,如用来测定波长、波速或确定波频率等.

本实验研究最简单的一维空间的情况,即通过研究一根弦线的振动,来观察驻波的形成过程,掌握获得稳定驻波的条件和调节方法,以及在弦的线密度基本不变的情况下,研究波长随弦线张力和波频率的变化关系.

【实验目的】

① 掌握在弦线上形成稳定驻波的方法,观察驻波的形成过程.

② 掌握使用作图法验证波长与张力、频率的关系.

【实验仪器与用具】

FB301-A 弦振动仪、挂钩、砝码、棉线、铜丝、皮筋.

【实验原理】

1. 实验原理

如图 3.7.1 所示,设有振幅、频率和振动方向均相同,沿 x 轴正向和负向传播的两列相干波,当 $t=0$ 时,若两列波互相重叠,此时各点位移最大;$t=T/4$ 时,两列波分别在其传播方向上各自传播 1/4 波长的距离,合成波上各点的位移为零;

$t = T/2$ 时两相干波又相互重叠,各点位移到达最大,但位移方向却与 $t = 0$ 时相反.由此可知,上述两相干波叠加后,使 x 轴上某些点的振幅始终为零,称为波节;某些点的振幅则会出现最大,且等于单个波振幅的 2 倍,称为波腹.从外形看,合成波波腹和波节的位置不随时间改变,波形不向前传播,故称这种波为驻波.在驻波上相邻两个波节或波腹间的距离等于半个波长.

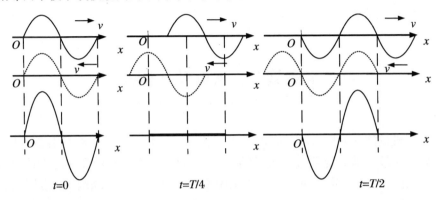

图 3.7.1 驻波的形成

设 $t = 0$ 时,初相位 $\varphi = 0$,x 为波在传播方向上的位置坐标,y 为质点振动位移,A 为波的振幅,则一维波动方程

$$y = A\cos\omega\left(t - \frac{x}{v}\right) \tag{3.7.1}$$

将式(3.7.1)两边对时间 t 求一阶偏导数,得某质点的振动速度大小

$$v = \frac{\partial y}{\partial t} = -\omega A \sin\omega\left(t - \frac{x}{v}\right) \tag{3.7.2}$$

将式(3.7.1)两边对时间 t 求二阶偏导数,得某质点的振动加速度大小

$$a = \frac{\partial^2 y}{\partial t^2} = -\omega^2 A\cos\omega\left(t - \frac{x}{v}\right) \tag{3.7.3}$$

将式(3.7.1)两边对坐标 x 求二阶偏导数得

$$\frac{\partial^2 y}{\partial x^2} = -\frac{\omega^2}{v^2} A\cos\omega\left(t - \frac{x}{v}\right) \tag{3.7.4}$$

联立式(3.7.3)和式(3.7.4),得一维波动满足的微分方程为

$$\frac{\partial^2 y}{\partial t^2} = v^2 \frac{\partial^2 y}{\partial x^2} \tag{3.7.5}$$

对一根拉紧的弦线,若受到的张力为 T,弦线的线密度为 ρ,通过受力分析及运动方程可以得出沿弦线传播的横波满足微分方程

$$\frac{\partial^2 y}{\partial t^2} = \frac{T}{\rho} \frac{\partial^2 y}{\partial x^2} \tag{3.7.6}$$

比较式(3.7.5)和式(3.7.6),得 $v^2 = \dfrac{T}{\rho}$,即 $v = \sqrt{\dfrac{T}{\rho}}$.根据波动理论,波长 λ、频率 f 和波速 v 之间满足关系

$$v = \lambda f \tag{3.7.7}$$

因此有

$$\lambda = \dfrac{1}{f}\sqrt{\dfrac{T}{\rho}} \tag{3.7.8}$$

为了用实验验证式(3.7.8)成立,将式(3.7.8)两边取对数得

$$\lg\lambda = \dfrac{1}{2}\lg T - \dfrac{1}{2}\lg\rho - \lg f \tag{3.7.9}$$

若固定频率 f 和弦线线密度 ρ,而改变弦线张力 T,并测出相应波长 λ,作 $\lg\lambda$ - $\lg T$ 图,若得一直线,且直线的斜率值若近似为 $1/2$(理论上等于 $1/2$),则验证了 $\lambda \propto T^{\frac{1}{2}}$ 的关系成立.若固定弦线张力 T 和弦线线密度 ρ,改变波源振动频率 f,并测出相应波长 λ,作 $\lg\lambda$ - $\lg f$ 图,若得到一条斜率近似等于 -1 的直线(理论上等于 -1),则验证了 $\lambda \propto f^{-1}$ 的关系成立.

2. FB301-A 弦振动仪介绍

实验采用 FB301-A 弦振动仪来进行.其实物图如图 3.7.2 所示,金属弦线的一端固定在能做竖直方向振动的可调频率数显机械振动源的振簧片上,频率变化范围从 $10 \sim 200\,\text{Hz}$ 范围内连续可调,频率最小改变量为 $0.01\,\text{Hz}$.

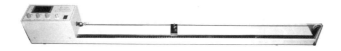

图 3.7.2　FB301-A 弦振动仪实物图

FB301-A 弦振动仪由频率可连续调节的数显信号源(机械振动簧片)、仪器底座、固定滑轮、可调刀口支架、刻度尺、弦线、砝码、挂钩组成,其示意图如图 3.7.3 所示.

实验时,将弦线一端通过定滑轮悬挂一挂钩,若弦线下端所悬挂的砝码(含挂钩和砝码)的质量为 m,则弦线受到的张力 $T = mg$.接通电源,让机械振动簧片产生振动,即在弦线上形成向右传播的横波;移动刀口支架至合适位置,当波传播到可动刀口支架与弦线相切点时,由于弦线在该点受到刀口阻挡而不能振动,波在刀口处被反射形成了向左传播的反射波,反射波与入射波将在弦线上形成稳定的驻波.

当振动簧片弦线固定点与弦线可动刀口切点的长度 L 等于半波长的整数倍时,即可得到振幅较大且稳定的驻波,振动簧片与弦线固定点为近似波节,弦线与

刀口相切点为波节,若它们的间距为 L,则

$$L = n \cdot \frac{\lambda}{2} \tag{3.7.10}$$

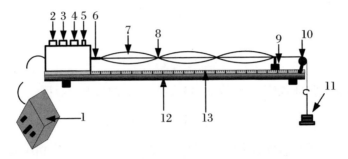

图 3.7.3　FB301-A 弦振动研究仪结构示意图

1. 信号源电源;2. 输出功率调节;3. 输出频率微调;4. 输出频率粗调;
5. 输出频率量程切换;6. 机械振动簧片;7. 弦线驻波波腹;8. 驻波波节;
9. 刀口支架;10. 固定滑轮;11. 砝码与钩码;12. 仪器底座;13. 刻度尺

其中,n 为任意正整数,即驻波的数目. 利用式(3.7.10),即可得出弦线上驻波的波长. 若由于振动簧片与弦线固定点在振动时不易测准,实验也可将最靠近振动端的波节作为 L 的起始点,求出该点与可动刀口之间的距离 L.

【实验内容与数据记录】

1. 验证横波波长与弦线张力的关系

在不同弦线张力情况下,分别测出驻波数为 n 的总长度 L,将数据记录于表 3.7.1 中,建议频率 $f = 60.00 \sim 80.00$ Hz 为宜.

表 3.7.1　固定频率的实验数据记录表

$m(\times 10^{-3}$ kg)					
$L(\times 10^{-2}$ m)					
n					

(振源的频率 $f =$ _____ Hz)

2. 验证横波波长与波源振动频率的关系

在不同波源振动频率情况下,测出驻波数为 n 的总长度 L,将数据记录于表 3.7.2 中,建议钩码质量为 100 g,重力加速度取 9.8 m/s^2.

表 3.7.2 固定张力的实验数据记录表

$f(\text{Hz})$							
$L(\times 10^{-2}\ \text{m})$							
n							

(挂钩与砝码的总重力 $T = mg = $ _____ N)

3. 验证横波波长与弦线线密度的关系(选做)

在挂钩上放置固定质量的砝码,以固定弦线上的张力,固定波源振动频率,通过改变弦线材料来改变弦线的线密度,用驻波法测量相应的波长,比较观察弦线线密度对波长的影响.

【数据处理与误差】

1. 横波波长与弦线张力的关系数据处理

① 由表 3.7.1 中所测得的数据,计算张力、波长及相应的对数,将数据填入表 3.7.3 中.

表 3.7.3 波长与弦线中张力的关系数据表

$T(\text{N})$							
$\lambda(\times 10^{-2}\ \text{m})$							
$\lg T(\text{N})$							
$\lg \lambda(\times 10^{-2}\ \text{m})$							

② 以 $\lg T$ 值为横坐标,$\lg \lambda$ 值为纵坐标.在坐标纸上描出所有数据点,并画一条直线使所有的点尽可能在这条直线上或均匀分布在直线的两侧.这条直线方程可写成

$$y = a + bx \tag{3.7.11}$$

其中,直线的截距 $a = -\frac{1}{2}\lg\rho - \lg f$,$b$ 为直线的斜率.求出斜率 b 若等于 1/2,则验证了横波波长与弦线中张力的关系.

为了作图的准确性,也可用 Excel 电子表格来处理.即将 $\lg T$ 和 $\lg \lambda$ 的值输入新建 Excel 电子表格中,选中数据,如图 3.7.4 所示.单击"插入"菜单下的"图表",在"图表向导 4—步骤之 1—图表类型"中的"标准类型"标签下的"图表类型"窗口列表中选择"XY 散点图",在"子图表类型"中选择"散点图",单击"完成"按钮,即可画出散点图;然后在数据点处单击鼠标右键,在下拉菜单中,选择"添加趋势线",在弹出的对话框中的"类型"标签对话框中,选择"线性"拟合,在"选项"标签对话框

中,选中"显示公式"和"显示 R 平方",单击"确定",即可画出拟合直线图;最后通过单击鼠标右键,利用下拉菜单"图标选项""坐标轴格式""绘图区格式"等设置好横坐标、纵坐标以及标题等标注,即可得到图 3.7.5 所示的拟合图.

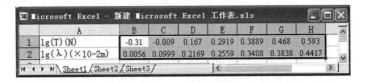

图 3.7.4　数据输入图

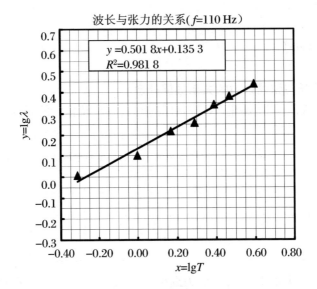

图 3.7.5　线性拟合图

③ 根据所得直线方程,总结实验结论.

2. 横波的波长与波源振动频率的关系数据处理

① 由表 3.7.2 中测量数据,计算波长及波长和频率的相应对数,填入表 3.7.4 中.

表 3.7.4　波长与波源振动频率的关系数据表

f(Hz)							
$\lambda(\times 10^{-2}$ m)							
$\lg f$(Hz)							
$\lg \lambda(\times 10^{-2}$ m)							

② 数据处理方法与数据处理 1 类似,利用表 3.7.4 中的数据作图,验证波长与波源振动频率的关系,这里不再重复.

【注意事项】

① 在弦线上出现振幅较大而稳定的驻波时,再测量驻波波长.
② 弦线受到的张力包括砝码与挂钩的总重力.
③ 当波源出现机械共振时,应减小振幅或改变波源频率,以便得到振幅大而稳定的驻波.

【思考题】

(本内容在实验报告中完成)
① 驻波形成的条件是什么？在弦线上产生稳定驻波的条件和标志是什么？
② 求波长时为什么要测几个半波长的总长度？

实验 8　液体黏滞系数的测定

当一种液体相对于其他固体、气体运动或同种液体内各部分之间有相对运动时,接触面之间存在着摩擦力,这种性质称为液体的黏滞性,接触面间的摩擦力为黏滞力.黏滞力的方向平行于接触面,其大小与接触面处的相对运动速度梯度成正比,其比例系数称为液体的黏滞系数.黏滞系数是反映流体特性的一个重要参数,它与液体的密度和温度等性质有关,它的测量方法有泊肃叶法、转筒法、阻尼法和落球法等,本实验采用落球法来测定蓖麻油的黏滞系数.

【实验目的】

① 学习落球法测定液体的黏滞系数.
② 掌握用斯托克斯公式测定液体的黏滞系数的方法.

【实验仪器与用具】

FB328A 型黏滞系数测定仪、温度计、密度计、螺旋测微计、游标卡尺、天平、米尺、镊子、小钢球、蓖麻油、酒精与乙醚混合液.

【实验原理】

1. 斯托克斯公式

当金属小球在黏性液体中下落时,它受到三个铅直方向的力,如图 3.8.1 所示,它们分别为小球的重力 $W = mg$(m 为小球的质量)、液体作用于小球的浮力 $F = \rho gV$(V 是小球体积,ρ 是液体密度)和黏滞阻力 f(其方向与小球运动方向相反).如果液体无限深广,在小球下落速度 v 较小的情况下有

$$f = 6\pi \eta rv \tag{3.8.1}$$

式(3.8.1)称为斯托克斯公式,其中 r 为小球的半径,η 称为液体的黏滞系数,其单位是 Pa·s.

小球开始下落时,由于速度较小,所以阻力也较小;但随着下落速度的增大,阻力也随之增大.最后,三个力达到平衡,即

$$mg = \rho gV + 6\pi \eta rv \tag{3.8.2}$$

于是,小球做匀速直线运动,由式(3.8.2)可得

$$\eta = \frac{(m - \rho V)g}{6\pi rv} \tag{3.8.3}$$

令小球直径为 d,则小球的质量为 $m = \pi \rho' d^3/6$(ρ' 为小球材料的密度).若小球做匀速直线运动下落距离 l 时,所用的时间为 t,则下落的速度 $v = l/t$,代入式(3.8.3)得

$$\eta = \frac{(\rho' - \rho)gd^2 t}{18l} \tag{3.8.4}$$

2. 斯托克斯公式的修正

斯托克斯公式应用的条件是小球在无限深广、均匀的液体中下落,而实验时,待测量液体必须盛于容器中,其边界不可能是无限深广的,如图 3.8.2 所示.故小球不可避免地受到了容器壁及液体有限深度的影响.实验证明,若小球沿筒的中心轴线下降,式(3.8.4)须做如下修正方能符合实验情况:

$$\eta = \frac{(\rho' - \rho)gd^2 t}{18l(1 + 2.4\dfrac{d}{D})(1 + 1.6\dfrac{d}{H})} \tag{3.8.5}$$

其中,D 为容器内径,H 为液柱高度.

3. FB328A 型黏滞系数测定仪简介

图 3.8.3 为 FB328A 型落球法黏滞系数测定仪,此装置由横梁支架、量筒、钢球导管、激光光电门、电脑计数器等组成.

第 3 章 基础性实验

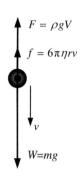
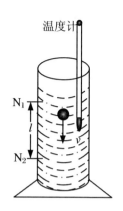

图 3.8.1 小钢球受力情况　　　　图 3.8.2 黏滞系数测量示意图

量筒中放入一定量的蓖麻油,光电门固定在量筒两侧,调整合适的位置,使其彼此正对,连接电脑计数器.

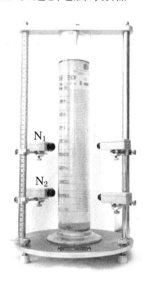

图 3.8.3　FB328A 型黏滞系数测定仪

【实验内容与数据记录】

1. 调整黏滞系数测定仪及实验准备

① 调整底盘水平,在仪器横梁中间部位悬挂重锤,调节底盘调平螺丝,使重锤对准底盘的中心圆点.

② 将实验架上的上、下两个激光光电门接通电源,检查激光器是否发出红光.

调节上、下两个激光光电门,使其红色激光束平行地对准锤线.

③ 收起重锤线,将盛有被测液体(蓖麻油)的量筒放置到实验架底盘中央,并在实验中保持位置不变.

④ 在实验架上放上钢球导管,将小球用乙醚和酒精混合液清洗干净,并用滤纸吸干残液,以备使用.

⑤ 将小球放入铜球导管,让其下落,看其是否能阻挡光线,若不能,则适当调整激光器位置.

2. 测量油温 T、下落距离 l、蓖麻油密度 ρ 及量筒内直径 D

① 用温度计测量油温,在全部小球下落完后再测量一次油温,取平均值作为实际油温.

实验前蓖麻油温度 $T_1 = $ _____ ,实验后蓖麻油温度 $T_2 = $ _____ .

② 用液体密度计测量蓖麻油的密度 ρ(由于该实验时间较长,实验室通常给出其密度);用游标卡尺测出量筒的内直径 D,用米尺测出蓖麻油柱的总高度 H,将数据记录于表 3.8.1 中.

表 3.8.1　液体黏滞系数的测定数据记录表一

蓖麻油的密度 $\rho(kg/m^3)$	量筒的内直径 $D(m)$	蓖麻油柱的总高度 $H(m)$

③ 从立柱刻度尺上读取上、下两个激光光电门的位置,计算它们之间的距离 l.

表 3.8.2　液体黏滞系数的测定数据记录表二

N_1 的位置读数 $X_1(m)$	N_2 的位置读数 $X_2(m)$	$l = |X_1 - X_2|(m)$

3. 测量小钢球密度和下落时间

① 钢球密度测量.用电子分析天平测量 20～30 颗大小相同的小钢球的总质量 M,求出单个小钢球平均质量 m;用千分尺测量小钢球直径 d(在不同部位测量 6 次),数据记录于表 3.8.3 中.

② 将小钢球放入导管,让其自由下落,当小球下落到上面的红色激光光电门位置时,光线受阻,此时计时仪器开始计时,当小球下落到下面的红色激光光电门时,光线再次受阻,此时计时停止,读出下落时间,重复测量 6 次,将数据记录于表 3.8.3 中.

表 3.8.3 液体黏滞系数的测定数据记录表三

1号钢球			2号钢球			3号钢球		
总质量 M(kg)			总质量 M(kg)			总质量 M(kg)		
钢球数目 n			钢球数目 n			钢球数目 n		
钢球质量 m(kg)			钢球质量 m(kg)			钢球质量 m(kg)		
1	小钢球直径(m)	钢球下落时间(s)	1	小钢球直径(m)	钢球下落时间(s)	1	小钢球直径(m)	钢球下落时间(s)
2			2			2		
3			3			3		
4			4			4		
5			5			5		
6			6			6		
平均值	—		平均值	—		平均值	—	

4. 求出蓖麻油的黏滞系数

从实验室提供的蓖麻油黏滞曲线上,查得该温度下蓖麻油的黏滞系数.

【数据处理与误差】

1. 小钢球的密度的计算

利用表 3.8.3 中的测量数据,先计算出钢球质量 m、小钢球直径平均值 $\overline{d}$ 和下落时间平均值 $\overline{t}$,进一步计算出小钢球体积 $\overline{V} = \pi \overline{d}^3/6$,并利用密度公式 $\rho' = m/\overline{V}$ 求出小钢球的密度 ρ'.

2. 黏滞系数的计算

将小钢球密度 ρ'、蓖麻油密度 ρ、小钢球直径 $\overline{d}$、小钢球做匀速运动的时间 $\overline{t}$、量筒内直径 D、蓖麻油油柱高度 H 和小钢球匀速下落的距离 l 代入式(3.8.5),计算出每种小钢球所对应的蓖麻油的黏滞系数 η_1, η_2, η_3 和黏滞系数的平均值 $\overline{\eta}$.

3. 黏滞系数的误差

将实验室黏滞曲线上查得的蓖麻油黏滞系数值作为蓖麻油黏滞系数的理论值,计算蓖麻油黏滞系数的相对误差 $E = ((\overline{\eta} - \eta_{理})/\eta_{理}) \times 100\%$.

【注意事项】

① 实验时小球下落速度若较大,例如气温及油温较高,钢球从油中下落时,可

能出现湍流情况,使公式(3.8.1)不再成立,此时要作其他修正.

② 实验时,应使油中无气泡;应彻底清洗小球表面的油污,小球要呈球形;油必须静止,量筒要铅直放置.

③ 不要用手摸量筒,不要把油洒在量筒外.

④ 激光光电门 N_1,N_2 之间距离应适当大些.

【思考题】

(本内容在实验报告中完成)
① 斯托克斯公式的应用条件是什么?本实验是怎样去满足这些条件的?
② 如何判断小球已进入匀速运动阶段?

实验 9　固体线膨胀系数的测定

固体的热膨胀是物质的基本热学性质之一.一般由于温度升高时,固体原子或分子的热运动加剧,粒子间的平均距离发生变化,且温度越高,其平均距离越大.物体的热膨胀与物质种类及温度有关,不同物质相同温度下线膨胀系数不同,同一物体不同温度时线膨胀系数也不相同.对于晶体还可能存在各向异性,当某些方向膨胀时,另一些方向却收缩.虽然固体的热膨胀非常微小,但能产生很大的应力.因此在建筑工程、机械装配、电子工业等部门中都需要考虑固体材料的热膨胀,所以掌握固体线膨胀系数的测量有重要实际意义.

【实验目的】

① 掌握用线热膨胀系数仪测量固体线膨胀系数的方法.
② 学习用千分表测量长度的微小变化量.

【实验仪器与用具】

FD-LEA 固体线热膨胀系数测定仪、铁棒、铜棒、铝棒.

【实验原理】

1. 实验原理

设 l_0 为物体在温度 $T=0\,℃$ 时的长度,随着温度升高该物体长度 l 和温度 T 之间的一般关系为

$$l = l_0(1 + \alpha T + \beta T^2 + \cdots) \tag{3.9.1}$$

其中,$\alpha,\beta,\cdots$ 是和被测物体相关的系数,其数值都很小,而且 β 以后与温度 T 的各高次方相关的系数又比 α 小得多,在常温下可以忽略,所以式(3.9.1)可简写为

$$l = l_0(1 + \alpha T) \tag{3.9.2}$$

式(3.9.2)中,α 就是通常所称的线膨胀系数,单位为 $℃^{-1}$ 或 K^{-1}.由式(3.9.2)得

$$\alpha = \frac{l - l_0}{l_0 T} \tag{3.9.3}$$

可见,α 的物理意义为温度每升高 1℃ 时物体的相对伸长量.严格地讲,α 不是一个常数,而是与温度 T 有关的量,但是 α 随温度的变化一般很小.当物体的温度变化不太大时,我们可以将 α 视作在此温度范围内物体的平均热膨胀系数.

实际测量中,一般只能测得材料在温度 T_1 和 T_2 时的长度 l_1 和 l_2,设 α 是常量,物体在 T_1 时的长度为 l_1,温度升到 T_2 时增加了 Δl.根据式(3.9.2)可以得出

$$l_1 = l_0(1 + \alpha T_1) \tag{3.9.4}$$
$$l_1 + \Delta l = l_0(1 + \alpha T_2) \tag{3.9.5}$$

由式(3.9.4)、(3.9.5)化简消去 l_0 得

$$\alpha = \frac{\Delta l}{l_1(T_2 - T_1) - \Delta l T_1} \tag{3.9.6}$$

由于 $\Delta l \ll l$,故式(3.9.6)可以近似写成

$$\alpha \approx \frac{\Delta l}{l_1(T_2 - T_1)} \tag{3.9.7}$$

2. FD-LEA 线胀系数测定仪简介

图 3.9.1 是 FD-LEA 固体线热膨胀系数测定仪的实物图,主要由千分表、电加热箱和温控仪等部分组成,其中恒温控制由高精度数字温度传感器与单片机电脑组成,具体每部分功能与使用如下.

(1) 电加热箱

炉内具有特厚良导体纯铜管作导热,在炉内温度达到热平衡时,炉内温度不均匀性 $\leqslant \pm 0.3\,℃$.内部结构如图 3.9.2 所示.

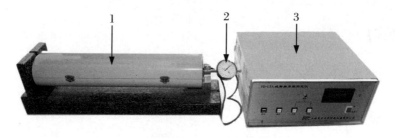

图 3.9.1　FD-LEA 固体线热膨胀系数测定仪
1. 电加热箱；2. 千分表；3. 温控仪

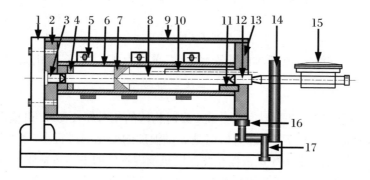

图 3.9.2　电加热箱

1. 托架；2. 隔热盘；3. 隔热顶尖；4. 导热衬托；5. 加热器；6. 导热均匀管；7. 导向块；
8. 被测材料；9. 隔热罩；10. 温度传感器；11. 导热衬托；12. 隔热棒；13. 隔热盘；
14. 固定架；15. 千分表；16. 支撑螺丝；17. 坚固螺丝

图 3.9.3　千分表结构图

(2) 千分表

千分表是一种测定微小长度变化量的仪表，其外形结构如图 3.9.3 所示. 千分表外套管 G 用以固定仪表本身；当测量杆 M 被压缩 0.2 mm 时，指针 H 将转过一格. 而指针 P 则转过一周，表盘上每周等分为 200 小格，每小格即代表 0.001 mm，千分表亦由此得名.

(3) 温控仪

温控仪面板图如图 3.9.4 所示，使用方法如下：

① 打开温控仪电源开关，面板显示屏数字显示为"FdHC"，表示生产公司产品的符号；随即自动转向"A---"，表示当时传感器温度."b---"表示等待设定温度.

② 按升温键，数字即由零逐渐增大至所需的设定值，最高可选 80.0 ℃.

③ 如果数字显示值高于所需要的温度值,可按降温键,直至所需要的设定值.

④ 当数字设定值达到所需的值时,即可按"确定"键,此时对样品开始加热,同时指示灯亮,并发光频闪,频闪的快慢与加热速率成正比.

⑤ "确定"键的另一用途可作选择键,可选择观察当时的温度值和先前设定值.

⑥ 如果需要改变设定值可按"复位"键,重新设置.

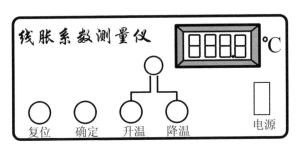

图 3.9.4 温控仪面板示意图

【实验内容与数据记录】

1. 仪器的安装和调试

① 用米尺测量室温下各金属棒的长度,数据记录于表 3.9.1 中.

② 用专用导线连接电加热箱与温控仪输入输出接口和温度传感器.

③ 旋松千分表固定架螺栓,转动固定架至使被测样品能插入紫铜管(导热均匀管)内,再插入隔热棒(不锈钢)用力压紧后转动固定架.

④ 把千分表安装在固定架上,并且拧紧螺栓,不使千分表转动.在安装千分表时注意被测物体与千分表测量头保持在同一直线上,再向前移动固定架,千分表利用固定架固定,使其读数值在 0.2~0.4 mm 处.

2. 铁棒的线膨胀系数测量

① 打开温控仪电源开关,当数字显示"A---"时,此时表示实验的初始温度(即室温),记下显示的温度值 T_0.

② 稍用力压一下千分表测量杆顶端,使千分表测量杆顶端能与隔热棒有良好的接触,再转动千分表圆盘,使指针指向零.接通温控仪的电源,设定需加热的温度值,一般可分别设定温度为 40.0 ℃,50.0 ℃,60.0 ℃,70.0 ℃,按确定键开始加热.当温控仪的显示值上升到大于设定值,电脑将自动控制温度到设定值(正常情况下在 ±0.3 ℃ 左右波动三次以上后,可认为金属棒的温度达到了设定值),分别记录每个温度对应的千分表读数 x_1, x_2, x_3, x_4,将数据记录于表 3.9.1 中.

3. 铜棒和铝棒的线膨胀系数测量

旋转千分表固定架螺栓,调整固定架位置,更换金属棒.重复上述实验过程,测出铜棒和铝棒在设定温度范围内的伸长量,将数据记录于表 3.9.1 中.

表 3.9.1 不同设定温度下千分尺的读数

千分表读数 Δl(mm)	室温 $T_0 = $__	40.0 ℃	50.0 ℃	60.0 ℃	70.0 ℃	α_1	α_2	α_3	$\bar{\alpha}$
	室温下长度 l(mm)	x_1(mm)	x_2(mm)	x_3(mm)	x_4(mm)				
铁棒									
铜棒									
铝棒									

【数据处理与误差】

1. 线膨胀系数的计算

将表 3.9.1 的实验测量数据代入式(3.9.7),计算出各金属棒的线膨胀系数,并求出 $\bar{\alpha}$ 作为测量值.

2. 计算每种金属棒的线膨胀系数相对误差

求出每种金属棒的线膨胀系数相对误差 $E = [(\alpha - \alpha_{理})/\alpha_{理}] \times 100\%$. 一般温度在 0~100 ℃ 范围内铝的线膨胀系数为 23.8×10^{-6} ℃$^{-1}$,铜的线膨胀系数为 17.1×10^{-6} ℃$^{-1}$,铁的线膨胀系数为 12.2×10^{-6} ℃$^{-1}$.

【注意事项】

① 实验中仪器整体要求平稳,因被测物体伸长量极小,故仪器不应有振动,读数时不要挤压桌面.

② 千分表安装须适当固定且与隔热棒有良好的接触(读数在 0.2~0.4 mm 处较为适宜),然后再转动表壳校零.

③ 样品两端不得有污垢,安装样品应稳妥.

④ 被测物体与千分表探头的高度需保持在同一直线上.

【思考题】

(本内容在实验报告中完成)

① 千分表本身温度的变化是否影响 α 的测量结果？采取什么方法可以使这种影响减弱？

② 试计算样品在 0 ℃时的长度 l_0.

③ 你能否设想出另一种测量微小伸长量的方法，从而测出材料的线膨胀系数？

实验 10　制流与分压电路

电学实验中常用基本仪器很多,熟悉电学常用仪器的性能及使用方法,掌握电学实验基本操作规程,对相关电学量的测量具有重要的实际意义.本实验建立在所学串并联电路的基础上,加深对电路中电流、电压随电阻变化的理解,同时熟悉常用仪器的操作方法和电学实验的相关规范要求,对学生动手能力的提高和良好习惯的培养具有重要的作用.

【实验目的】

① 了解常用仪器的操作方法和实验规范要求.
② 掌握制流和分压电路的连接方法,了解电流、电压随电阻变化的特性.
③ 学会利用万用电表排除电路故障.

【实验仪器与用具】

数显直流稳压电源、电阻箱、毫安表、电压表、滑动变阻器、开关、导线、万用电表.

【实验原理】

1. 制流电路

如图 3.10.1 所示，E 为直流稳压电源，R_Z 为电阻箱，R_0 为滑动变阻器的全阻值(已知).

根据串联电路的特点,流过串联电路中的电流

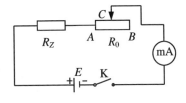

图 3.10.1　制流电路图

$$I = \frac{E}{R_Z + R_{AC}} = \frac{\dfrac{E}{R_0}}{\dfrac{R_Z}{R_0} + \dfrac{R_{AC}}{R_0}} \tag{3.10.1}$$

令 $I_{\max} = E/R_Z$,$K = R_Z/R_0$,$X = R_{AC}/R_0$,则式(3.10.1)简化为

$$I = \frac{I_{\max} K}{K + X} \tag{3.10.2}$$

从式(3.10.2)可以得出,在已知 K 和电源 E 一定的情况下,电流 I 随着不同的 X(改变滑动变阻器)而改变,并且针对不同的 K 值,电流 I 随 X 变化的趋势也不相同.

2. 分压电路

如图 3.10.2 所示,E 为直流稳压电源,R_Z 为电阻箱,R_0 为滑动变阻器的全阻值(已知).

根据并联电路的特点,负载 R_Z 两端的电压为

$$U = \frac{E}{\dfrac{R_Z R_{AC}}{R_Z + R_{AC}} + R_{BC}} \cdot \frac{R_Z R_{AC}}{R_Z + R_{AC}} \tag{3.10.3}$$

化简得

$$U = \frac{\dfrac{R_Z}{R_0} R_{AC} E}{R_Z + \dfrac{R_{AC}}{R_0} R_{BC}} \tag{3.10.4}$$

令 $K = R_Z/R_0$,$X = R_{AC}/R_0$,则式(3.10.4)简化为

$$U = \frac{K R_{AC} E}{R_Z + R_{BC} X} \tag{3.10.5}$$

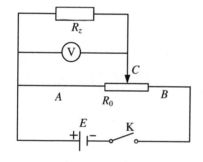

图 3.10.2 分压电路图

从式(3.10.5)可以看出,在已知 K 和电源 E 一定的情况下,可以看出 U 随着不同的 X(改变滑动变阻器)而改变,并且针对不同的 K 值,电压 U 随 X 变化的趋势也不尽相同.

3. 实验仪器接线规则

(1) 合理安排仪器

接线时必须有正确的电路图,依据电路图,通常把需要经常操作的仪器放在近处,需要读数的仪表放在眼前,根据走线合理、操作方便、实验安全等原则布置仪器.

(2) 按回路接线法接线和查线

按照电路图,从电源正极开始,经过一个回路,回到电源负极.再从已接好的回路中某段分压的高电位点出发接下一个回路,然后回到该段分压的低电位点,这样

一个回路一个回路地接线.检查接线时亦按此原则检查回路,这是电磁学实验接线和查线的基本方法.另外接线时还要注意走线整齐美观,尽量不让导线交叉.

(3) 预置安全位置

如在接通电源前,应检查滑动变阻器是否已放在安全位置,电源电压是否选择合适等.

(4) 接通电源时要做瞬态试验

先试接通电源,及时根据仪表示值是否超量程等现象判断线路有无异常.

(5) 拆线整理

拆线时应先切断电源再拆线,严防电源短路.最后将仪器还原,导线整理整齐.

【实验内容与数据记录】

1. 观察仪表

观察仪表,弄清仪表的正确使用和读数原理,掌握各符号的意义.

2. 制流电路特性研究

① 按图 3.10.1 所示的电路图连接好电路,根据实验室所用滑动变阻器的规格,记录电阻值 R_0 _____. 取 $K=1$,利用 $K=R_Z/R_0$ 计算出电阻箱的阻值 R_Z. 将电阻箱的电阻值置于 R_Z 的数值,然后根据电阻箱步进电阻额定电流的要求,选择合适的直流稳压电源电压值.调节滑动变阻器,使 X 的取值每隔 0.1 从 0 取到 1,分别测出串联电路中的电流 I,将数据记录于表 3.10.1 中.

② 取 $K=0.1$ 时,与内容①中相同,当 X 变化时,再测出串联电路中的电流 I,将数据记录于表 3.10.1 中.

表 3.10.1 I 随 X 变化的实验数据记录表

X		0.1	0.2	0.3	0.4	0.5	0.6	0.7	0.8	0.9	1.0
I(mA)	$K=1$										
	$K=0.1$										

3. 分压电路特性研究

① 按图 3.10.2 所示的电路图连接好电路,根据实验室所用滑动变阻器的规格,记录电阻值 R_0 _____. 取 $K=2$,利用 $K=R_Z/R_0$ 计算出电阻箱的阻值 R_Z. 将电阻箱的电阻值置于 R_Z 的数值,然后根据电阻箱步进电阻额定电流的要求,选择合适的直流稳压电源电压值.调节滑动变阻器,使 X 的取值每隔 0.1 从 0 取到 1,分别测出负载 R_Z 两端的电压 U,将数据记录于表 3.10.2 中.

② 取 $K=0.1$ 时,与内容①中相同,当 X 变化时,再测出负载 R_Z 两端的电压

U,将数据记录于表 3.10.2 中.

表 3.10.2　U 随 X 变化的实验数据记录表

X		0.1	0.2	0.3	0.4	0.5	0.6	0.7	0.8	0.9	1.0
$U(\text{V})$	$K=2$										
	$K=0.1$										

【数据处理与误差】

1. 制流电路特性研究数据处理

根据表 3.10.1 中两组数据,在同一坐标纸上,以 X 为横坐标,I 为纵坐标,通过描点法分别画出两条 I-X 曲线.

为了作图的准确性,可以采用 Excel 电子表格画图,具体如下,设实验所测得的数据如表 3.10.3 所示.

表 3.10.3　I 随 X 变化的实验数据举例表

X		0.1	0.2	0.3	0.4	0.5	0.6	0.7	0.8	0.9	1.0
$I(\text{mA})$	$K=0.1, E=4\text{ V}$	50.0	33.3	25.0	20.0	16.7	14.3	12.5	11.1	10.0	9.1
	$K=1, E=1\text{ V}$	36.4	33.3	30.8	28.6	26.7	25.0	23.6	22.2	21.1	20.0

首先将表 3.10.3 中的数据填入 Excel 电子表格中,如图 3.10.3 所示,第一列输入不同的 X 值,第二列输入 $K=0.1$ 时的电流 I 值,第三列输入 $K=1$ 时的电流 I 值.选中输入的三列数据,单击"插入"菜单下的"图表",打开"图表向导"对话框,选择"标准类型"标签下的"图表类型"窗口中的"XY 散点图",然后单击右侧"子图表类型"下的"平滑线散点图",单击"下一步",在左侧出现的图表标题中输入"制流电路特性",X 轴对话框中输入"X",Y 轴对话框中输入"I/mA",单击"下一步"和"完成"就作出了图 3.10.4 两条平滑的曲线.

2. 分压电路特性研究数据处理

根据表 3.10.2 中两组数据,在同一坐标纸上,以 X 为横坐标,U 为纵坐标,通过描点法分别画出两条 U-X 曲线.

为了作图的准确性,可以采用 Excel 电子表格画图,具体过程与制流电路处理类似,不再重复.

3. 总结实验规律

根据制流电路和分压电路的数据处理结果,总结出这两种电路的规律和特性.

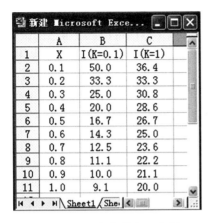

图 3.10.3 数据输入示意图

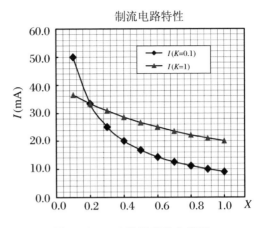

图 3.10.4 I 随 X 变化曲线图

【注意事项】

① 在检查电路正确无误后,方可闭合开关,进行实验.
② 实验过程中要注意不同的 K,直流稳压电源电压值要相应发生变化.
③ 仪表选择合适的量程.

【思考题】

(本内容在实验报告中完成)

① 现有三种规格的电表:0.5 级 15 V 量程、1.0 级 7.5 V 量程、1.5 级 3 V 量程,若需测量 2.5 V 电压,要求相对误差 $\Delta U/U \leqslant 2\%$,应该选用哪种规格的电表?为什么?
② 制流电路中,对于不同的 K,I-X 变化有何区别?
③ 分压电路中,对于不同的 K,U-X 变化有何区别?

实验 11　用惠斯通电桥测电阻

电桥电路是电磁测量中电路连接的一种基本方式.它主要用来测量电阻器的阻值、线圈的电感量和电容器的电容量及其损耗.由于它测量准确,方法巧妙,使用方便,所以得到了广泛的应用.电桥电路不但可以使用直流电源,而且可以使用交流电源,故有直流电桥和交流电桥之分.直流电桥主要用于电阻的测量,它有单臂电桥和双臂电桥两种.前者常称为惠斯通电桥,用于 $1\sim10^6$ Ω 范围的中值电阻测量;后者常称为开尔文电桥(参考其他实验教材),用于 $10^{-3}\sim1$ Ω 范围的低值电阻测量.交流电桥除了测量电阻之外,还可以测量电容、电感等电学量.通过传感器,利用电桥电路还可以测量一些非电学量,例如温度、湿度、应变等,在非电学量电测方法中有着广泛应用.虽然电桥的种类很多,但是直流单臂电桥是最基本的一种,是学习其他电桥的基础,本实验主要学习利用惠斯通电桥测电阻.

【实验目的】

① 掌握惠斯通电桥测电阻的原理.
② 了解电桥灵敏度的定义及对电阻测量精确度的影响.

【实验仪器与用具】

万用电表、滑动变阻器、电阻箱(3 个)、检流计、直流稳压电源、待测电阻、开关、导线.

【实验原理】

1. 惠斯通电桥

惠斯通电桥是最常用的直流单臂电桥,图 3.11.1 为惠斯通电桥电路原理图,其中 R_1、R_2 和 R 是已知阻值的标准电阻,它们和被测电阻 R_x 连成一个四边形 ABCD,其中 AB、BC、CD 和 DA 为电桥的四条支路,称为电桥的四条桥臂.对角 A 和 C 之间接电源 E 和限流电阻 R_E(用以保护电路),对角 B 和 D 之间接有检流计 G,其中 r_g 为检流计的内阻,BD 支路就像桥一样,可以说电桥的"桥"就是指这条测量对角线,其作用是将"桥"的两端 B 和 D 的电势进行比较.

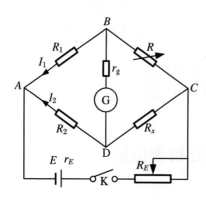

图 3.11.1 惠斯通电桥原理图

在测量过程中调节 R_1、R_2 和 R 使检流计中没有电流通过,即"桥"的两端 B 和 D 两点的电势相等,这时称为电桥平衡.根据分压器原理可知

$$U_{BC} = U_{AC} \frac{R}{R_1 + R} \tag{3.11.1}$$

$$U_{DC} = U_{AC} \frac{R_x}{R_2 + R_x} \tag{3.11.2}$$

平衡时，$U_{BC} = U_{DC}$，即 $\frac{R}{R_1 + R} = \frac{R_x}{R_2 + R_x}$，整理化简后得到

$$R_x = \frac{R_2}{R_1} R \tag{3.11.3}$$

由式(3.11.3)可知，待测电阻 R_x 等于 R_2/R_1 和 R 的乘积.通常称 R_x 支路为测量臂，R_1、R_2 支路称为比例臂，R 支路称为比较臂.所以电桥主要由四臂(测量臂、比例臂和比较臂)、检流计和电源三部分组成.

测量中，只要检流计足够灵敏，式(3.11.3)就能相当好地成立，被测电阻值 R_x 可以仅用三个标准电阻的值来求得，而与电源电压无关.这一过程相当于把 R_x 和标准电阻作比较，因而测量的准确度较高.

2．电桥的灵敏度

在用天平称物体质量时，已经知道，测得质量的精确度主要决定于天平的灵敏度，与此相类似，使用电桥测量电阻时的精确度也主要取决于电桥的灵敏度.当电桥平衡时，若使比较臂 R 改变一微小量 ΔR，电桥将偏离平衡，检流计指针偏转 Δn 个格，则定义电桥的相对灵敏度为 $S' = \Delta n / \Delta R$，实际中常用如下的相对灵敏度 S 表示电桥灵敏度

$$S = \frac{\Delta n}{\Delta R / R} \tag{3.11.4}$$

由式(3.11.4)可以知道，如果检流计的可分辨偏转量为 $\Delta n'$（取 $0.2 \sim 0.5$ 格），则由电桥灵敏度引入被测量的相对误差为

$$\frac{\Delta R}{R} = \frac{\Delta n'}{S} \tag{3.11.5}$$

即电桥的灵敏度越高（S 越大），由灵敏度引入的误差越小.例如 $S = 100$ 格 $\frac{1\text{格}}{1/100}$，则电桥平衡后，只要 R 值改变 1%，检流计就会有 1 格偏转.一般来说，检流计指针偏转 $1/10$ 格时，就可以被觉察.也就是说，此灵敏度的电桥，在它平衡后，R 值只要改变 0.1%，就能够觉察出来，因此由于电桥灵敏度的限制所导致的误差肯定不会大于 0.1%，这也正是测定电桥灵敏度的目的.

通常电桥的灵敏度与下面因素有关：

① 与检流计的电流灵敏度 S_g 成正比，但是 S_g 值大，电桥就不易稳定，平衡调节比较困难；S_g 值小，测量精确度低.因此选用适当灵敏度的电流计是很重要的.

② 与电源的电动势 E 成正比.

③ 与电源的内阻 r_E 和串联的限流电阻 R_E 有关,增加 R_E 可以降低电桥的灵敏度,这时寻找电桥调节平衡的规律较为有利.随着平衡逐渐趋近,R_E 值应适当减到最小值.

④ 与检流计和电源所接的位置有关.

⑤ 与检流计的内阻 r_g 有关,r_g 越小,电桥的灵敏度越高,反之则低.

【实验内容与数据记录】

1. 粗测电阻值

用万用电表粗测三个待测电阻的阻值,并将数据记录于表 3.11.1 中.

2. 组装电桥

按照图 3.11.1,从电源正极出发,依据电路图依次连接开关 K、滑动变阻器 R_E、电阻箱 R、电阻箱 R_1,最后回到电源负极.接完一个回路之后按照同样的方法再接另一回路,最后将检流计接入电路中,确保电路连接正确无误.

3. 用自组装的电桥测电阻及电桥灵敏度

将待测电阻 $R_Ⅰ$ 接入电路图中的 R_x 处,根据粗测电阻值,选择合适的比例臂 R_2/R_1(为便于计算,一般取 0.01、0.1、1、10 或 100).在灵敏度较低时,粗调电桥平衡,再将灵敏度(五个因素)提高到最佳状态,细调电桥平衡,读出 R 的值.然后将电阻 R 的值改变 ΔR,读出检流计指针的偏转格数 Δn,将数据记录于表 3.11.1 中.

再将测量臂的电阻更换为 $R_Ⅱ$ 和 $R_Ⅲ$,用同样的方法测量 $R_Ⅱ$ 和 $R_Ⅲ$ 的电阻值及电桥相对应的灵敏度,将数据分别记录于表 3.11.1 中.

表 3.11.1　惠斯通电桥测电阻实验数据记录表

	粗测值	标准电阻(Ω)			$\dfrac{R_2}{R_1}$	R_x	ΔR	Δn	S
		R_1	R_2	R					
$R_Ⅰ$									
$R_Ⅱ$									
$R_Ⅲ$									

4. 换臂进行测量电阻,比较测量结果

当电桥中电阻 R_1 和 R_2 的值不易测准或存在误差时,测量结果就会有系统误差,换臂测量可以消除它.因为交换前有 $R_x = (R_2/R_1)R$;交换 R 和 R_x 的位置后,不改变 R_1 和 R_2,再次调节电桥平衡,有 $R_x = (R_1/R_2)R'$,R' 是换臂后比较电阻的大小.所以有 $R_x = \sqrt{RR'}$,该式说明采用换臂测量法,R_x 的测量式中不再出

现 R_1 和 R_2,只与 R 有关.所以只要测量过程中 R 稳定,就可以得出 R_x 的准确值.

选择一个阻值中等的电阻,选择比例臂 $R_2/R_1 = 1$ 时,进行换臂测量,与前面的测量结果进行比较.

表 3.11.2 换臂测量待测电阻数据记录表

	R_1	R_2	比较电阻 R	$R_x = \sqrt{RR'}$
换臂前 R				
换臂后 R'				

(比例系数 $R_2/R_1 = 1$)

【数据处理与误差】

1. 计算待测电阻值和灵敏度

利用表 3.11.1 中实验所测得的数据 R_1、R_2 和 R 计算出 $R_{x测}$,与粗测的值比较,并利用式(3.11.4)计算出电桥的相对灵敏度 S.

2. 误差处理

惠斯通电桥测电阻实验中,B 类误差的来源主要有两类,一类是由电桥灵敏度引入的误差,另一类是由标准电阻 R_1、R_2 和 R 的不准确引入的误差.

由电桥灵敏度引入的误差,其相对误差为 $E = \Delta R_x / R_x = \Delta n' / R_x$ ($\Delta n'$ 一般取 0.2 格),得 $u_{B_1}(R_x) = \Delta R_x = R_x \Delta n' / S$.

由标准电阻 R_1、R_2 和 R 的不准确引入的误差,该误差由间接测量量的误差传递公式 $u_{B_2}(R_x) = R_x \sqrt{[u_B(R_2)/R_2]^2 + [u_B(R)/R]^2 + [u_B(R_1)/R_1]^2}$ 计算.

合成的 B 类不确定度 $u_B(R_x) = \sqrt{[u_{B_1}(R_x)]^2 + [u_{B_2}(R_x)]^2}$,将结果写成标准形式 $R_x = R_{x测} \pm u_B(R_x)$.

3. 换臂计算 R_x

利用表 3.11.2 中的数据,计算出 $R_{x测}$,与前面的测量结果比较,是否存在差别? 若存在,请思考存在差别的原因是什么.

【注意事项】

① 电路连接好后,应先检查电路连接是否正确,将电源电压置于较低的位置,试接通电路,观察电路是否存在异常.

② 电桥未平衡时，开关只能瞬间接通，以免损坏检流计．

③ 在运用提高电源电压和减小各桥臂阻值来提高电桥灵敏度时，千万不要使各桥臂电阻的负载超过其额定功率，这样会损坏仪器．

【思考题】

（本内容在实验报告中完成）

① 电桥平衡的条件是什么？
② 为什么用电桥测待测电阻时，先要用万用电表进行粗测？
③ 为什么要测电桥的灵敏度？
④ 怎么样消除比例臂两只电阻不准确所造成的系统误差？
⑤ 电桥的灵敏度是否越高越好，为什么？

实验 12　静电场的描绘

在带电体周围存在着电场，电场强度是用来描述电场大小和方向的矢量，根据电场强度与电势的微分关系式，可以通过标量电势的分布，求得矢量电场强度的分布．对于复杂或较复杂的电场需要通过实验来测量电势的分布，因此，等势线的描绘是研究电场的基础．而且已知电场的分布，就可以计算出带电体之间的相互作用力的大小，并根据一定的初始条件求得带电体的运动规律，因此测量电场在实际应用中具有重要的物理意义．静电场描绘是利用模拟法研究静电场的一个经典实验，模拟法是物理实验中常用方法之一，本实验就是用电流场模拟静电场来研究静电场规律的．

【实验目的】

① 加深对电场强度和电势概念的理解．
② 了解用模拟法描绘静电场的原理和条件．
③ 掌握用模拟法研究静电场的方法．
④ 描绘出两种结构的等势线及电场线．

【实验仪器与用具】

GVZ-3 型静电场描绘仪或 DV-Ⅳ 型静电场描绘实验仪、连接导线、坐标纸（白纸）。

【实验原理】

1. 静电场与恒定电流场

静电场和恒定电流场本质上是不同的场，但由于它们在数学形式上具有相似性，都可以引入电势 U 来描述，而电场强度 $\boldsymbol{E} = -\nabla U$，它们都遵守高斯定理和环路定理。

对于静电场，电场强度在无源区域内满足如下积分关系

$$\oiint_S \boldsymbol{E} \cdot \mathrm{d}\boldsymbol{S} = 0, \quad \oint_L \boldsymbol{E} \cdot \mathrm{d}\boldsymbol{l} = 0 \tag{3.12.1}$$

对于恒定电流场，电流密度在无源区域内也满足类似的积分关系

$$\oiint_S \boldsymbol{J} \cdot \mathrm{d}\boldsymbol{S} = 0, \quad \oint_L \boldsymbol{J} \cdot \mathrm{d}\boldsymbol{l} = 0 \tag{3.12.2}$$

由此可见 $\boldsymbol{E}$ 和 $\boldsymbol{J}$ 在各自区域内满足相同的数学规律，在相同的边界条件下具有相同的解析解，因此可以用恒定电流场来模拟静电场。

在用恒定电场来模拟静电场时，要保证电极形状一定，电极电势不变，空间介质均匀，在任何一个考察点，均有"$U_{恒定} = U_{静电}$"或"$\boldsymbol{E}_{恒定} = \boldsymbol{E}_{静电}$"，下面以同轴电缆的静电场和恒定电流场为例来讨论这种等效性。

2. 同轴电缆的静电场和恒定电流场

(1) 同轴电缆的静电场分布

如图 3.12.1(a) 所示，在真空中有一半径为 r_a 的长圆柱形导体 A 和一内半径为 r_b 的长圆筒形导体 B，它们同轴放置，分别带等量异号电荷。由高斯定理可知，在垂直于轴线的任一截面 S 内，均有均匀分布辐射状的电场线，在直角坐标系下，这是一个与坐标 z 无关的二维场。在二维场中，电场强度 $\boldsymbol{E}$ 平行于 xoy 平面，其等势面是一簇同轴圆柱面，因此只要研究 S 面上的电场分布即可。

如图 3.12.1(b) 所示，设 λ 为圆柱面上的电荷线密度，由静电场的高斯定理可得距轴线的距离为 r 的各点电场强度沿着径向大小为

$$E = \frac{\lambda}{2\pi\varepsilon_0 r} \tag{3.12.3}$$

其电势为

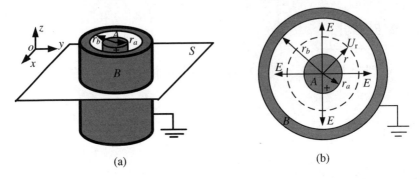

图 3.12.1 同轴电缆及其静电场分布图

$$U_r = U_a - \int_{r_a}^{r} E \mathrm{d}r = U_a - \frac{\lambda}{2\pi\varepsilon_0}\ln\frac{r}{r_a} \tag{3.12.4}$$

由于电势是相对的,可设 $r = r_b$ 处的电势 $U_b = 0$,则有

$$\frac{\lambda}{2\pi\varepsilon_0} = \frac{U_a}{\ln\dfrac{r_b}{r_a}} \tag{3.12.5}$$

将式(3.12.5)代入式(3.12.4),化简后得

$$U_r = U_a \frac{\ln\dfrac{r_b}{r}}{\ln\dfrac{r_b}{r_a}} \tag{3.12.6}$$

或写成

$$\ln r = \ln r_b - \frac{U_r}{U_a}\ln\left(\frac{r_b}{r_a}\right) \tag{3.12.7}$$

而距轴线的距离为 r 处的各点电场强度大小为

$$E_r = -\frac{\mathrm{d}U_r}{\mathrm{d}r} = \frac{U_a}{\ln\dfrac{r_b}{r_a}} \cdot \frac{1}{r} \tag{3.12.8}$$

(2) 同轴电缆两电极间的电流分布

若上述圆柱形导体 A 和圆筒形导体 B 之间充满了电导率为 σ 的不良导体,如图 3.12.2(a)所示,A、B 分别与电源的正、负极相连接,AB 之间将形成径向电流.

建立恒定电流场 E'_r,取高度为 t 的圆柱形同轴不良导体为研究对象,设材料电阻率为 $\rho(\rho = \dfrac{1}{\sigma})$,则任意半径 r 到 $r+\mathrm{d}r$ 的圆筒薄片的电阻是

$$\mathrm{d}R = \rho\frac{\mathrm{d}r}{S} = \rho\frac{\mathrm{d}r}{2\pi rt} = \frac{\rho}{2\pi t}\cdot\frac{\mathrm{d}r}{r} \tag{3.12.9}$$

半径为 r 到 r_b 之间的圆筒薄片的电阻为

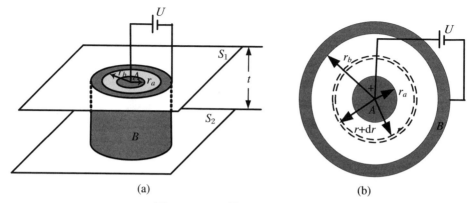

图 3.12.2 同轴电缆的模拟模型

$$R_{rr_b} = \frac{\rho}{2\pi t}\int_r^{r_b}\frac{dr}{r} = \frac{\rho}{2\pi t}\ln\frac{r_b}{r} \qquad (3.12.10)$$

所以半径从 r_a 到 r_b 之间的圆筒薄片的电阻,即两导体之间不良导体的总电阻为

$$R_{ab} = \frac{\rho}{2\pi t}\ln\frac{r_b}{r_a} \qquad (3.12.11)$$

同样设 $U_b=0$,两圆柱面间所加电压为 U_a,则径向电流为

$$I = \frac{U_a}{R_{ab}} = \frac{2\pi t U_a}{\rho \ln\frac{r_b}{r_a}} \qquad (3.12.12)$$

距轴线 r 处的电势为

$$U'_r = IR_{rr_b} = U_a\frac{\ln\left(\frac{r_b}{r}\right)}{\ln\left(\frac{r_b}{r_a}\right)} \qquad (3.12.13)$$

而距轴线的距离为 r 处的各点电流场强度 E'_r 的大小为

$$E'_r = -\frac{dU_r}{dr} = \frac{U_a}{\ln\frac{r_b}{r_a}}\cdot\frac{1}{r} \qquad (3.12.14)$$

由式(3.12.8)和式(3.12.14)可知,不良导体中的电场强度 E'_r 与真空中的静电场 E_r 是相等的.

综上所述,U_r 与 U'_r,E_r 与 E'_r 的分布函数完全相同.为什么这两种场的分布相同呢?可以从电荷产生场的观点加以分析,在没有电流通过的导电介质中,其中任一体积元(宏观小、微观大,其内仍包含大量粒子)内正负电荷的数量相等,呈电中性.当导电介质中有恒定电流通过时,单位时间内流入和流出该体积元内的正、负电荷的数量相等,净电荷为零,仍然呈电中性.因而,整个导电介质内有电流通过时也不存在净电荷.也就是说,真空中的静电场与有恒定电流通过时导电介质中的场都是由电极上的电荷产生的.

事实上,真空中电极上的电荷是静止不动的,在有电流通过的导电介质中,电极上的电荷一边流失,一边由电源补充,在动态平衡下保持电荷的数量不变.所以这两种情况下电场分布是相同的.

3. 模拟条件

模拟方法的使用有一定的条件和范围,不能随意推广,否则将会得到荒谬的结论.用恒定电流场模拟静电场的条件可以归纳为下列三点.

① 恒定电流场中的电极形状与被模拟的静电场中的带电体几何形状相同.

② 恒定电流场中的导电介质是不良导体且电导率分布均匀,并满足 $\sigma_{电极} \gg \sigma_{电质}$ 才能保证电流场中的电极(良导体)的表面也近似是一个等势面.

③ 模拟电极系统与被模拟电极系统的所有边界条件相同.

4. 实验仪器简介

(1) GVZ-3 型静电场描绘仪简介

图 3.12.3 为 GVZ-3 型导电微晶静电场描绘仪实物图,它包括静电场描绘仪专用电源、导电微晶、双层固定支架、同步探针等,可描绘两平行直导线电极、劈尖电极、条形电极和聚焦电极四种不同电极结构的恒定电场.支架采用双层式结构,上层放记录纸,下层为导电微晶.

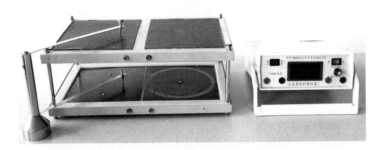

图 3.12.3 GVZ-3 型导电微晶静电场描绘仪

实验时,当选择某一种电极来进行电场描绘时,就将该电极置于下方,电极已直接制作在导电微晶上,并将电极引线连接到外接线柱上,电极间制作有电导率远小于电极且各向均匀的导电介质.在导电微晶和记录纸上方各有一探针,通过金属探针臂把两探针固定在同一手柄上,两探针始终保持在同一铅垂线上.移动手柄座时,可保证两探针的运动轨迹是一样的.由导电微晶上方的探针找到待测点后,按一下记录纸上方的探针,在记录纸上留下一个对应的标记.移动同步探针在导电微晶上找出若干电势相同的点,由此即可描绘出等势线.

(2) DZ-Ⅳ型静电场描绘实验仪简介

图 3.12.4 为 DZ-Ⅳ型静电场描绘实验仪实物图,它包括静电场描绘仪专用电

源、导电玻璃、同轴圆柱带电体电极等.实验时,在导电玻璃下方的坐标纸上首先建立坐标系,由实验仪上的探针找到某一等势线上的待测点后,记录该点的坐标,移动探针,依次找出该等势线上的其他点,由此即可描绘该等势线.

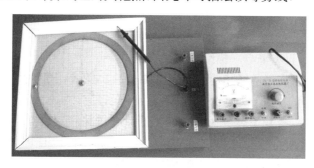

图 3.12.4　DZ-Ⅳ型静电场描绘实验仪

【实验内容与数据记录】

方案一:GVZ-3 型静电场描绘仪
1. 描绘同轴电缆(模拟同轴圆柱带电体)的静电场分布
① 电路连接.静电场专用直流稳压电源"输出+(红)"插孔用红色导线连接双层固定支架的下层(待测电极电场所在层)红色插孔,"输出-(黑)"插孔用黑色导线连接支架的黑色插孔.专用直流稳压电源探针"输入+(红)"插孔用红色导线连接探针架上的插孔.

② 电路接好后,用两根磁条将坐标纸(或白纸)固定在待测电极上层支架上方,将探针架好,并使探针下探头置于导电微晶电极上,利用探针按 1∶1 的比例,在纸上画出电极的形状轮廓.打开电源,先校正,后测量.先将开关置于"校正"侧,将直流稳压电源的电压调节到 10 V;再将开关置于"测量"一侧,准备进行实验.

③ 描绘 2 V 等势线.如要测 0~10 V 间的任何一条等势(位)线,一般可选 0~10 V 间某一电压数值.实验时描绘电势为 2 V 的等势线,即当表头显示读数为 2 V 时,轻轻按一下上方探针,这样就能在支架所固定的白纸上清晰记下一个小点,继续移动探针寻找电势为 2 V 的 8~12 个分布均匀的点,再将这些点用光滑曲线连接,即可得到电势为 2 V 的等势(位)线.

④ 描绘 4 V、6 V 和 8 V 的等势线.重复步骤3,继续描绘电势为 4 V、6 V 和 8 V 的等势线.

⑤ 用游标卡尺测出外环内半径 r_b 和内圆柱半径为 r_a.

2. 描绘两平行直导线电极、劈尖电极和条形电极、聚焦电极(三种电极任选一种)的静电场分布

选择相应的电极,运用实验内容 1 步骤③、④相同的方法,描绘五条(电势值分别为 1 V,3 V,5 V,7 V,9 V)等势线,每条等势线上至少有 8 个均匀分布的等势点. 再将这些点连成光滑的曲线即可得到对应的等势线.

方案二:DZ-Ⅳ型静电场描绘实验仪

① 电路连接.将静电场描绘仪专用电源上的"电压输出""地""探针输入"端口对应接在描绘仪的"电压输入""地""探针输出"端口上.

② 接通电源,将开关拨至"ON"端,将选择开关拨至"内侧",调节"电源调节"旋钮,使电压表的示值 U_0 适当(不能太小,也不能超量程),记下 U_0 值(U_0 为圆筒形导体壁上的电势,圆柱形导体接地,电势为 0),以后不再改变.

③ 将选择开关拨至"外侧",根据 U_0 值,适当设计五条等势线的电势 U_1, U_2, U_3, U_4, U_5,要求其为等差数列.(例如,$U_0 = 12$ V,U_1, U_2, U_3, U_4, U_5 相应为 2 V,4 V,6 V,8 V,10 V.)

④ 以内圆柱中点为原点在坐标纸上建立直角坐标系,用描绘仪上的探针在坐标纸上探测电势为 U_1 的一系列点(8~12 个均匀分布的点),且尽量均匀分布于中心电极的四周,记录这些点的坐标值.

⑤ 按照内容 2 步骤④依次探测出电势分别为 U_2、U_3、U_4、U_5 的各等势点的坐标值,将数据记录于表 3.12.1 中.

⑥ 用游标卡尺测出外环内半径 r_b 和内圆柱半径为 r_a.

表 3.12.1 等势线描绘数据记录表

坐标值 电势(V)	(x_i, y_i)							

(电压表示值 $U_0 = $ _____ V)

【数据处理与误差】

方案一实验数据处理

描绘同轴电缆(模拟同轴圆柱带电体)的静电场分布.

① 将实验用白纸上的各等势点连成光滑的曲线即可得到等势线.场强 E 在数值上等于电势梯度,方向指向电势降低的方向.然后根据电场线与等势线正交的原理,画出电场线.这样就可由等势线的间距确定电场线的疏密和指向,将抽象的电场形象地反映出来.

② 求出同轴圆柱的半径 r_a 和 r_b. 同轴圆柱带电体的等势线,在理想情况下是以轴线为中心的同心圆,但由于电极与导电介质之间存在接触电阻,使圆心和半径都有可能偏离真实值.因此只能找到实验得到的圆心和半径.方法如下:首先根据等势线的分布,目测出一个"最佳"(即主观认为合适)的圆心位置.然后求出各圆的半径平均值,即将该圆的测量点与目测圆心连起来,测量出长度并求得平均值 $\bar{r}$,将相关的数据记录在表 3.12.2 中.

表 3.12.2 模拟同轴圆柱带电体的等势线的数据记录表($U_0 = U_a = 10$ V)

U_r(V)	U_r/U_0	$\bar{r}$(cm)	$\ln\bar{r}$
0			
2			
4			
6			
8			

在坐标纸上,以 U_r/U_0 为横坐标,$\ln\bar{r}$ 为纵坐标描点作图,拟合得到一条直线,该直线为 $\ln\bar{r} - \dfrac{U_r}{U_0}$ 曲线.这条直线方程可写成 $y = a + bx$,根据直线求得截距 a 和斜率 b. 再由截距 $a = \ln r_b$ 和斜率 $b = \ln(r_a/r_b)$ 进一步计算出电极 A 和 B 的半径 r_a 和 r_b,将其结果与用游标尺直接测量的数值进行比较,以判断本实验的准确度.

为了作图的准确性,利用 Excel 电子表格作图,若实验所测得的数据如表 3.12.3所示.

表 3.12.3　模拟同轴圆柱带电体的等势线的数据记录表

$U_r(\text{V})$	U_r/U_0	$\bar{r}(\text{cm})$	$\ln\bar{r}$
0	0	7.5	2.02
2	0.2	4.4	1.48
4	0.4	2.4	0.92
6	0.6	1.4	0.34
8	0.8	0.8	−0.22

将表 3.12.3 中第二列和最后一列数据输入新建的 Excel 电子表格中,如图 3.12.5 所示,选中数据.单击"插入"菜单下的"图表",在"图表向导 4—步骤之 1— 图表类型"中的"标准类型"标签下的"图标类型"窗口列表中选择"XY 散点图",在 "子图表类型"中选择"散点图",单击"完成"按钮,即可画出散点图,然后在数据点 处单击鼠标右键,在下拉菜单中,选"添加趋势线",在弹出的对话框中的"类型"标 签对话框中,选择"线性"拟合,在"选项"标签对话框中,选择"显示公式"和"显示 R 平方",单击"确定",即可画出拟合直线图.最后通过单击鼠标右键,利用下拉菜单 "图标选项""坐标轴格式""绘图区格式"等设置好横坐标、纵坐标以及标题等标注, 即可得到图 3.12.6 所示的拟合图.

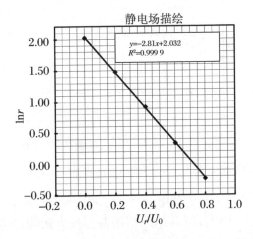

图 3.12.5　数据输入图　　　图 3.12.6　拟合曲线图

由图可知,y 轴上的截距为 2.03 cm,即 $\ln r_b = 2.03$,得 $r_b = 7.62$ cm,x 轴上 的截距为 2.81 cm,即 $\ln \dfrac{r_b}{r_a} = 2.81$,得 $r_a = 0.43$ cm.

方案二实验数据处理

(1) 描绘同轴电缆(模拟同轴圆柱带电体)的静电场分布

由测得的坐标点,在坐标纸上描出坐标点,并将各坐标点用光滑的曲线连接起来即可得到等势线,然后根据电场线与等势线正交的原理,画出电场线.场强 E 在数值上等于电势梯度,方向指向电势降低的方向,并标出场强方向.

(2) 求出同轴圆柱的半径 r_a 和 r_b

同轴圆柱带电体的等势线,在理想情况下是以轴线为中心的同心圆,但由于电极与导电介质之间存在接触电阻,使圆心和半径都有可能偏离真实值.因此只能根据实验得到的圆心和半径.方法如下:首先根据等势线的分布,目测出一个"最佳"(即主观认为合适)的圆心位置.然后求出各圆的半径平均值,即将该圆的测量点与目测圆心连起来,测量出长度并求得平均值 $\bar{r}$,将相关的数据记录在表 3.12.4 中.

表 3.12.4 模拟同轴圆柱带电体的等势线的数据记录表

U_r	U_r/U_0	$\bar{r}$(cm)	$\ln\bar{r}$
U_1			
U_2			
U_3			
U_4			
U_5			

在坐标纸上,以 U_r/U_0 为横坐标,$\ln\bar{r}$ 为纵坐标描点作图,拟合得到一条直线,该直线为 $\ln\bar{r} - \dfrac{U_r}{U_0}$ 曲线,若该直线方程为 $y = a + bx$,根据直线求截距 a 和斜率 b.再由截距 $a = \ln r_b$ 和斜率 $b = \ln(r_b/r_a)$ 进一步计算出电极 A 和 B 的半径 r_a 和 r_b,将其结果与用游标尺直接测量的数值进行比较,以判断本实验的准确度.

【注意事项】

① 在同一实验过程中不能改变电源的输出电压,不能移动支架上的记录纸.
② 为了较精确地描绘等势线的形状,所取等势点应该近似均匀分布.
③ 因为电极是等势体,所以描绘的等势线不要取 U_0 和 0 这两个值.

【思考题】

(本内容在实验报告中完成)

① 用模拟法测得的电势分布是否与静电场的电势分布一样？

② 等势线与电场线有何关系？

③ 如果电源电压增加一倍，等势线和电场线的形状是否发生变化？电场强度和电势分布是否发生变化？为什么？

④ 如果实验时电源的输出电压不够稳定，那么是否会改变电场线和等势线的分布？为什么？

实验 13 霍 尔 效 应

霍尔效应是磁电效应的一种，是德国物理学家霍尔在 1879 年研究载流导体在磁场中受力的性质时发现的，它是研究半导体材料性能的基本方法. 利用霍尔效应可以制成霍尔元件，由于霍尔元件体积小，使用方便，测量准确度高，已广泛应用于磁场的测量、自动化控制、信息处理和测量技术等方面. 本实验主要帮助学生了解霍尔效应的实验原理，研究霍尔元件的霍尔电压与励磁电流、工作电流的关系；并学会利用霍尔元件测定霍尔元件的灵敏度和磁感应强度，确定样品的导电类型、载流子浓度以及迁移率等.

【实验目的】

① 了解霍尔效应的实验原理.

② 学习用"对称测量法"消除副效应的影响，研究霍尔元件的霍尔电压与励磁电流、工作电流的关系.

③ 了解霍尔效应测量磁场的方法.

④ 确定霍尔样品的导电类型、载流子浓度以及迁移率.

【实验仪器与用具】

TH-H 型霍尔效应组合实验仪、导线.

【实验原理】

1. 霍尔效应产生的机制

霍尔效应在本质上是运动的带电粒子在磁场中受洛伦兹力作用而引起的偏

转.当带电粒子被约束在固体材料中,这种偏转就导致在垂直电流和磁场的方向上产生正负电荷的积累,从而形成附加的横向电场.下面以导体为例来分析霍尔效应产生的机制.

如图 3.13.1 所示,把一载流导体板垂直于磁场 B 放置,如果磁场 B 垂直于导体板中工作电流 I_S,那么在导体中垂直于 B 和 I_S 的方向就会出现一定的电势差 U_H,这一现象叫作霍尔效应,U_H 叫作霍尔电势差(或霍尔电压).载流的导体板通常称为霍尔片.

2. 霍尔电势差和磁场的测量

当电流 I_S 通过霍尔元件时,假设霍尔元件是由 N 型半导体(载流子为电子)制作的,设霍尔元件的宽为 a,厚为 d.沿 z 轴正方向加一磁场 B,沿 y 轴负方向通一工作电流 I_S,半导体中的载流子将在 x 轴负方向受到一个洛伦兹力 F_B,如图 3.13.1 所示,其大小为

$$F_B = qv \times B \tag{3.13.1}$$

式(3.13.1)中 q 和 v 分别是载流子的电量和平均漂移速度.载流子受力偏转的结果是在 x 轴方向形成霍尔电势差 U_H(此过程在 $10^{-13} \sim 10^{-11}$ s 内就完成了),从而形成一个霍尔电场 E.该电场对载流子的作用力为 F_E,由于 F_E 总是与 F_B 的方向相反,所以,当 $F_E = F_B$ 时达到一种平衡状态,载流子不再向侧面积聚.电场力 F_E 的大小为

$$F_E = qE = \frac{qU_H}{a} \tag{3.13.2}$$

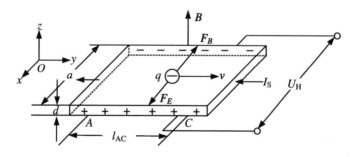

图 3.13.1 霍尔效应原理图

设霍尔元件中载流子的浓度为 n,载流子电量为 q,则流过霍尔元件的电流强度为

$$I_S = qnadv \tag{3.13.3}$$

则霍尔元件中载流子的漂移速度大小为

$$v = \frac{I_S}{qnad} \tag{3.13.4}$$

将式(3.13.4)代入式(3.13.1)中,得洛伦兹力的大小为

$$F_B = B \frac{I_S}{nad} \tag{3.13.5}$$

达到平衡时有 $F_E = F_B$,联立式(3.13.2)和式(3.13.5)可得

$$U_H = \frac{1}{nq} \frac{I_S B}{d} \tag{3.13.6}$$

令 $R_H = 1/(nq)$,称为霍尔系数,它由材料的性质决定的,是反映材料霍尔效应强弱的重要参数,于是得

$$U_H = R_H \frac{I_S B}{d} \tag{3.13.7}$$

由式(3.13.7)得

$$R_H = \frac{U_H d}{I_S B} \tag{3.13.8}$$

若令

$$K_H = \frac{R_H}{d} = \frac{1}{nqd} \tag{3.13.9}$$

K_H 称为霍尔灵敏度,对给定的霍尔元件是一个常数.它的大小与材料的性质以及样品的厚度有关,它表示霍尔元件在单位磁感应强度和单位工作电流强度下的霍尔电压的大小.

由式(3.13.8)和式(3.13.9)得出以下结论:

① 载流子若为电子,$U_H < 0$,则霍尔系数为负;反之载流子为空穴,$U_H > 0$,则霍尔系数为正.若实验中能测得样品电流强度 I_S、磁感应强度 B、霍尔电压 U_H、样品厚度 d 的值,则可求出霍尔系数 R_H 值,根据 R_H 的正负可以判断样品的类型.

② 霍尔电势差 U_H 与载流子浓度 n 成反比,薄片材料的载流子浓度 n 越大,霍尔电势差 U_H 就越小,即霍尔系数 R_H 越小.一般金属中的载流子是自由电子,其浓度很大(大约 $10^{22}/cm^2$),所以金属材料的霍尔系数很小,霍尔效应不显著.而半导体材料中的载流子浓度要比金属中小得多,能够产生较大的霍尔电势差,从而使得霍尔效应有了实用价值.

③ 根据式(3.13.8)和式(3.13.9)可得

$$n = \frac{I_S B}{U_H q d} = \frac{1}{R_H q} \tag{3.13.10}$$

若实验中能测得 U_H、I_S、B 和 d(通常仪器说明书中会给出),就可确定该材料的载流子浓度.

④ 由式(3.13.7)和式(3.13.9)可得

$$U_H = K_H I_S B \tag{3.13.11}$$

式(3.13.11)说明对于 K_H 确定的霍尔元件,当工作电流 I_S 一定时,霍尔电势差

U_H 与该处的磁感应强度 B 成正比,因而可以通过测量霍尔电势差而间接测量出磁感应强度 B,即

$$B = \frac{U_H}{K_H I_S} \tag{3.13.12}$$

因此,用一块半导体薄片通一给定的电流,在预先校准的条件下,可以通过霍尔电压来测量磁场,据此而制成的磁强计是一种较为精确的磁场测量仪器.

⑤ 电导率、载流子迁移率 μ 的测量.如图 3.13.1 所示,设 A、C 电极间的距离为 l_{AC},在零磁场下,若 A、C 间的电势差为 U_σ,样品横截面积为 $S = ad$,流经样品的工作电流为 I_S,可以证明电导率 σ 为

$$\sigma = \frac{I_S l_{AC}}{U_\sigma S} \tag{3.13.13}$$

进一步由电导率 σ 与载流子浓度 n 以及迁移率 μ 之间的关系 $\sigma = nq\mu$,可求得 $\mu = |R_H|\sigma$.

3. 霍尔效应的副效应及其消除

上述推导是从理想情况出发的,实际测量时所测得的电压不只是 U_H,还包括其他因素带来的附加电压.下面分析其产生的原因及特点,并讨论其消除方法.

(1) 不等位电势 U_0

由于制作时,两个霍尔电极不可能绝对对称地焊在霍尔片的两侧,霍尔片电阻率不均匀、控制电流极的端面接触不良都可能造成两极焊接点不在同一等位面上,此时虽未加磁场,但两接点间存在电势差 U_0,$U_0 = I_S R$,R 是两等势面间的电阻.由此可见,在 R 确定的情况下,U_0 与 I_S 大小成正比,且其正负随 I_S 的方向而改变.

(2) 爱廷豪森效应

从微观来看,当霍尔电压达到一个稳定值 U_H 时,速度为 v 的载流子的运动达到动态平衡.但从统计的观点看,元件中速度大于 v 和小于 v 的载流子也有.由于速度大的载流子所受的洛伦兹力大于电场力,而速度小的载流子所受的洛伦兹力小于电场力,因而速度大的载流子会聚集在元件的一侧,而速度小的载流子聚集在另一侧,又因速度大的载流子的能量大,所以有快速粒子聚集的一侧温度高于另一侧.由于霍尔电极和霍尔元件两者材料不同,电极和元件之间形成温差电偶,这一温差产生温差电动势 U_E,这种由于温差而产生电势差的现象称为爱廷豪森效应.U_E 的大小和正负与 I_S、B 的大小和方向有关,跟 U_H 与 I_S、B 的关系相同,所以不能在测量中消除.

(3) 能斯脱效应

在元件上接出引线时,不可能做到接触电阻完全相同.当工作电流 I_S 通过不同接触电阻时会产生不同的焦耳热,并因温差产生一个温差电动势,此电动势又产生温差电流 Q(称为热电流),热电流在磁场的作用下将发生偏转,结果产生附加电

势差 U_N,这就是能斯脱效应.它与电流 I_S 无关,只与磁场 B 有关.

(4) 里记-勒杜克效应

由能斯脱效应产生的热电流也有爱廷豪森效应,由此而产生附加电势差 U_R,称为里记-勒杜克效应.U_R 与 I_S 无关,只与磁场 B 有关.

因此,在确定磁场 B 和工作电流 I_S 的条件下,实际测量的电压包括 U_H,U_0,U_F,U_N,U_R 五个电压的代数和.为了减少和消除以上效应引起的附加电势差,利用这些附加电势差与霍尔元件工作电流 I_S、励磁电流 I_M 的关系,采用"对称测量法"进行测量.测量时可用改变 I_S 和 B(励磁电流 I_M)的方向的方法,抵消负效应的影响.例如测量时首先任取某一方向的 I_S 和 I_M 定义为正,用 $+I_M$,$+I_S$ 表示,当改变它们的方向时为负,用 $-I_M$,$-I_S$ 表示.保持 I_S,B 的数值不变,在 $(+I_M,+I_S)$,$(-I_M,+I_S)$,$(-I_M,-I_S)$,$(+I_M,-I_S)$ 四种条件下进行测量,测量结果分别为:

当 $+I_M$,$+I_S$ 时,$U_1 = U_H + U_0 + U_F + U_N + U_R$;

当 $-I_M$,$+I_S$ 时,$U_2 = -U_H + U_0 - U_F - U_N - U_R$;

当 $-I_M$,$-I_S$ 时,$U_3 = U_H - U_0 + U_E - U_N - U_R$;

当 $+I_M$,$-I_S$ 时,$U_4 = -U_H - U_0 - U_E + U_N + U_R$.

从上述结果中消去 U_0、U_N 和 U_R,得到

$$U_H = \frac{1}{4}(U_1 - U_2 + U_3 - U_4) - U_E \qquad (3.13.14)$$

一般地,U_E 比 U_H 小得多,在误差范围内可以忽略不计,即

$$U_H = \frac{1}{4}(U_1 - U_2 + U_3 - U_4) \qquad (3.13.15)$$

在实际使用时,上式也可写成

$$U_H = \frac{1}{4}(|U_1| + |U_2| + |U_3| + |U_4|) \qquad (3.13.16)$$

4. 实验装置简介

实验采用 TH-H 型霍尔效应组合实验仪进行测量,图 3.13.2 为 TH-H 型霍尔

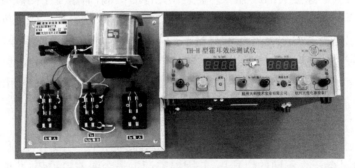

图 3.13.2　TH-H 型霍尔效应实验组合仪实物图

效应实验组合仪实物图,该仪器主要由 TH-H 型霍尔效应实验仪、TH-H 型霍尔效应测试仪两部分组成.图 3.13.3 为 TH-H 型霍尔效应组合实验仪的面板图,包括可调励磁电流源(0~1 A)、工作电流源(0~10 mA)、电流表、电压表、电磁铁、霍尔元件(N 型半导体硅单晶片)、双刀双掷开关、导线等.

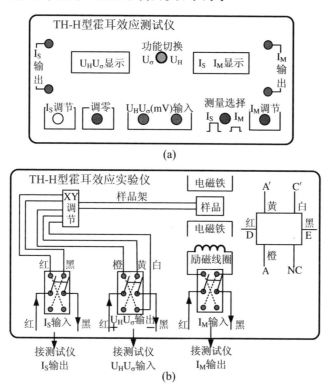

图 3.13.3　TH-H 型霍尔效应实验仪面板图

【实验内容与数据记录】

1. 电路连接与调试

按图 3.13.3 的实验仪器面板图接好线路,具体操作如下:

① 将测试仪的"I_S 调节"和"I_M 调节"旋钮均置零位(即逆时针旋到底).

② 将测试仪的"I_S 输出"与实验仪的"I_S 输入"相连,"I_M 输出"与"I_M 输入"相连,并将 I_S 及 I_M 换向开关掷向任一侧.

③ 实验仪的"U_H、U_σ 输出"与测试仪的"U_H、U_σ 输入",相连,I_S 及 I_M 换向开关掷向上方,表明 I_S 及 I_M 均为正值,反之为负值."U_H、U_σ"切换开关掷向上方测 U_H,掷向下方测 U_σ.

④ 接通电源,预热数分钟后,电流表显示".000"(当按下"测量选择"键时)或"0.00"(放开"测量选择"键时),电流表显示为"0.00"(若不为零,可通过面板上调零电位器来调整).

⑤ 将"测量选择"按钮置于 I_S 挡(放键),电流表所示的值 I_S 随"I_S 调节"旋钮顺时针转动而增大,其变化范围为 0~10 mA,此时电压表所示的 U_H 读数为"不等位电势"电压值,它随 I_S 增大而增大,当 I_S 换向时,U_H 正负改号(此乃副效应所致,可通过"对称测量法"予以消除),说明"I_S 输出"和"I_S 输入"正常. 取 $I_S \approx 2$ mA.

⑥ 将"测量选择"按钮置于"I_M"挡(按键),顺时针转动"I_S 调节"旋钮,查看变化范围应为 0~1 A. 此时 U_H 值亦随 I_M 增大而增大,当 I_M 换向时,U_H 亦改号,说明"I_M 输出"接"I_M 输入"正常. 至此,应将"I_M 调节"旋钮复零.

⑦ 将"测量选择"按钮置于"I_S"挡(放键),再测 I_S,调节 $I_S = 2$ mA,然后将"U_H、U_σ 输出"切换开关置于 U_σ 一侧,测量 U_σ,当 I_S 换向时,U_σ 亦改号,至此,说明霍尔样品的各个电极均为正常. "U_H、U_σ 输出"切换开关恢复 U_H 一侧.

⑧ 取任意一个 I_S 及 I_M 的值,调节霍尔片在磁场中的位置,当霍尔电压 U_H 在 I_S 与 I_M 不变的情况下达到绝对值最大时,停止调节霍尔片的位置,在以后的实验中,保持其位置不变.

2. 验证霍尔电压 U_H 与工作电流 I_S 的关系

① 将实验仪的"U_H、U_σ"切换开关置于"U_H"一侧,测试仪的"功能切换"置于 U_H 一侧. 保持 I_M 值不变(取 $I_M = 0.6$ A),取 $I_S = 1.00$ mA,分别改变 I_S 及 I_M 换向开关的方向,测量出霍尔电压 U_1, U_2, U_3, U_4 的值.

② 再取 $I_S = 1.50$ mA、2.00 mA、2.50 mA、3.00 mA、4.00 mA,用同样的方法测出对应的霍尔电压值,将数据记录于表 3.13.1 中.

表 3.13.1 霍尔电压 $\overline{U}_H$ 与工作电流 I_S 的关系数据记录表

I_S(mA)	U_1(mV) $+I_S, +B$	U_2(mV) $+I_S, -B$	U_3(mV) $-I_S, -B$	U_4(mV) $-I_S, +B$	$\overline{U}_H = \dfrac{|U_1|+|U_2|+|U_3|+|U_4|}{4}$ (mV)
1.00					
1.50					
2.00					
2.50					
3.00					
4.00					

($I_M = 0.6$ A)

3. 验证霍尔电压 $\overline{U}_H$ 与励磁电流 I_M 的关系

① 实验仪及测试仪各开关位置与内容 2 相同. 保持 I_S 值不变(取 $I_S = 3.00$ mA),取 $I_M = 0.300$ A,分别改变 I_S 及 I_M 换向开关的方向,测量出霍尔电压 U_1, U_2, U_3, U_4 的值.

② 再取 $I_M = 0.400$ A、0.500 A、0.600 A、0.700 A、0.800 A,用同样的方法测出对应的霍尔电压值,将数据记录于表 3.13.2 中.

表 3.13.2 霍尔电压 $\overline{U}_H$ 与励磁电流 I_M 的关系数据记录表

I_M(mA)	U_1(mV) $+I_S, +B$	U_2(mV) $+I_S, -B$	U_3(mV) $-I_S, -B$	U_4(mV) $-I_S, +B$	$\overline{U}_H = \dfrac{|U_1|+|U_2|+|U_3|+|U_4|}{4}$(mV)
0.300					
0.400					
0.500					
0.600					
0.700					
0.800					

($I_S = 3.00$ mA)

4. 测量 U_σ 的值

将"U_H、U_σ"切换开关置于"U_σ"一侧(向下),"功能切换"置"U_σ"侧,"I_S"换向开关掷向上方,在零磁场下,分别测量出 $I_S = 1.00$ mA、1.50 mA、2.00 mA、2.50 mA 时所对应的 U_σ 值,将数据记录于表 3.13.3 中.

表 3.13.3 测量 U_σ 数据记录表

I_S(mA)	1.00	1.50	2.00	2.50
U_σ(mV)				

5. 确定样品的导电类型

将"I_S 及 I_M"换向开关掷向上方,"U_H、U_σ"切换开关也掷向上方(测量 U_H 的值),取 $I_S = 2.00$ mA,$I_M = 0.600$ A,测量出 U_H 的大小及正负,将数据记录于表 3.13.4 中.

表 3.13.4 测量 U_H 大小及正负记录表

I_S(mA)	I_M(A)	U_H
2.00	0.600	

【数据处理与误差】

1. 霍尔电压 $\overline{U}_H$ 与工作电流 I_S 的关系

根据表 3.13.1 中的数据,计算出不同工作电流 I_S 所对应的霍尔电压平均值,作出霍尔电压平均值 $\overline{U}_H$ 与工作电流 I_S 的关系曲线图,验证 $\overline{U}_H$ 与 I_S 的线性关系.

作出霍尔电压 $\overline{U}_H$ 与工作电流 I_S 的关系曲线图,验证 $\overline{U}_H$ 与 I_S 的线性关系,若实验所测得数据如表 3.13.5 所示.

表 3.13.5　霍尔电压 $\overline{U}_H$ 与工作电流 I_S 的关系数据记录表(I_M = 400 mA)

I_S(mA)	U_1(mV) $+I_M, +I_H$	U_2(mV) $-I_M, +I_H$	U_3(mV) $-I_M, -I_H$	U_4(mV) $+I_M, -I_H$	$\overline{U}_H = \dfrac{U_1 - U_2 + U_3 - U_4}{4}$ (mV)
0.5	40.8	41.5	41.5	−40.8	41.2
1.0	81.8	83.2	83.2	−81.8	82.5
1.5	122.8	124.8	124.8	−122.7	123.8
2.0	163.8	166.6	166.7	−163.8	165.2
2.5	207.8	204.4	204.6	−207.9	206.2

在坐标纸上,以 I_S 为横坐标,$\overline{U}_H$ 为纵坐标,绘制霍尔电压 $\overline{U}_H$ 与工作电流 I_S 的关系曲线图,得出结论.

为了作图的准确性,可利用 Excel 电子表格画图,具体如下:首先将表 3.13.5 中第一列和第六列数据填入 Excel 表格中,如图 3.13.4 所示,选中数据.单击"插入"菜单下的"图表",在"图表向导—4 步骤之 1—图表类型"中的"标准类型"窗口列表中选择"XY 散点图",在"子图表类型"中选择"散点图",单击"完成"按钮,即可画出散点图.然后在数据点处点鼠标单击右键,在下拉菜单中,选"添加趋势线",在弹出的对话框中的"类型"标签对话框中,选择"线性"拟合,在"选项"标签对话框中,选中"显示公式"和"显示 R 平方",单击"确定",即可画出拟合直线图.最后通过单击鼠标右键,利用下拉菜单"图标选项""坐标轴格式""绘图区格式"等设置好横坐标、纵坐标以及标题等标注,即可得到图 3.13.5 所示的拟合图.由图可知误差允许的范围内,霍尔电压 $\overline{U}_H$ 与工作电流 I_S 成正比关系.

2. 霍尔电压 $\overline{U}_H$ 与励磁电流 I_M 的关系

根据表 3.13.2 中的数据,计算出不同励磁电流 I_M 所对应的霍尔电压平均值,作出霍尔电压平均值 $\overline{U}_H$ 与励磁电流 I_M 的关系曲线图,验证 $\overline{U}_H$ 与 I_M 的线性关系,数据处理与内容 1 类似.

3. 求样品的 R_H、n 值

将表 3.13.1 或表 3.13.2 中的数据,分别代入式(3.13.8)中求出 R_H(其中 $d = 0.5$ mm,$B = I_M \cdot K_B$,K_B 数据在实验仪器上标出),然后求出霍尔系数的平均值 $\overline{R}_H$. 设载流子的电量为基本电量 e,将 $\overline{R}_H$ 与 e 的值代入公式 $n = 1/R_H e$ 中,求出载流子浓度 n 的值.

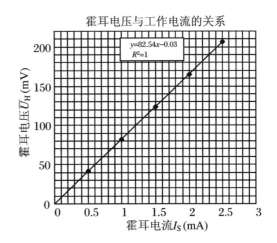

图 3.13.4 数据输入图　　图 3.13.5 拟合曲线图

4. 求样品的 σ 和 μ 的值

根据表 3.13.3 中的数据,由公式(3.13.13)计算出不同工作电流时的 σ 值,然后取平均值,得到 $\overline{\sigma}$. 将 $\overline{\sigma}$ 与 $\overline{R}_H$ 代入到公式 $\mu = |\overline{R}_H| \overline{\sigma}$ 中,得到 μ 值. (其中 $a = 4.0$ mm,$l_{AC} = 3.0$ mm.)

根据表 3.13.4 中的数据,判断出样品的导电类型.

【注意事项】

① 实验前应将霍尔元件移至均匀磁场区域(即电磁铁气隙的中间位置).

② 霍尔元件通过的工作电流 I_S 不得超过 4.00 mA,励磁电流 I_M 不得超过 800 mA,以保证元件不会损坏及电磁铁升温较小.

③ 实验中不同设备的磁场都不完全相同,不要对比数据而误认为测量或仪器存在问题.

【思考题】

（本内容在实验报告中完成）
① 什么叫霍尔效应？为什么此效应在半导体中特别显著？
② 假如本实验中的磁场不知，能否用该实验装置测量电磁铁间隙中的磁场？
③ 怎样减小或消除实验中各种负效应所产生的附加电压对该实验的影响？
④ 如已知霍尔样品的工作电流 I_S 及磁感应强度 B 的方向，如何判断样品的导电类型？
⑤ 用霍尔效应测磁场时，若磁场与霍尔元件不垂直，能否准确测出磁场？

实验 14　铁磁材料磁滞回线和基本磁化曲线的测量

铁磁性材料分为硬磁材料和软磁材料．软磁材料的矫顽力小于 100 A/m，常用于电机、电力变压器的铁芯和电子仪器中各种频率小型变压器的铁芯．铁磁材料的磁化过程和退磁过程中磁感应强度和磁场强度是非线性变化的，磁滞回线和基本磁化曲线是反映软磁材料磁性的重要特性曲线．矫顽力、饱和磁感应强度、剩余磁感应强度、初始磁导率、最大磁导率、磁滞损耗等参数均可以从磁滞回线和基本磁化曲线上获得，这些参数是磁性材料研制、生产和应用的重要依据．采用直流励磁电流产生磁化场对材料样品反复磁化测出的磁滞回线称为静态磁滞回线；采用交变励磁电流产生磁化场对材料样品反复磁化测出的磁滞回线称为动态磁滞回线．本实验利用交变励磁电流产生磁场对不同性能的铁磁材料进行磁化，测绘基本磁化曲线和动态磁滞回线．

【实验目的】

① 了解用示波器显示和观察动态磁滞回线的原理和方法．
② 掌握测绘铁磁材料动态磁滞回线和基本磁化曲线的原理和方法，加深对铁磁材料磁化规律的理解．
③ 学会根据磁滞回线确定矫顽力、剩余磁感应强度、饱和磁感应强度、磁滞损耗等磁化参数．

【实验仪器与用具】

FB310 型动态磁滞回线实验仪、双踪示波器、导线.

【实验原理】

1. 磁性材料的磁化特性及磁滞回线

研究磁性材料的磁化规律时,一般是通过测量磁化场的磁场强度 H 与磁感应强度 B 之间的关系来进行的. 铁磁性材料磁化时,它的磁感应强度 B 要随磁场强度 H 变化而变化. 但是 B 与 H 之间的函数关系是非常复杂的. 主要特点如下:

(1)当磁性材料从未磁化状态($H=0$ 且 $B=0$)开始磁化时,B 随 H 的增加,而非线性增加,由此画出的 B-H 曲线称为起始磁化曲线,如图 3.14.1 中的 O-a 段曲线所示. 起始磁化曲线大致分为三个阶段,第一阶段曲线平缓,第二阶段曲线较陡,第三阶段曲线又趋于平缓. 最后当 H 增大到一定值 H_m 后,B 增加十分缓慢或基本不再增加,这时磁化达到饱和状态,称为磁饱和. 达到磁饱和时的 H_m 和 B_s 分别称为饱和磁场强度和饱和磁感应强度,对应图 3.14.1 中的 a 点.

(2)磁化过程中材料内部发生的过程是不可逆的,当磁场由饱和时的 H_m 减小至 0 时,B 也随之减小,但并不沿原来的磁化曲线返回,而是滞后于 H 沿另一曲线 ab 减小. 当 H 逐步减小至 0 时,B 不为 0,而为 B_r,说明铁磁材料中仍然保留一定的磁性,这种现象称为磁滞效应,此时的 B_r 称为剩余磁感应强度,简称剩磁. 要消除剩磁,必须加一反向的磁场,直到反向磁场强度 $H=-H_c$,B 才恢复为 0,H_c 称为矫顽力,对应图 3.14.1 中的 c 点.

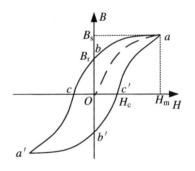

图 3.14.1 起始磁化曲线和磁滞回线

继续增加反向磁场至 $-H_m$,曲线达到反向饱和 a' 点,磁感应强度变为 $-B_s$. 再正向增大由 $-H_m$ 变至 H_m,曲线沿着 a' 经 b'、c' 又回到 a 点. 形成一条闭合的 B-H 曲线,称为磁滞回线.

(3)如果初始磁化磁场由 0 开始增加至一小于 H_m 的值 H_1,然后磁场在 $-H_1$ 与 H_1 之间变化未磁化状态的铁磁性材料,在交变磁化场作用下也可以得到一条磁滞回线,但是这条磁滞回线是不饱和的. 磁场由弱到强依次进行磁化的过程中,可以得到面积由小到大的一簇磁滞回线,如图 3.14.2 所示,将这些磁滞回线的顶点连起来,就得到基本磁化曲线,如图 3.14.2 中 Oe 所示,它与起始磁化曲线是不同的.

磁导率 $u = B/H$. 由基本磁化曲线可以近似确定铁磁材料的磁导率,从基本磁化曲线上一点到原点 O 连线的斜率定义为该磁化状态下的磁导率. 由于磁化曲线不是线性的,当 H 由 0 开始增加时,u 也逐步增加,然后达到一最大值. 当 H 再增加时,由于磁感应强度达到饱和,u 开始急剧减小. u 随 H 的变化曲线如图 3.14.3 所示. 磁导率 u 非常高是铁磁材料的主要特性,也是铁磁材料用途广泛的主要原因之一.

(4) 在铁磁材料沿着磁滞回线经历磁化→去磁→反向磁化→反向去磁的循环过程中,由于磁滞效应,要消耗额外的能量,并且以热量的形式耗散掉. 这部分因磁滞效应而消耗的能量,叫作磁滞损耗. 材料磁化,磁感应强度变化 dB 时,磁场对单位体积磁性材料做功为 HdB,磁场变化一个周期,磁场做功为 $W = \oint HdB$,所以一个循环过程中的磁滞损耗正比于磁滞回线所围的面积.

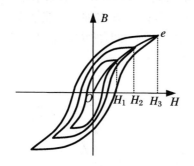

图 3.14.2　磁滞回线和基本磁化曲线

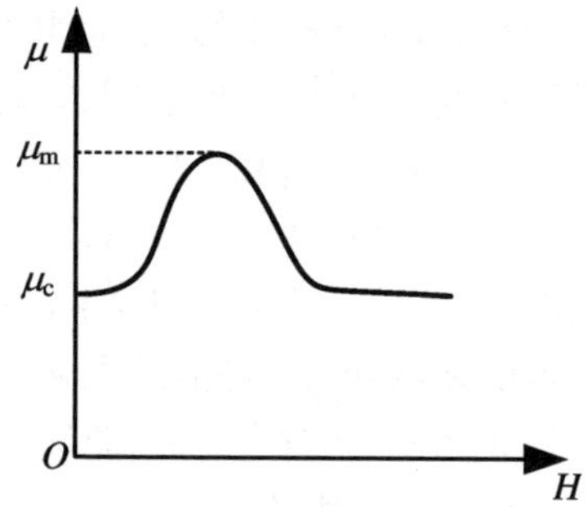

图 3.14.3　磁导率曲线

在交流电路中是十分有害的,必须尽量减小. 要减小磁滞损耗就应选择磁滞回线狭长、包围面积小的铁磁材料. 如图 3.14.4 所示,工程上把磁滞回线细而窄、矫顽力很小的铁磁材料称为软磁材料;把磁滞回线宽、矫顽力大的铁磁材料称为硬磁材料.

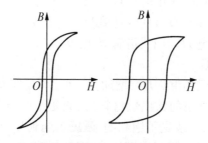

图 3.14.4　软磁材料(左)和硬磁材料(右)

(5) 磁滞回线和各种磁化曲线都与交流磁场的频率有关.在进行动态测量时,初级线圈需要通过交流电,对于工作在 50 Hz 工频的硅钢片,可以用变压器将 220 V 市电降压后使用,对其他频率的测量,可以用专用电源或带有功率输出的信号发生器作为励磁电源.

2. 动态磁滞回线的测量原理

在各种电器的铁芯中软磁材料大多形成闭合磁路,所以采用闭合样品进行测量与实际应用场合符合最好,如图 3.14.5 所示,在环形样品上绕 N_1 匝初级线圈和 N_2 匝次级线圈. R_1 为测量励磁电流的取样电阻, R_2、C 组成测量磁感应强度 B 的积分电路.

(1) 磁场强度 H 的测量

当初级线圈里通过励磁电流 I_1 时,就在磁环中产生磁场,根据安培环路定理,其磁场强度 H 可表示为

$$H = \frac{N_1 I_1}{l} = \frac{N_1}{lR_1} U_1 \tag{3.14.1}$$

式中 l 为被测样品的平均周长, R_1 是与初级线圈串联的电阻, U_1 表示 R_1 两端的电压.由式(3.14.1)可知,已知 N_1、l、R_1 后,只要测出 U_1,即可确定 H 的大小.

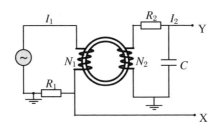

图 3.14.5 动态磁滞回线测量电路原理图

(2) 磁感应强度 B 的测量

由于样品被磁化后产生变化的磁通量 ϕ,根据法拉第电磁感应定律,在匝数为 N_2 的次级线圈中产生的感生电动势的大小为

$$\varepsilon = \frac{d\psi}{dt} = -N_2 \frac{d\phi}{dt} = -N_2 S \frac{dB}{dt} \tag{3.14.2}$$

式(3.14.2)中 S 为环状样品的截面积,于是次级线圈中产生的磁感应强度的大小为

$$B = \frac{1}{N_2 S} \int \varepsilon dt \tag{3.14.3}$$

由式(3.14.3)可知,只有对次级线圈中的感生电动势 ε 积分才能得到 B 值,而 R_2 和 C 组成的积分电路可以实现对 ε 的积分.

忽略自感电动势和电路损耗,次级线圈组成的回路方程为

$$\varepsilon = I_2 R_2 + U_2 \tag{3.14.4}$$

式(3.14.4)中 I_2 是感生电流,U_2 为积分电容 C 两端的电压。设 Δt 时间内,I_2 向电容 C 充电电量为 Q,则 $U_2 = Q/C$,所以有

$$\varepsilon = I_2 R_2 + \frac{Q}{C} \tag{3.14.5}$$

如果选取足够大的 C 和 R_2,使 $I_2 R_2 \gg \dfrac{Q}{C}$,则有

$$\varepsilon = i_2 R_2 \tag{3.14.6}$$

又因为 $i_2 = dQ/dt = CdU_2/dt$,所以

$$\varepsilon = CR_2 \frac{dU_2}{dt} \tag{3.14.7}$$

将式(3.14.7)代入式(3.14.3)中,可得

$$B = \frac{CR_2}{N_2 S} U_2 \tag{3.14.8}$$

由式(3.14.8)可知,已知 N_2、R_2、C 和 S 后,只要测量 U_2,即可确定磁感应强度 B 的大小。

(3) 示波器的电压定标

综上所述,测量 B 和 H 可以通过间接测量 U_2 和 U_1 得到,将 U_1 和 U_2 分别输入示波器的 X 输入端和 Y 输入端,即 U_1 接"CH1"通道,U_2 接"CH2"通道,就可以在示波器上观察到磁滞回线。U_1 和 U_2 的电压值与示波器荧光屏上电子束水平偏转和垂直偏转的大小成正比。设 X 输入的灵敏度为 S_X 伏/格,Y 输入的灵敏度为 S_Y 伏/格,则有

$$H = \frac{N_1}{lR_1}(S_X X), \quad B = \frac{R_2 C}{N_2 S}(S_Y Y) \tag{3.14.9}$$

其中 X、Y 为电子束在 X、Y 方向测量的坐标值。

3. FB310 型磁滞回线实验仪简介

本实验采用 FB310 型磁滞回线实验仪进行测量,仪器实物及面板图如图 3.14.6 所示。该实验仪由测试样品、功率信号源、可调标准电阻、标准电容和接口电路等组成。测试样品有两种,一种是磁滞损耗较小的软磁材料;另一种是磁滞损耗较大的硬磁材料。信号源的频率在 20~200 Hz 之间可调,磁化电流采样电阻 R_1 在 0.1~11 Ω 范围内可调节,积分电阻 R_2 在 1~110 kΩ 范围内可调节,积分电容 C 的可调范围为 0.1~11 μF。样品的平均周长 $l = 0.06$ m,环状样品的截面积为 8×10^{-5} m²,初级线圈匝数为 $N_1 = 50$ 匝,次级线圈匝数 $N_2 = 3N_1 = 150$ 匝。

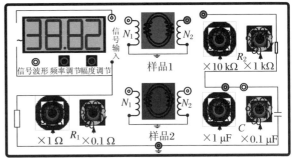

图 3.14.6　FB310 型磁滞回线实验仪及面板图

【实验内容与数据记录】

1. 软磁材料(样品 1)的基本磁化曲线和磁滞回线观察与测量

(1) 仪器的连接

使用专用连接线接通样品 1 的初级线圈和次级线圈.接通示波器和 FB310 型磁滞回线实验仪电源,将示波器扫描光点调至显示屏中心,适当调节示波器辉度,以免荧光屏中心受损.逆时针调节实验仪"幅度调节"旋钮,使信号输出最小.调节示波器的工作方式为"X-Y"方式,示波器 X 输入为 AC 方式,Y 输入选择为 DC 方式.调节实验仪频率调节旋钮,频率显示窗显示 50.00 Hz.预热 10 分钟后开始测量.

(2) 仪器的调试

单调增加励磁电流,即缓慢顺时针调节实验仪"幅度调节"旋钮,使示波器显示的磁滞回线上 B 值缓慢增加,最后达到饱和.改变示波器上 X、Y 输入增益旋钮,并锁定"灵敏度选择开关"(顺时针旋转到底),调节 R_1、R_2 和 C,使示波器上显示磁性材料的饱和磁滞回线.磁化电流在水平方向的读数为 $(-5,+5)$ 格.此后,保持示波器上 X、Y 输入增益旋钮和 R_1、R_2 值固定不变,以便进行 H、B 的测量.

单调减小励磁电流进行退磁,即缓慢逆时针调节实验仪"幅度调节"旋钮,直到示波器最后显示为一点,位于显示屏的中心,即 X 和 Y 轴线的交点,如不在中心,可调节示波器的 X 和 Y"垂直位移"旋钮.(实验中可用示波器 X、Y 输入的接地开关检查示波器的中心是否对准屏幕 X、Y 坐标的交点.)

(3) 基本磁化曲线的测量

单调增加磁化电流,即缓慢顺时针调节"幅度调节"旋钮,使磁滞回线顶点在 X 方向读数分别为 $0,0.20,0.40,0.60,\cdots,4.80,5.00$ 格,记录磁滞回线顶点在 Y 方向上读数,将数据记录于表 3.14.1 中.

表 3.14.1　基本磁化曲线测量数据记录表

X(格)	0	0.20	0.40	0.60	0.80	1.00	1.20	1.40	1.60
Y(格)									
X(格)	1.80	2.00	2.20	2.40	2.60	2.80	3.00	3.20	3.60
Y(格)									
X(格)	3.80	4.00	4.20	4.40	4.60	4.80	5.00		
Y(格)									

(4) 饱和磁滞回线测量

当示波器显示的磁滞回线的顶点在 X 方向上读数为(-5.00,$+5.00$)格时(即在饱和状态),记录磁滞回线在 X 坐标分别为 -5.00,-4.50、-4.00,-3.50,…,3.50,4.00,4.50,5.00 格时,相对应的 Y 坐标,将数据记录于表 3.14.2 中.

表 3.14.2　磁滞回线测量数据

X(格)	5.0	4.5	4.0	3.5	3.0	2.5	2.0	1.5	1.0	0.5	0
$Y1$(格)											
$Y2$(格)											
X(格)	-0.5	-1.0	-1.5	-2.0	-2.5	-3.0	-3.5	-4.0	-4.5	-5.0	
$Y1$(格)											
$Y2$(格)											

2. 硬磁材料(样品 2)的磁化曲线和磁滞回线观察与测量

测量方法同样品 1 类似,建议频率为 50 Hz,与样品 1 的结果进行比较.

【实验数据处理与误差】

1. 软磁材料(样品 1)的基本磁化曲线和磁滞回线的绘制

以 X 为横坐标,Y 为纵坐标,利用表 3.14.1 的实验数据在坐标纸上描出每个对应的点,再用平滑线连接所有的点,即可得到基本磁化曲线图.

为了作图的准确性,将表 3.14.1 中的实验数据输入新建的 Excel 电子表格中,如图 3.13.7 所示.选中数据,单击"插入"菜单下的"图表",在"图表向导 4—步骤之 1—图表类型"中的"标准类型"标签下的"图标类型"窗口列表中选择"X-Y

散点图",在"子图表类型"中选择"平滑线散点图",单击"完成"按钮.即可画出 Y-X 曲线图,然后单击鼠标右键,在下拉菜单中,通过"数据系列格式""图标选项""绘图区格式"设置好横坐标、纵坐标以及标题等标注,即可得到图 3.13.8 所示的基本磁化曲线图.

磁滞回线的绘制与基本磁化曲线的绘制类似,这里不再重复.

2. 硬磁材料(样品2)的基本磁化曲线和磁滞回线的绘制

硬磁材料的基本磁化曲线和磁滞回线的绘制与数据处理 1 类似,这里不再重复.

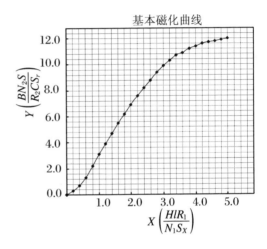

图 3.14.7　数据输入图　　　图 3.14.8　软磁材料的基本磁化曲线

【注意事项】

① 测量磁滞回线时,如果 R_1、R_2 和 C 的值选取不合适,磁滞回线曲线将产生畸变.

② 示波器荧光屏上观察到的磁滞回线横、纵坐标值,代表的是电压 U_1-U_2 的值,通过适当转化才能得到磁场强度 H 和磁感应强度 B 的值.

【思考题】

① 什么叫磁滞回线?测绘磁滞回线和磁化曲线为何要先退磁?

② 怎样使样品完全退磁,使初始状态在 $H=0, B=0$ 点上?

③ 为什么采用电学量来测量磁学量 H、B?

④ 磁滞回线包围面积的大小有何意义？
⑤ 磁滞回线的形状随交流信号频率如何变化？为什么？

实验 15　声速的测量

声波是一种在弹性媒质中传播的机械波,在气体中,声波振动的方向与传播方向一致,因此声波是纵波.按照频率可以分为次声波(小于 20 Hz)、可闻声波(20~20 kHz)和超声波(大于 20 kHz).一般情况下,声速与传播声音的弹性介质的特性和状态有关,与声波的频率无关.因而,通过测量弹性介质中的声速可以了解其特性或状态变化.例如,测量氯气(气体)、蔗糖(溶液)的浓度,氯丁橡胶乳液的比重以及输油管中不同油品的分界面等.由于超声波具有波长短、易于定向发射等优点,所以本实验主要对超声波在空气介质中传播的声速进行测量.

【实验目的】

① 学习用电测法测量非电学量的设计思想.
② 学习用驻波共振法、相位比较法测定超声波的传播速度.
③ 了解压电换能器的功能,加深对驻波及振动合成等理论知识的理解.
④ 掌握用逐差法处理数据.

【实验仪器与用具】

SV5 型声速测量组合仪、SV5 型声速测量专用信号源、双踪示波器、导线.

【实验原理】

1. 实验原理
在波动过程中,波速 v、波长 λ 和频率 f 之间存在关系
$$v = \lambda f \tag{3.15.1}$$
实验中可通过测量声波的波长 λ 和频率 f,间接计算出声速 v.实验室中声波一般是将信号源发出的超声频率的电压加在压电晶体上获得的,所以声波的频率即信号源驱动电压的频率,可以用频率计直接测量,而波长的测量要复杂一些,常

用的方法有驻波共振法与相位比较法.

(1) 驻波共振法

如图 3.15.1 所示,压电换能器 S_1 作为声波发射器,它与信号源连接,具有一定频率的正弦交流电信号作用在 S_1 上,由逆压电效应产生一列近似的平面超声波.压电换能器 S_2 则作为声波的接收器,正压电效应将接收到的声波信号转换成与声源同频率的电信号,将该信号输入示波器,可以在示波器上看到由声波信号产生的正弦波形.

图 3.15.1 驻波共振法测量声速原理图

声源 S_1 发出的声波,经空气介质传播到 S_2,S_2 在接收声波信号的同时反射部分声波信号,如果 S_2 的接收面与 S_1 的发射面严格平行,入射波即在接收面上垂直反射,入射波与反射波发生相干涉形成驻波.在接收器 S_2 的反射面处是振幅的"波节"位置,同时是声压的"波腹"位置,即该处位移为 0,声压最大.所以在示波器上观察到的实际上是入射波和反射波的合成后,在声波接收器 S_2 处的振动情况.移动 S_2 位置,即改变 S_1 到 S_2 之间的距离,当两个换能器之间的距离 l 为声波半波长的整数倍时,出现稳定的驻波共振现象,声波接收器 S_2 处声压最大,可以从示波器观察到正弦波的信号幅度最大.连续改变 l 的值,声波接收器 S_2 的声压将在最大和最小之间周期性地变化,接收器上接收到的信号幅度变化如图 3.15.2 所示.

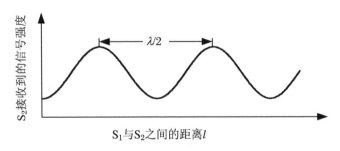

图 3.15.2 信号强度与两换能器间距离的关系图

根据驻波理论(可参阅实验 7 有关内容)可以知道,任何二相邻的振幅最大值(或最小值)的位置之间的距离均为 $\lambda/2$.为测量声波的波长,可以在观察示波器上声压振幅值的同时,缓慢地改变 S_1 和 S_2 之间的距离.示波器上就可以看到声压振动幅值不断地由最大变到最小再变到最大,二相邻的振幅最大压电换能器 S_2 移动过的距离亦为 $\lambda/2$,由此可以得到波长 λ.

(2) 相位比较法

图 3.15.1 中声源 S_1 发出声波后,在其周围形成声场,声场在介质中任一点的振动相位是随时间而变化的,但它和声源的振动相位差 $\Delta\varphi = 2\pi l/\lambda$ 却不随时间变化,仅与两换能器之间的距离 l 有关.当连续改变距离的 l 值时,相位差变化.相位差变化 2π 时,对应的距离变化一个波长 λ.

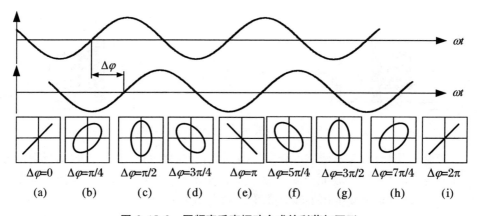

图 3.15.3　同频率垂直振动合成的利萨如图形

相位差可以根据两个相互垂直的简谐振动合成所得到的李萨如图形来测定.将输入 S_1 的信号同时接入示波器的 X 输入端,将接收到的声波信号输入到示波器的 Y 输入端,由于 S_1 端和 S_2 端电信号频率完全一致,因而得到如图 3.15.3 所示的简单图形,假如初始时刻的李萨如图形如图(a)所示,S_2 移动距离 Δl 为半个波长 $\lambda/2$ 时,图形变化至图(e),S_2 移动距离 Δl 为一个波长 λ 时,图形变化至图(i),所以通过对李萨如图形的观测,就能测量出声波的波长.

2. 实验仪器简介

本实验采用 SV5 型声速测量组合仪进行测量超声波的声速,它主要由 SV5 型声速测定仪和 SV5 型声速测定专用信号源两部分组成.SV5 型声速测量组合仪可用于空气、液体及固体介质中声速的测量使用.

SV5 型声速测定仪主要由储液槽、传动机构、数显标尺、压电换能器等组成.压电换能器共有两对,其中一对位于仪器下方的储液槽中,用于测量液体中的声速;另一对位于仪器上方,用于测量固体和空气中的声速.每一对换能器的表面相互平行放置,作为发射超声波用的换能器固定在仪器的左边,另一只接收超声波用的接收换能器装在可移动滑块上.上下两只换能器的相对位移通过传动机构同步行进,并由数显标尺显示位移的距离.若将声速测定专用信号源产生的超声波电压信号

第 3 章　基础性实验　　149

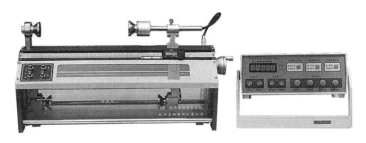

图 3.15.4　SV5 型声速测定仪及 SV5 型声速测定专用信号源

加到发射换能器上,便产生超声波,接收换能器把接收到的超声波声压转换成电压信号,用示波器观察.

SV5 型声速测定仪使用的压电换能器谐振频率 35 ± 3 kHz,功率大于或等于 10 W.压电超声换能器是通过压电陶瓷能实现声压和电压之间的转换制作而成的.压电换能器作波源具有平面性、单色性好以及方向性强的特点.同时,由于频率在超声范围内,一般的音频对它没有干扰.频率提高,波长就短,在不长的距离中可测到许多个波长,取其平均值,波长的测定就比较准确,这些都可使实验的精度大大提高,压电换能器的结构示意图如图 3.15.5 所示.

压电换能器由压电陶瓷片和轻、重两种金属组成.压电陶瓷片(如钛酸钡、锆钛酸铅等)是由一种多晶结构的压电材料做成的,在一定的温度下经极化处理后,具有压电效应.所谓压电效应是指在压力作用下产生变形的晶体相对的表面出现正、负束缚电荷的现象.在简单情况下,压电材料受到与极化方向一致的应力 T 时,在极化方向上产生一定的电场强度 E,它们之间有一简单的线性关系 $E=gT$;反之,当有与极化方向一致的外加电压 U

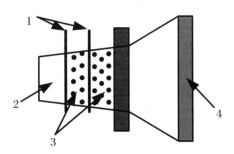

图 3.15.5　压电陶瓷换能器
1. 正负电极片;2. 后盖反射板;
3. 压电陶瓷片;4. 辐射头

加在压电材料上时,材料的伸缩形变 S 与电压 U 也有线性关系 $S=dU$.比例常数 g 与 d 称为压电常数,与材料性质有关.由于 E 和 T、S 和 U 之间具有简单的线性关系,因此可以将正弦交流电信号转变成压电材料纵向长度的伸缩,成为声波的声源;同样也可以使声压变化转变为电压的变化,用来接收声波信号.在压电陶瓷片的头尾两端胶粘两块金属,组成夹心形振子.头部用轻金属做成喇叭形,尾部用重金属做成柱形,中部为压电陶瓷圆环,紧固螺钉穿过环中心.这种结构增大了辐射面积,增强了振子与介质的耦合作用,由于振子以纵向长度的伸缩直接影响头部轻金属做同样的纵向长度伸缩(对尾部重金属作用小),这样所发射的波方向性强、平面性好.

【实验内容与数据记录】

1. 仪器调试

根据测量要求初步调节好示波器,将专用信号源输出的正弦信号的频率调节到换能器的谐振频率,能使换能器较好地进行声能与电能的相互转换,以发射出较强的超声波,便于得到较好的实验效果,方法如下:

① 将专用信号源的"发射波形"端接至示波器,调节示波器,能清楚地观察到同步的正弦波信号.

② 调节专用信号源上的"发射强度"旋钮,使其输出电压在 20 V_{PP} 左右,然后将换能器的接收信号接至示波器,调整信号频率(25～45 kHz),观察接收波的电压幅度变化,在某一频率点处(34.5～39.5 kHz 之间,因不同的换能器或介质而异)电压幅度最大,此频率即是压电换能器 S_1、S_2 相匹配频率点,记录此频率 f_1.

③ 改变 S_1、S_2 的距离,使示波器的正弦波振幅最大,再次调节正弦信号频率,直至示波器显示的正弦波振幅达到最大值.共测 5 次,取平均频率 f.

2. 驻波共振法测量声波波长

如图 3.15.6 所示,用"Q9"线将 SV5 型声速测量专用信号源的"发射 S_1"端口与 SV5 型声速测定仪的"发射 S_1"端口连接,将 SV5 型声速测定仪的"接收 S_2"端口与双踪示波器的"CH1"通道连接.

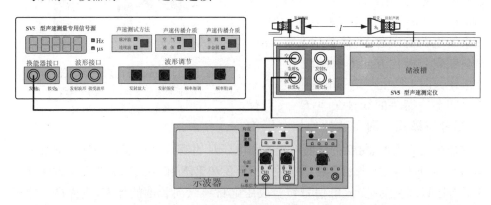

图 3.15.6 驻波共振法测声速的仪器连接图

将"声速测试方法"设置为"连续波"方式,按实验内容 1 的方法,确定最佳工作频率.观察示波器,调节 S_2 的位置找到接收波形的最大值,记录幅度为最大时 S_2

的位置,由数显尺上直接读出或在机械刻度标尺上读出;记下 S_2 位置读数 X_0. 然后,向着同方向转动距离调节鼓轮,这时波形的幅度会发生变化,同时在示波器上可以观察到来自接收换能器的声波电压信号幅度发生变化,逐个记下振幅最大的 $X_0, X_1, X_2, \cdots, X_{11}$ 共 12 个点,将数据记录于表 3.15.1 中.

表 3.15.1 驻波共振法测量声速的数据记录表

i	0	1	2	3	4	5
X_i(mm)						
X_{6+i}(mm)						
$\Delta x_i = \lvert X_{6+i} - X_i \rvert$ (mm)						

(专用信号源的频率 $f =$ ＿＿＿＿ Hz)

3. 相位比较法测量波长

如图 3.15.7 所示,用"Q9"线将 SV5 型声速测量专用信号源的"发射 S_1"端口与 SV5 型声速测定仪的"发射 S_1"端口连接,再将 SV5 型声速测定仪的"接收 S_2"端口与双踪示波器的"CH2"通道连接,最后将"发射波形"输入到"CH1"通道,将"声波测试方法"设置到连续波方式,确定最佳工作频率.示波器触发方式置于"X-Y"显示方式,适当调节示波器,将出现李萨如图形.

转动距离调节鼓轮,观察波形为一定角度的斜线,记下 S_2 位置 X_0,继续向前或者向后(必须是同一个方向)移动距离,使观察到的波形又回到前面观察到的特定角度的斜线,这时来自接收换能器 S_2 的振动波形发生了 2π 相移.依次记下示波器屏上斜率负、正变化的直线出现的对应位置 $X_0, X_1, X_2, \cdots, X_{11}$ 共 12 个点,将数据记录于表 3.15.2 中.

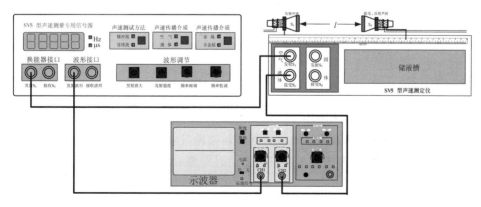

图 3.15.7 相位比较法测声速的仪器连接图

表 3.15.2 相位比较法测量声速的数据记录表

i	0	1	2	3	4	5
X_i(mm)						
X_{6+i}(mm)						
$\Delta x_i = \vert X_{6+i} - X_i \vert$(mm)						

（专用信号源的频率 $f =$ _____ Hz）

【数据处理与误差】

1. 驻波共振法测量声速的数据处理

根据表 3.15.1 中所测量的数据，利用逐差法计算出

$$\overline{\Delta x} = [\vert X_{11} - X_5 \vert + \vert X_{10} - X_4 \vert + \vert X_9 - X_3 \vert + \vert X_8 - X_2 \vert \\ + \vert X_7 - X_1 \vert + \vert X_6 - X_0 \vert]/6$$

则声波的波长为 $\overline{\lambda} = \overline{\Delta x}/3$，进一步得到超声波的速度 $v_测 = \overline{\lambda} f$.

2. 相位比较法测量声速的数据处理

相位比较法测量声速的数据处理与数据处理 1 类似，这类不再重复.

3. 声速的校准及误差

大气中的声速与温度、湿度及大气压强有密切关系，在 $t = 0$ ℃ 的干空气中，声速为 $v_0 = 331.45$ m/s. 根据声学理论，一般条件下的校准声速为 $v_校 = v_0 \sqrt{\left(1 + \dfrac{t}{273.15}\right)\left(1 + \dfrac{0.3192 p_w}{p}\right)}$，式中 t 为室温，单位为 ℃；p_w 为水蒸气分压，单位为 mmHg；p 为大气压，由气压计读出，单位为 Pa（1 Pa = 0.750 064 mmHg）. 比较 $v_测$ 与 $v_校准$，计算相对误差 $\vert v - v_校 \vert / v_校 \times 100\%$，并分析实验中误差产生的原因.

【注意事项】

① 换能器 S_1 和 S_2 的初始位置不得小于 10 cm.
② 同一次测量中移动换能器位置的旋转鼓轮只允许单向旋转.
③ 为了测量准确，在测量过程中必须适时调整示波器上波形至合适的大小.

【思考题】

① 声速测量中驻波共振法、相位比较法有何异同？

② 为什么要在谐振频率条件下进行声速测量？如何调节和判断测量系统是否处于谐振状态？

③ 为什么发射换能器的发射面与接收换能器的接收面要保持互相平行？

④ 声音在不同介质中传播有何区别？声速为什么会不同？

实验 16　电阻元件的伏安特性

电路中有各种电学元件，如碳膜电阻、线绕电阻、二极管、三极管及光敏元件等，实际应用中常需要了解它们的伏安特性，以便正确地选用元件．通常以电压为横坐标，电流为纵坐标，画出该元件电流和电压的关系曲线，称为该元件的伏安特性曲线，这种研究元件特性的方法称为伏安法．伏安特性曲线为直线的元件称为线性元件，如电阻；伏安特性曲线为非直线的元件称为非线性元件，如二极管、三极管等．而非线性元件的电阻总是与一定的物理过程相联系，如发热、发光和能级跃迁等．利用电阻元件的非线性特性研制出的各种新型传感器、换能器，在物理检测和自动控制方面有着广泛的应用．

【实验目的】

① 学会使用电学实验的常用仪器，研究线性电阻和非线性电阻的伏安特性．
② 绘制线性电阻和非线性电阻伏安特性曲线．
③ 学会分析伏安法的电表接入误差，正确选择电路使其误差最小．

【实验仪器与用具】

V-A 测量实验仪、直流电压表、直流微安表、直流毫安表、滑动变阻器、直流稳压电源、万用电表、稳压二极管、电阻、开关、导线．

【实验原理】

1. 线性电阻元件伏安特性

线性电阻元件的伏安特性满足欧姆定律，即

$$R = \frac{U}{I} \tag{3.16.1}$$

其电阻值不随电压或电流的改变而改变,伏安特性曲线为通过坐标原点的一条直线.图 3.16.1 为测量线性电阻元件的电路图,实验中通过改变电阻 R 两端的电压值,测量不同电压下通过线性电阻的电流,从而得出电阻的伏安特性.

2. 非线性电阻元件伏安特性

(1) 二极管的基本特性

二极管的伏安特性,就是表征流过二极管的电流与加在它两端电压之间关系的特性.电流由二极管的正极流入、负极流出的伏安特性称为正向特性,反之为反向特性.特性曲线反映了二极管的单向导电性和非线性,即电流与电压不成正比,或电阻随电压的正负和大小而变化.

当二极管正向接入时,随着电压的增加电流也随之增加,当所加电压小于导通电压(锗管导通电压为 0.15 V 左右,硅管导通电压为 0.6 V 左右)时,电流增加得很缓慢;当电压增加到超过导通电压时,再稍增大电压,电流急剧增大,如图 3.16.2 所示的第一象限的曲线,该曲线称为二极管的正向特性曲线.当二极管反向接入时,起初随着反向电压的增加,流过二极管的电流很微小,基本不导通,即处于反向截止状态,二极管的这种特性称为单向导电性.当反向电压增加到二极管的击穿电压时,流过二极管的电流突然猛增,如图 3.16.2 所示的第三象限的曲线,该曲线称为二极管的反向特性曲线.

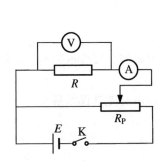
图 3.16.1 线性电阻元件伏安特性测量电路图

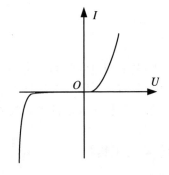
图 3.16.2 二极管伏安特性曲线

(2) 伏安特性曲线测量原理

用伏安法测量二极管特性曲线时,电路一般有两种接法,即电流表外接法和电流表内接法,如图 3.16.3 所示,由于电流表和电压表都有一定内阻,当它们接入电路后,改变原电路的状态,从而使测量产生一定的系统误差.下面分析这两种接法对测量的电阻产生误差的原因和大小,以便在测量中合理选择电路的接法.

① 二极管正向特性曲线测量

图 3.16.3(a)采用的是电流表外接法测量电阻 R_x 的电路,电压表测量的是

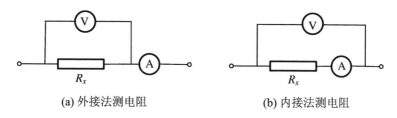

(a) 外接法测电阻　　　　　　(b) 内接法测电阻

图 3.16.3　二极管伏安特性曲线

R_x 两端的电压值,而电流表显示的 I 是通过电压表与电阻 R_x 上的电流之和,其值偏大.而流过电阻 R_x 的电流 I_x 有

$$I_x = I - I_V = I - \frac{U_x}{R_V} = I - \frac{I_x R_x}{R_V} \quad (3.16.2)$$

式(3.16.2)中 R_V 和 I_V 分别为电压表的内阻和流过电压表的电流.若把电流表的显示值 I 视为通过电阻 R_x 的电流,由此带来的电流误差

$$\delta I_x = I - I_x = \frac{U_x}{R_V} = \frac{I_x R_x}{R_V} \quad (3.16.3)$$

从式(3.16.3)可以看出,当电压表内阻 $R_V \to \infty$ 时,$\delta I_x \to 0$,而实际电压表的内阻并不满足以上要求.显然电压表的内阻 R_V 越大,待测电阻 R_x 的阻值越小,测量电流产生的系统误差越小.当测量二极管正向特性曲线时,由于二极管的正向电阻值 R_x 很小,满足 $R_x \ll R_V$ 的条件,采用外接法测量电流时,其误差较小.所以测量二极管正向特性曲线时,常采用电流表外接法,其电路如图 3.16.4 所示.

② 二极管反向特性曲线测量

图 3.16.3(b)采用的是电流表内接法测量电阻 R_x 的电路,电流表测量的是流过 R_x 的电流值,而电压表显示的 U 是电阻 R_x 和电流表两端的电压之和,R_x 上实际的电压为

$$U_x = U - U_A = U - IR_A \quad (3.16.4)$$

式(3.16.4)中 R_A 和 U_A 分别为电流表内阻和加在电流表两端的电压.若把电压表的显示值视为电阻 R_x 两端电压,由此带来的电压误差为

$$\delta U_x = U - U_x = IR_A = \frac{U_x}{R_x} R_A \quad (3.16.5)$$

从式(3.16.5)可以看出,当电流表的内阻 $R_A \to 0$ 时,$\delta U_x \to 0$,而实际电流表的内阻并不满足以上要求.显然电流表的内阻 R_A 越小,待测电阻 R_x 的阻值越大,测量电压产生的系统误差越小.当测量二极管反向特性曲线时,由于二极管的反向电阻值 R_x 非常大,满足 $R_x \gg R_A$ 的条件,采用内接法测量电压时,其误差较小.所以测量二极管反向特性曲线时,常采用电流表内接法,其电路如图 3.16.5 所示.

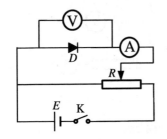
图 3.16.4 二极管正向特性曲线
测量电路图

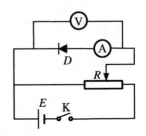
图 3.16.5 二极管反向特性曲线
测量电路图

【实验内容与数据记录】

1. 线性电阻元件伏安特性曲线测量

按图 3.16.1 电路图连接好电路,并将电压表和电流表调至合适的量程. 取阻值为 100 Ω 的电阻,调节直流稳压电源的电压输出值,电压表从零开始,每隔 1 V 读一次电流值,直到 10 V,将数据记录于表 3.16.1 中.

表 3.16.1 线性电阻元件伏安特性曲线测量数据记录表

U(V)	1	2	3	4	5	6	7	8	9	10
I(mA)										

2. 二极管正向特性曲线测量

将电压表和电流表调零,并选择合适的量程. 按照图 3.16.4 所示电路图连接好电路,其中电流表用毫安表. 闭合开关 K,调节直流稳压电源的输出电压,使加在二极管两端的电压从 0 开始逐渐增加,每隔 0.1 V 测量一次,记下电流表读数,在导通电压附近(硅二极管 0.6~0.75 V)测量间隔适当减小,直至电流急剧增大时为止,将数据记录于表 3.16.2 中.

表 3.16.2 二极管正向特性曲线测量数据记录表

U(V)															
I(mA)															

3. 二极管反向特性曲线测量

按图 3.16.5 所示电路图连接好电路,其中电流表采用微安表. 闭合开关 K,调节直流稳压电源的输出电压,使加在二极管两端的电压从 0 开始逐渐增加,每隔 1 V 测量一次,记下微安表读数,直至电流突然增大时为止,将数据记录于表 3.16.3 中.

注意:最大电压取到击穿电压 1/3 为止.二极管反向击穿电压值由实验室给出,切勿超过.

表 3.16.3　二极管反向特性曲线测量数据记录表

$U(\text{V})$														
$I(\text{mA})$														

【数据处理与误差】

1. 线性电阻元件伏安特性曲线

根据表 3.16.1 中的数据,以电压 U 为横坐标,电流 I 为纵坐标,在坐标纸上利用描点作图法画出线性电阻的伏安特性曲线.

2. 二极管正向伏安特性曲线

根据表 3.16.2 中的数据,以电压 U 为横坐标,电流 I 为纵坐标,在坐标纸上利用描点作图法画出二极管的正向伏安特性曲线.为了作图的准确性,也可以采用 Excel 电子表格作图,将实验所测量的数据输入新建的 Excel 电子表格中,如图 3.16.6 所示,选中数据,单击"插入"菜单下的"图表",在"图表向导4—步骤之1—图表类型"中的"标准类型"标签下的"图标类型"窗口列表中选择"XY 散点图",在"子图表类型"中选择"平滑线散点图",单击"完成"按钮,即可画出 I-U 曲线图.然后单击鼠标右键,在下拉菜单中,通过"数据系列格式""图标选项""绘图区格式"设置好横坐标、纵坐标以及标题等标注,即可得到图 3.16.7 所示的 I-U 曲线图.

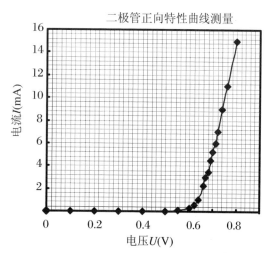

图 3.16.6　数据输入图　　　　图 3.16.7　二极管正向特性曲线图

3. 二极管反向伏安特性曲线

根据表 3.16.3 中的数据，以电压 U 为横坐标，电流 I 为纵坐标，在坐标纸上利用描点作图法画出二极管的反向伏安特性曲线．计算机作图与数据处理 2 中类似，这里不再重复．

4. 实验结果分析

对实验所得到的特性曲线做出分析，得出结论．

【注意事项】

① 测试二极管的正向特性时，电流突变区域多测量几组数据，但电流最大测试到 100 mA 即可．

② 电流表、电压表正负极不能接反．

【思考题】

（本内容在实验报告中完成）
① 如何判断二极管的正负极？
② 什么叫电路的外接法？什么叫电路的内接法？
③ 二极管的特性曲线说明了什么？

实验 17　用板式电势差计测干电池的电动势和内阻

电势差计是一种采用补偿原理制成的测量仪器．它不仅能够精确测量电压、电动势、电流、电阻等，还可以用来校准精密电表和直流电桥等直读式仪器，在非电学参量（如温度、位移、速度、压力等）的电测法中也占有重要地位，应用十分广泛．随着电子技术的发展，具有高内阻、高精度的数字电压表得到了快速发展，且正逐渐取代电势差计，但学习并掌握电势差计的工作原理和测量方法仍是很有意义的．

【实验目的】

① 理解并掌握板式电势差计的工作原理和使用方法．
② 学会用板式电势差计测量干电池的电动势和内阻．

【实验仪器与用具】

板式电势差计、检流计、标准饱和电池、标准电阻、电阻箱、直流稳压电源、滑动变阻器、待测干电池、开关、导线.

【实验原理】

1. 补偿法测电位差的原理

如果直接用普通电压表并联到电池两端,由于电池内阻 $r_内$ 不为零,电池内部有电流 I 通过,电池内部有电压降,所以电压表测得值并不是电源的电动势而是端电压.设 U 为端电压,I 为流过电池内的电流,E_x 为电池电动势,则有

$$U = E_x - Ir_内 \tag{3.17.1}$$

显然,只有当 $I=0$ 时,电压表测得值才是电池的电动势.

采用基于补偿法原理的电路可以解决这一问题,如图 3.17.1 所示,图中 E_0 为一电动势连续可调的标准电源,E_x 为电动势待测的电池,当调节 E_0 使电路中的检流计指示零时,即电路达到平衡,此时两个电源的端电压相等,由于此时每个电源的电动势等于其端电压,所以 $E_x = E_0$. 电势差计就是根据这一补偿原理设计的.

图 3.17.2 为电势差计的原理图,它由三部分组成:工作电源 E、限流电阻 R_P、电键 K_1、均匀电阻丝 MN 构成电势差计的工作回路;标准电池 E_S、检流计 G 及电键 K_2、R_{ab} 构成电势差计的校准回路;待测电池 E_x、检流计 G、电键 K_2、R_{cd} 构成电势差计的测量回路.测量时,电键 K_1 先闭合,K_2 置于"1"的位置,改变滑动变阻器 R_P 的值或调节 a、b 两点的位置,使电路达到补偿平衡,检流计 G 指零,即校准电路.

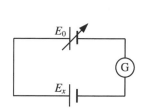

图 3.17.1 补偿法原理图

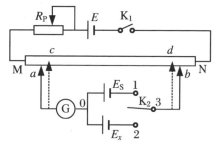

图 3.17.2 电势差计原理图

2. 电势差计的结构原理

电势差计测量时,闭合电键 K_1,接通工作回路,改变滑动变阻器 R_P 的阻值或

调节 a、b 两点与均匀电阻丝 MN 的并联位置,使得校准接通时检流计 G 中无电流通过,即校准回路达到平衡. 设 a、b 间电阻丝长度为 l_{ab},则可知此时电阻丝 MN 上单位长度电压降

$$U_0 = \frac{E_S}{l_{ab}} \tag{3.17.2}$$

校准回路平衡时有

$$E_S = I \cdot R_{ab} \tag{3.17.3}$$

其中 I 为电阻丝 MN 中流过的标准电流,这一过程称为工作电流标准化过程. 标准化完成后,保持 R_P 值不变,电键 K_2 置于"2"的位置,当改变触点 a、b 的位置至 c、d 两点,亦使检流计 G 中的电流为零,即电路达到补偿平衡,此时有

$$E_x = I \cdot R_{cd} \tag{3.17.4}$$

则

$$E_x = \frac{E_S}{R_{ab}} \cdot R_{cd} = \frac{E_S}{l_{ab}} \cdot l_{cd} = U_0 \cdot l_{cd} \tag{3.17.5}$$

3. 电池的电动势和内阻的测量

(1) 直接测量法

由式(3.17.5)可知,只要 U_0 一定,测出 l_{cd} 就可以计算出 E_x. 在本实验中 $E_S = 1.018\,66$ V($T = 20\,℃$),为了计算方便,实验时,电流标准化过程中,取电阻丝 a、b 间的长度为 5.093 3 m,调节 R_P 的值,使检流计指零,则

$$E_x = \frac{E_S}{l_{ab}} \cdot l_{cd} = \frac{0.018\,66}{5.093\,3} \cdot l_{cd} = 0.200\,000 \cdot l_{cd} \tag{3.17.6}$$

式(3.17.6)中 0.200 000 为此时电阻丝 MN 单位长度上的电压降. 所以当 K_2 置于"2"调节平衡后,只要测出电阻丝 l_{ab} 的值,就可得到待测电池的电动势.

测量待测电池 E_x 内阻时,可在 E_x 两端并联一标准电阻 R_S,如图 3.17.3 虚线框中所示. 并联后调节电阻丝的长度,使测量电路达到平衡,设此时电阻丝长度为 $l_{c'd'}$,根据全电路的欧姆定律可得电池内阻 $r_内$ 为

$$r_内 = R_S \frac{l_{cd} - l_{c'd'}}{l_{c'd'}} \tag{3.17.7}$$

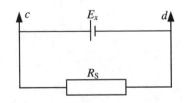

图 3.17.3 电池内阻直接测量电路图

(2) 间接测量法

电池的电动势和内阻也可以用补偿法间接测量.在图 3.17.2 中,将 0、3 两点间电路换成图 3.17.4 所示的虚线框中电路,R_S 为标准电阻.根据全电路欧姆定律,当电路平衡时,有

$$U_{03} = I \cdot R_S = \frac{E_x R_S}{R_S + R + r_内} \quad (3.17.8)$$

$$\frac{1}{U_{03}} = \frac{R_S + r_内}{E_x R_S} + \frac{1}{E_x R_S} \cdot R \quad (3.17.9)$$

令 $a = \frac{R_S + r_内}{E_x R_S}$,$b = \frac{1}{E_x R_S}$,则有 $\frac{1}{U_{03}} = a + bR$.显然 $\frac{1}{U_{03}}$ 与 R 呈线性关系.如果由实验测出数据组 $(R, \frac{1}{U_{03}})$,那么可以用作图法或最小二乘法求出直线的截距 a 和斜率 b,从而求出干电池的电动势和内阻

$$E_x = \frac{1}{bR_S} \quad (3.17.10)$$

$$r_内 = aE_x R_S - R_S = \frac{a}{b} - R_S \quad (3.17.11)$$

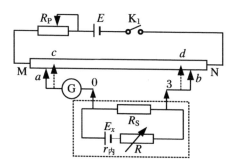

图 3.17.4 电池的电动势和内阻的测定原理图

4. 板式电势差计简介

本实验中采用的板式电势差计又称十一线电势差计,它的构造如图 3.17.5 所示.它实际上是将一根 11 m 长、截面非常均匀的电阻丝折成十一段都是 1 m 长的导线,固定在平板上.其中 a 端通过导线和插头可与 1,2,…,10 等十个插孔中任何一个相连接.b 端是滑动块与铜片接触点的引出端,其活动范围为 0.000～1.000 m,在电势差计调节平衡中起微调的作用.滑块与电阻丝接触的 b 点电动势由顶端接线柱引出,其位置由上面的米尺读出.

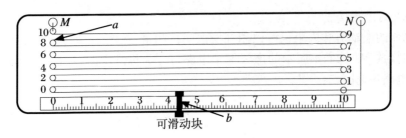

图 3.17.5　板式电势差计装置图

【实验内容与数据记录】

1. 电路连接

按图 3.17.2 所示的电路图连接好电路.

2. 电流标准化调节

取 a、b 间电阻丝的长度 $l_{ab} = 5.0933 \text{ m}$，电键 K_1 闭合，K_2 置于"1"，调节 R_P 的阻值，使检流计示数指零. 即电势差计达到平衡，完成电流标准化调节过程，在以后的测量过程中 R_P 保持不变.

3. 电动势 E_x 和内阻 $R_内$ 的直接测量

将电键 K_1 闭合，K_2 置于"2"，移动 a、b 两点位置，使检流计指零，记下 c、d 间电阻丝的长度 l_{ab} 的值. 按照图 3.17.3 在 E_x 两端并联标准电阻 R_S，移动 c、d 两点位置，使检流计指零，记下此时 c、d 间电阻丝的长度 $l_{c'd'}$ 的值.

4. 电动势 E_x 和内阻 $r_内$ 的间接测量

在内容 3 的电路基础上，将 0、3 两点间的部分拆除，换成图 3.17.4 中虚线框内的电路. 取 $R_S = 100 \text{ Ω}$，$R = 100 \text{ Ω}$，将电键 K_1 闭合，调节 c、d 两点的位置，使检流计指零，记下此时 c、d 间电阻丝的长度 l'_{cd}. 取不同的电阻 R 的值，按照相同的方法测出相应的电阻丝的长度 l'_{cd}，将数据记录于表 3.17.1 中.

表 3.17.1　间接测量干电池电动势与内阻的数据记录表

$R(\Omega)$	100	80	60	40	20
l'_{cd}					
$U_{03} = 0.2 l'_{cd} (\text{V})$					
$1/U_{03} (\text{V}^{-1})$					

【数据处理与误差】

1. 电动势 E_x 的直接测量数据处理

根据测得的电阻丝的长度 l_{cd} 的值,由公式(3.17.6)、(3.17.7)计算出待测干电池电动势 E_x 和内阻 $r_内$ 的大小.

2. 电动势 E_x 和内阻 $r_内$ 的间接测量数据处理

① 根据表 3.17.1 中的数据,以 R 为横坐标,$\frac{1}{U_{03}}$ 为纵坐标,在坐标纸上描出数据点,并画一条直线使所有的点尽可能在这条直线上或均匀分布在直线的两侧,该直线为 $R \sim \frac{1}{U_{03}}$ 曲线. 这条直线方程可写成 $y = a + bx$,根据直线求得截距 a 和斜率 b 的值.

为了作图的准确性,以及减少计算处理,可利用 Excel 电子表格进行处理数据. 若实验测得的数据如表 3.17.2 所示,具体处理如下.

表 3.17.2　间接测量干电池电动势与内阻的数据表

$R(\Omega)$	1	2	3	4	5	6
l'_{cd}(m)	7.689	7.611 5	7.536	7.468 5	7.396 2	7.326 1

首先将表 3.17.2 中的数据输入 Excel 电子表格中,利用 Excel 的函数功能计算出 U_{03} 与 $\frac{1}{U_{03}}$,如图 3.17.6 所示.选中第一列和第四列数据,单击"插入"菜单下的"图表",在"图表向导 4—步骤之 1—图表类型"中的"标准类型"标签下的"图标类型"窗口列表中选择"XY 散点图",在"子图表类型"中选择"散点图",单击"完成"按钮,即可画出散点图. 然后在数据点处单击鼠标右键,在下拉菜单中,选"添加趋势线",在弹出的对话框中的"类型"标签对话框中,选择"线性"拟合,在"选项"标签对话框中,选中"显示公式"和"显示 R 平方",单击"确定",即可画出拟合直线图. 最后通过单击鼠标右键,利用下拉菜单"图标选项""坐标轴格式""绘图区格式"等设置好横坐标、纵坐标以及标题等标注,即可得到图 3.17.7 所示的拟合图.

② 根据 a、b 的值,由公式(3.17.10)和公式(3.17.11),求出干电池的电动势 E_x 和内阻 $r_内$.

③ 根据截距和斜率的不确定度及不确定度传递公式,估算出待测电池电动势和内阻的不确定度.

由图 3.17.7 可得截距 $a = 0.644$,斜率 $b = (y_2 - y_1)/(x_2 - x_1) = 0.006\ 4$. 同时由图可知,纵坐标每小格为 0.002 单位,可以取为纵坐标读数的最大误差 $\Delta_y =$

0.002；而横坐标每小格为 0.2 单位，可以取为横坐标读数的最大误差 $\Delta_x = 0.2$；再将两坐标轴上读数的不确定度类比于仪表读数的不确定度，按 B 类不确定度评定，则 $u(y_1) = u(y_2) = \Delta_y/\sqrt{3} = 0.002/\sqrt{3}$，$u(x_1) = u(x_2) = \Delta_x/\sqrt{3} = 0.2/\sqrt{3}$。将 b 看作是 x_1, x_2, y_1, y_2 的间接测量量，由误差传递公式可得 $u(b) = b\sqrt{\dfrac{u^2(y_2)+u^2(y_1)}{(y_2-y_1)^2} + \dfrac{u^2(x_2)+u^2(x_1)}{(x_2-x_1)^2}}$，$u(a) = u(y_1)$。再进一步求出电源电动势和内阻的不确定度，最后将结果写成标准表达式。

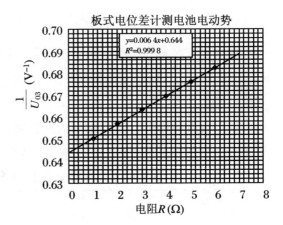

图 3.17.6　数据输入与计算数据图　　　图 3.17.7　R - $1/U_{03}$ 曲线图

【注意事项】

① 工作电源和标准电池或待测电池极性不能接反，极性接反会导致无法达到补偿平衡。

② 标准电池不能当电源使用，不能剧烈晃动，不能倒置。

【思考题】

（本内容在实验报告中完成）

① 为什么要进行电流标准化调节？

② 在电势差计调节平衡时，发现检流计指针始终朝一个方向偏转，这可能是由于什么原因？

③ 调节电势差计平衡的必要条件是什么？为什么？

实验 18　薄透镜焦距的测定

透镜分为凸透镜和凹透镜两类,它是光学仪器中最基本的元件,而透镜的焦距则是反映透镜性质的一个重要参数,透镜的成像位置及其特点(正倒立、大小、虚实等)均与其焦距有关.实际应用中经常需要测定透镜的焦距,所以掌握透镜焦距的常用测量方法具有一定的重要意义.本实验主要了解基本光学元件透镜的特性,学习薄透镜焦距的常用测量方法.

【实验目的】

① 通过不同的实验方法来研究薄透镜的成像规律,了解象散和景深现象.
② 掌握光学系统的共轴等高调节.
③ 掌握常用的焦距测定方法.

【实验仪器与用具】

光具座及附件、白炽光源、平面反射镜、待测凸透镜、待测凹透镜.

【实验原理】

1. 透镜的基本性质

透镜是具有两个折射球面的简单共轴光学系统,薄透镜是指它的厚度远比两个折射球面的曲率半径和焦距小得多的透镜.

在近轴物、近轴光线条件下,薄透镜(凸、凹)的成像规律均可以表示为公式

$$\frac{1}{u} + \frac{1}{v} = \frac{1}{f} \tag{3.18.1}$$

式(3.18.1)中,u 表示物距,v 表示像距,f 表示透镜的焦距.u、v 和 f 均从透镜的光心算起,如图 3.18.1 所示.式(3.18.1)即为透镜成像公式,又称高斯公式.并规定物距 u 实物为正,虚物为负;像距 v 实像为正,虚像为负;对凸透镜 f 为正值,凹透镜 f 为负值.

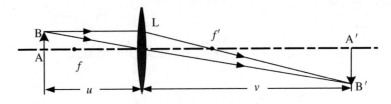

图 3.18.1　物距像距法测凸透镜焦距光路图

2. 凸透镜焦距的测量原理

(1) 物距像距法

如图 3.18.1 所示,在 $u>f$ 的条件下,物体 AB 发出的光,经过凸透镜折射后将在另一侧成一倒立的实像 $A'B'$,只要在光具座上分别读出物体、透镜及像所在的位置读数,计算出物距 u 和像距 v,代入式(3.18.1)即可求出透镜的焦距

$$f = \frac{uv}{u+v} \tag{3.18.2}$$

(2) 共轭法(又称贝塞尔法、二次成像法)

利用凸透镜物像共轭对称成像的性质测量凸透镜焦距的方法称为共轭法. 如图 3.18.2 所示,固定物屏与像屏的间距为 $l(l>4f')$,并保持不变. 当凸透镜在物屏与像屏之间移动时,像屏上可以成两次像:当设物距为 u,对应像距为 v 时,成放大倒立实像;物距为 u',对应像距为 v' 时,成缩小倒立实像. 两次成像透镜的两个位置(Ⅰ和Ⅱ)之间的距离为 d. 由物像共轭性质,有

$$u = v' = \frac{l-d}{2}, \quad v = u' = \frac{l+d}{2} \tag{3.18.3}$$

将式(3.18.3)代入式(3.18.1)中,得

$$f = \frac{l^2 - d^2}{4l} \tag{3.18.4}$$

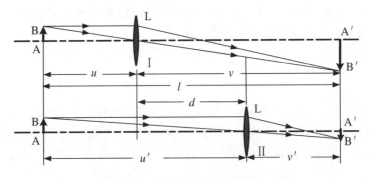

图 3.18.2　共轭法测凸透镜焦距光路图

可见,在光具座上分别读出物屏、像屏及两次成像时透镜所在的位置读数,计算出 d 和 l,代入式(3.18.4),即可求出透镜的焦距.

(3) 自准直法

当物体 AB 处于凸透镜的物方焦平面时,由物体 AB 发出的光经凸透镜折射后,将成为不同方向的平行光,如图 3.18.3 所示.如果在透镜后面放一个与透镜光轴垂直的平面反射镜 M,则不同方向的平行光经 M 反射后,再经过透镜折射,在凸透镜的物方焦平面处,成一等大倒立的实像 A'B',此方法是利用调节实验装置本身使之产生平行光以达到调焦目的的,所以称为自准直法.此时物体和透镜之间的距离应等于焦距,可见在光具座上读出透镜和物屏的位置读数,即可求出焦距.

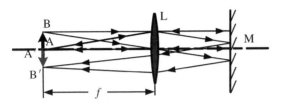

图 3.18.3　自准直法测凸透镜焦距光路图

3. 凹透镜焦距的测量原理

(1) 物距像距法

凹透镜是发散透镜,用透镜成像公式测量凹透镜的焦距时,凹透镜成的像为虚像,且虚像的位置在物和凹透镜之间,因而无法直接测量物距和像距来求焦距,常用一辅助透镜来测其焦距.

如图 3.18.4 所示,设物体 AB 发出的光经辅助透镜 L_1 后成实像于 A'B',若在凸透镜 L_1 和像 A'B'之间加上待测焦距的凹透镜 L_2,由于凹透镜的发散作用,将成实像于 A″B″处,则 A'B'和 A″B″相对于 L_2 来说是虚物体和实像.在光具座上读出凹透镜 L_2、虚物 A'B'、实像 A″B″的位置读数,计算出物距 u(u 取负值)和像距 v,代入式(3.18.1)即可算出凹透镜的焦距 f.

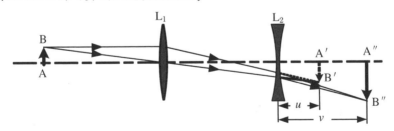

图 3.18.4　物距像距法测凹透镜焦距光路图

(2) 自准直法测凹透镜焦距

如图 3.18.5 所示,将物体 AB 放在凸透镜 L_1 的主轴附近,让物点 A 成像于 A'的位置,保持凸透镜 L_1 的位置不变,在 L_1 与像点 A'之间加入待测凹透镜 L_2,移动凹透镜 L_2,使由经平面反射镜反射的光再经过 L_2 和 L_1 折射后,仍成像于 A 点.

此时,从凹透镜到平面反射镜的光将是平行光,A′点就成为由平面镜 M 反射回去的平行光的虚像点,也就是凹透镜 L_2 的焦点.所以在光具座上读出 L_2 和 A′ 的位置读数,即可求出凹透镜的焦距.

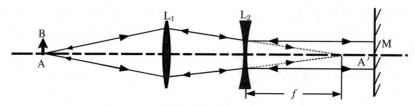

图 3.18.5　自准直法测凹透镜焦距光路图

【实验内容与数据记录】

1. 光学系统的共轴等高调节

薄透镜成像公式仅在近轴物、近轴光线的条件下才成立.对于几个光学元件构成的光学系统进行共轴调节是光学测量的先决条件,对几个光学元件组成的光路,应使各光学元件的主光轴重合,才能满足近轴光线的要求.习惯上把各光学元件主光轴的重合称为共轴等高.本实验要求光轴与光具座的导轨平行,实验前需要将光学元件共轴等高调节,调节分两步进行.

(1) 粗调

将安装在光具座上的所有光学元件沿导轨靠拢在一起,用眼睛观察,使各元件的中心等高,且平行于导轨的基线.

(2) 细调

对单个透镜可以利用成像的共轭原理进行调整.实验时,为使物的中心、像的中心和透镜光心达到"共轴等高"要求,只要在透镜移动过程中,大像中心和小像中心重合就可以了.

对于多个透镜组成的光学系统,则应先调节好物的中心与一个透镜共轴,不再变动,再逐个加入其余透镜进行调节,直到所有光学元件都共轴为止.

2. 确定清晰像的位置

由于景深现象的存在,清晰像的位置较难确定,能够正确判断成像的清晰位置是该实验获得准确结果的关键,为了准确地找到像的最清晰位置,常采用左右逼近法读数,先使透镜从左向右移动,到成像清晰为止,记下透镜位置读数,再从右向左移动,亦到像清晰为止,记下透镜的位置读数,取其平均值作为成像的最佳位置.

3. 测量凸透镜焦距

(1) 物距像距法测凸透镜焦距

用具有箭形开孔的金属屏作为物屏,用白炽灯光源照亮该屏,按照图 3.18.1

所示,使物屏与像屏之间的距离 $l>4f$.移动透镜采用左右逼近法确定透镜的位置,在像屏上得到清晰实像,记下各光学元件位置读数,重复测量3次,将数据记录于表3.18.1中,并计算出 u 和 v.

表 3.18.1　物距像距法测凸透镜焦距的数据记录表

次数	物屏位置 X_1	透镜位置 X_2	像屏位置 X_3	$u=\|X_2-X_1\|$	$v=\|X_3-X_2\|$
1					
2					
3					

(2) 共轭法测凸透镜焦距

按照图3.18.2的光路,将物屏和像屏放置在光具座导轨上,使物屏与像屏之间的距离 $l>4f$,记录物屏、像屏的读数 X_1,X_2,在物屏和像屏之间加入凸透镜,移动凸透镜采用左右逼近法确定透镜的位置,当像屏上成清晰放大实像时,记录凸透镜所在位置读数 $X_Ⅰ$;移动凸透镜,当像屏上成清晰缩小实像时,再次记录凸透镜所在位置读数 $X_Ⅱ$,计算出 l 和 d.改变物屏、像屏的位置,重复测量3次,将数据记录于表3.18.2中.

表 3.18.2　二次成像法测凸透镜焦距的数据记录表

次数	物屏位置 X_1	成大像透镜位置 $X_Ⅰ$	成小像透镜位置 $X_Ⅱ$	像屏位置 X_2	$l=\|X_1-X_2\|$	$d=\|X_Ⅰ-X_Ⅱ\|$
1						
2						
3						

(3) 自准直法测凸透镜焦距

按照图3.18.3所示,将物屏位置固定,反复调节凸透镜位置,并将平面反射镜靠近凸透镜,调整反射镜俯仰和左右,直到在物屏上得到箭形的清晰、等大、倒立实像时,即满足自准直光路.记录物屏和凸透镜的位置读数.重复测量3次,将数据记录于表3.18.3中.

表 3.18.3 自准直法测凸透镜焦距的数据记录表

次数	物屏位置 X_1	透镜位置 X_2
1		
2		
3		

4. 测量凹透镜的焦距

(1) 物距像距法测凹透镜焦距

按照图 3.18.4 所示,先用辅助凸透镜 L_1 把物体 AB 成像在 $A'B'$ 处的像屏上,记录像屏的位置读数 X_2,然后将待测凹透镜 L_2 置于 L_1 与 $A'B'$ 之间的适当位置,并移动像屏,使像屏上重新得到清晰的像 $A''B''$,读出 $A''B''$ 和凹透镜 L_2 的位置 X_3 和 X_1,计算出 u 和 v.改变凸、凹透镜的位置,重复测量 3 次,将数据记录于表 3.18.4 中.

表 3.18.4 物距像距测凹透镜焦距的数据记录

次数	凹透镜位置 X_1	像 $A'B'$ 位置 X_2	像 $A''B''$ 位置 X_3	$u = \|X_1 - X_2\|$	$v = \|X_1 - X_3\|$
1					
2					
3					

(2) 自准直法测凹透镜焦距

按照图 3.18.5 所示,将物屏放在凸透镜 L_1 的 2 倍焦距以外,物体 AB 经过凸透镜成像于 A' 的位置,记录凸透镜和像屏的位置读数 X_1 和 X_2;固定凸透镜 L_1 的位置不变,在凸透镜与像屏之间加入待测凹透镜和平面镜,移动凹透镜和调节平面反射镜,使由经平面反射镜反射的光经过 L_2 和 L_1 后,在物屏上成一清晰的实像,记下凹透镜的位置 X_3.改变透镜 L_1 和 L_2 的位置,重复测量 3 次,将数据记录于表

3.18.5 中.

表 3.18.5　自准直法测凹透镜焦距的数据记录

次数	凸透镜位置 X_1	像屏位置 X_2	凹透镜位置 X_3
1			
2			
3			

【数据处理与误差】

1. 凸透镜焦距计算

(1) 物距像距法

利用表 3.18.1 中的物距和像距,代入式(3.18.2)算出焦距,估算不确定度.

由于景深和人的主观判断造成清晰成像的位置有一定的范围,所以直接影响到像位置的确定和测量,进而引起透镜焦距的测量误差.

为了讨论透镜成像位置的不确定引入的测量误差,采用以下方案来估算不确定度.

实验中先固定物屏和像屏,再用左右逼近的方法确定透镜的位置,测出观察到清晰成像的范围 $\Delta X_2 = u(X_2)$,以及将该范围的中心确定为透镜的位置 X_2. 对物屏和像屏的位置做单次测量,得到 X_1 和 X_3,单次测量位置的不确定度源于仪器误差,如物屏位置的不确定度为 $u(X_1) = 1\,\text{mm}/\sqrt{3} = 0.58\,\text{mm}$(用米尺测量),像屏位置的不确定度为 $u(X_3) = 1\,\text{mm}/\sqrt{3} = 0.58\,\text{mm}$. 由间接测量的误差传递公式得焦距的不确定度为

$$u(f) = \sqrt{\left(\frac{\partial f}{\partial u}\right)^2 [u(u)]^2 + \left(\frac{\partial f}{\partial v}\right)^2 [u(v)]^2}$$

$$= \frac{1}{(u+v)^2}\sqrt{v^4 [u(u)]^2 + u^4 [u(v)]^2}$$

其中, $u(u) = \sqrt{[u(X_1)]^2 + [u(X_2)]^2}$, $u(v) = \sqrt{[u(X_2)]^2 + [u(X_3)]^2}$.

(2) 二次成像法

利用表 3.18.2 中的 l 和 d,代入式(3.18.4)算出焦距,与数据处理(1)同理估算不确定度.

(3) 自准直法

利用表 3.18.3 中的数据计算出焦距,与数据处理(1)同理估算不确定度.

2. 凹透镜焦距计算

(1) 物距像距法

利用表 3.18.4 中的物距和像距,代入式(3.18.2)算出焦距,与数据处理(1)同

理估算不确定度.

(2) 自准直法

利用表 3.18.5 中的数据计算出焦距,与数据处理(1)同理估算不确定度.

【注意事项】

① 不能用手触摸透镜的光学面,透镜需要轻拿轻放.

② 由于透镜成像会存在景深现象,所以观察到的像在一定范围内都清晰,为使测量结果接近真实值,记录数据时应采用左右逼近的方法确定透镜的位置.

【思考题】

(本内容在实验报告中完成)

① 为什么要调节光学系统共轴?调节共轴有哪些要求?怎样调节?

② 为什么在测量凹透镜焦距时,先使凸透镜成一缩小的实像?当放上凹透镜后,这个像位于凹透镜的焦点之外还是之内?为什么?

③ 物距像距法测凹透镜焦距时,成像的位置较难确定,实验中应如何克服这一困难?

④ 二次成像法测凸透镜焦距时,必须使物屏与像屏之间的距离大于 4 倍焦距?

实验 19 等 厚 干 涉

光的干涉通常用作各种精密的测量,如薄膜厚度、微小角度、曲面的曲率半径等几何量,也普遍应用于磨光表面质量的检查.牛顿环和劈尖是两个较为典型分振幅干涉的例子.其中牛顿环是 1675 年牛顿发现的一种等厚薄膜干涉,它是一个实验装置简单但应用性很强的实验,适用于测定大曲率的球面半径,且球面可以是凸面也可以是凹面.

【实验目的】

① 观察光的等厚干涉现象及其特点.

② 学习读数显微镜的使用方法.
③ 掌握利用等厚干涉法测量曲率半径和薄片厚度.
④ 学习利用逐差法进行处理数据.

【实验仪器与用具】

读数显微镜、钠光灯、牛顿环仪、劈尖.

【实验原理】

1. 光的干涉
(1) 干涉原理

如果两列波频率相同,振动方向几乎相同,并且在相遇处有稳定的相位差,那么这两列波称为相干波.两列相干波叠加,有的地方振动始终加强,有的地方振动始终减弱,这种现象称为干涉现象.光是一种电磁波,同样满足上面所说的规律.但是除激光外,任何两个普通光源发出的光,即使频率相同,振动方向相同,也是不相干的.这是由于两个普通光源所发出的光在相遇点不可能保持恒定的振动相位差,原因是普通光源发出的光波是由各个原子发出的波列组成的,而这些波列之间没有固定的相位关系.

(2) 产生相干光的方法

为了观察到稳定的光的干涉现象,把同一光源发出的光分成两束,然后让这两束光在空间中经不同的路径传播后相遇.在分离点,两束光的相位是相同的,那么在相遇点两束光的相位差完全由空间中的传播路径来决定,因而在相遇点产生稳定的干涉图样.

把一束光分成两束光通常有两种方法.一是从同一波阵面上取出两部分作为发射相干波的次波波源,这种方法称为分波面法;另一种方法是把光投射到两种介质的分界面上,一部分反射一部分折射,光能被分成两部分,光的振幅也被分成两份,这种方法称为分振幅法.牛顿环和劈尖都是采用分振幅法获得相干光的.

2. 牛顿环

一块曲率半径很大的平凸透镜的凸面和一磨光平板玻璃相接触,在透镜的凸面和平板玻璃之间就形成了空气薄膜.如果一束光垂直地投射上去,入射光在空气薄膜的上下表面先后发生发射,两列反射光波在薄膜的上表面相遇,发生干涉,形成干涉图样,如图 3.19.1 所示.

设 d 为空气膜厚度,λ 为入射光波长,如图 3.19.2 所示,则两列相干光在相遇

处的光程差

$$\delta = 2d + \frac{\lambda}{2} \tag{3.19.1}$$

图 3.19.1　牛顿环装置与干涉示意图

其中,$\lambda/2$ 一项是由两束相干光中,一束光从光疏介质(空气)射向光密介质(玻璃)在分界面上反射时发生"半波损失"引起的.

$$\delta = 2d + \frac{\lambda}{2} = \begin{cases} k\lambda & k = 1,2,3\cdots \text{(明纹)} \\ (2k+1)\frac{\lambda}{2} & k = 0,1,2\cdots \text{(暗纹)} \end{cases} \tag{3.19.2}$$

式(3.19.2)中,k 为干涉级数.设待测透镜的凸面的曲率半径为 R,干涉圆环条纹的半径为 r,由图3.19.2中几何关系可得

$$R^2 = r^2 + (R-d)^2 \tag{3.19.3}$$

$$r^2 = 2Rd - d^2 \tag{3.19.4}$$

由于 $R \gg d$,略去高阶小量 d^2,得

$$d = \frac{r^2}{2R} \tag{3.19.5}$$

将式(3.19.5)代入明、暗干涉条纹的公式(3.19.2)中,得

$$r^2 = (2k+1)R\frac{\lambda}{2} \quad \text{(明纹)} \tag{3.19.6}$$

$$r^2 = kR\lambda \quad \text{(暗纹)} \tag{3.19.7}$$

图 3.19.2　牛顿环光路图

显然,干涉圆环是明纹还是暗纹完全由 r 来决定,因此观察到的是以 O 点为圆心的一系列明暗相间的同心圆环,称为牛顿环.

实验中利用暗纹公式,由波长为 λ 的单色光所形成的暗环来测定透镜半径 R. 应注意式(3.19.7)是认为接触点 $O(r=0)$ 是点接触,且接触处无脏物或灰尘存在,但是实际上接触处玻璃总要受到机械压力而产生一定的形变,因此凸透镜和平板玻璃之间不可能为理想的点接触,而是很小的面接触,且可能存在脏物或灰尘,所

以靠近中心 O 处是一块模糊的暗斑,近圆心处圆环比较模糊和粗阔,以致难以判定环纹的干涉级数 k,即干涉条纹的级数和序数不一定一致.

为了减少误差,提高测量精度,通常是测量两个距离中心较远的、比较清晰的两个条纹的直径(因圆心难以确定,通过测量直径计算出半径).例如,测得环序数为 m 的暗纹的直径为 D_m,设该环真正的干涉级别为 $m+j$(j 为未知的修正项),则有

$$D_{m_1}^2 = 4(m_1 + j)R\lambda \tag{3.19.8}$$

同理,测出环序数为 n 的暗纹直径 D_n,显然对于同一个牛顿环来说,修正项 j 是不变的,则有

$$D_n^2 = 4(n + j)R\lambda \tag{3.19.9}$$

由式(3.19.8)和式(3.19.9)消去 j 得到

$$R = \frac{D_m^2 - D_n^2}{4(m-n)\lambda} \tag{3.19.10}$$

式(3.19.10)中不含有干涉级数,实验时利用式(3.19.10)来测量球面曲率半径解决了干涉条纹的级数与序数不一致的问题.

3. 劈尖干涉

当两片很平整的玻璃板叠合在一起,并在其一端垫入薄片时,两玻璃片之间就形成了一楔形空气薄膜(空气劈尖),如图 3.19.3 所示.在单色光束垂直照射下,在空气劈尖上、下表面反射后形成了两束相干光,在空气劈的上表面相遇,产生干涉,干涉条纹是平行于二玻璃板交线的明暗相间的等间距条纹,如图 3.19.4 所示.

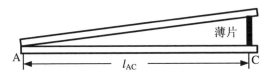

图 3.19.3 劈尖示意图

图 3.19.4 劈尖干涉图样

可以证明,相邻明纹或暗纹对应空气膜的厚度差为 $\lambda/2$,若劈尖棱到薄膜某一处的距离为 L,在这段距离之间有 N 条明纹或暗纹,则该处薄膜厚为

$$d = N \cdot \frac{\lambda}{2} \tag{3.19.11}$$

利用 $N = nL$,其中 n 为单位长度内明纹或者暗纹的数目,即环纹密度,所以

$$d = nL \cdot \frac{\lambda}{2} \tag{3.19.12}$$

由此可见,在已知单色光照射的前提下,测出干涉条纹的线密度 n 和劈尖棱到待测薄片的距离 l_{AC},就能测出待测薄片的厚度 d.

综上所述,牛顿环和劈尖干涉的干涉条纹均取决于空气薄膜的厚度,因此这两

种干涉又称等厚干涉.

【实验内容与数据记录】

1. 利用牛顿环测量平凸透镜球面的曲率半径

(1) 调节测量仪器

① 在室内灯光下直接用眼睛观察牛顿环仪,调节框上的螺丝使干涉环呈圆形,并位于牛顿环仪的中央,注意不要把螺丝拧得太紧,防止透镜变形.

② 把仪器按图 3.19.5 所示装配好,使用单色扩展光源钠光灯照明.由光源 S 发出的光照射到读数显微镜的半透玻璃板 G 上,使一部分光由玻璃板反射进入牛顿环仪.调节半透玻璃板 G,使显微镜视场中观察到明亮的黄色视场.

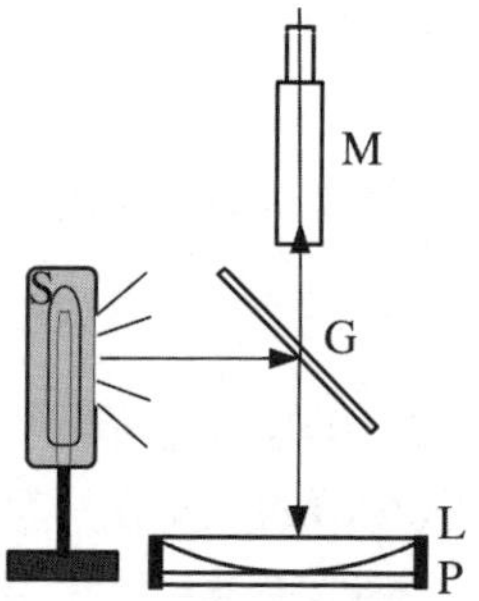

③ 调节读数显微镜 M 的目镜,使目镜中能观察到清晰的叉丝.使读数显微镜对准牛顿环的中心,由下往上移动镜筒,对干涉条纹进行调焦,使得观察到的干涉条纹尽可能的清晰,并与镜筒的测量叉丝之间无视差.最后调节叉丝,使得其中一根叉丝与显微镜的镜筒移动方向垂直,如图 3.19.6 所示,移动时始终保持这根叉丝与干涉条纹相切,以便于测量.

图 3.19.5 仪器装配示意图

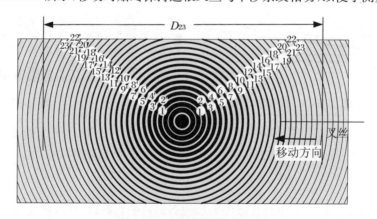

图 3.19.6 干涉条纹的测量

(2) 用读数显微镜测量干涉条纹的半径

首先找到牛顿环的中心环,然后由中心环开始向一侧移动读数显微镜,同时数出叉丝扫过环的数目,达到 25 环后再回转鼓轮(消除回程差).当叉丝和 22 环一侧相切时,开始读数,继续转动鼓轮,使叉丝先后与 21,20,19,…,3 环的一侧相切,读出这些干涉环纹的位置读数,继续转动鼓轮,叉丝越过中心暗斑,再次分别与 3,4, …,22 环的另一侧相切,同样读出位置读数并记录.同一环两侧位置读数之差的绝对值就是该环的直径,进一步可得出干涉环纹的半径.

表 3.19.1 牛顿环数据测量记录表

环纹序数 m	环纹位置读数		环纹直径 (mm)	环纹序数 n	环纹位置读数		环纹直径 (mm)	$\Delta = D_m^2 - D_n^2$ $(m-n=10)$
	$x_{左}$(mm)	$x_{右}$(mm)			$x_{左}$(mm)	$x_{右}$(mm)		
22				12				
21				11				
20				10				
19				9				
18				8				
17				7				
16				6				
15				5				
14				4				
13				3				

2. 用劈尖干涉测量薄片的厚度

① 把劈尖置于读数显微镜的载物台上,调节读数显微镜,观察干涉条纹.

② 调节读数显微镜的叉丝方位和劈尖放置的方位,使显微镜筒移动方向和干涉条纹垂直,以便准确测量.

③ 测出单位长度内暗纹的数目,再测出劈尖棱与薄片之间的距离 l_{AC},将数据记录于表 3.19.2 中.

表 3.19.2 劈尖干涉数据记录表

次数	X_m(mm)	X_{m+10}(mm)	$L_x = |X_{m+10} - X_m|$(mm)
1			
2			
3			
4			
5			
6			
		$\overline{L_x}$(mm)	
	环纹密度 $n = 10/\overline{L_x}$(条/mm)		
		l_{AC}(mm)	

【数据处理与误差】

1. 牛顿环测透镜的曲率半径测量数据处理

(1) 取 $m - n = 10$，已知钠黄光的波长为 589.3 nm，用逐差法计算出 $\overline{D_m^2 - D_n^2}$，然后代入公式 $\overline{R} = \overline{D_{m_2}^2 - D_{m_1}^2}/[4(m-n)\lambda]$ 中计算曲率半径的最佳估计值 $\overline{R}$。

(2) 计算不确定度

$\overline{D_m^2 - D_n^2}$ 的 A 类不确定度为 $u_A(\overline{D_m^2 - D_n^2}) = s(D_m^2 - D_n^2) = \sqrt{\sum_i (\Delta_i - \overline{\Delta_i})^2/[10\times(10-1)]}$。

$D_m^2 - D_n^2$ 的 B 类不确定度源自仪器，对读数显微镜而言，$\Delta_{仪} = 0.01$ mm。直接测量干涉环纹位置时 $u(x_左) = u(x_右) = u(x) = \Delta_{仪}/\sqrt{3}$，所以 $u_B(D_m) = u_B(D_n) = u_B(D) = \sqrt{2}\,u(x)$。由间接测量的误差传递公式有 $u_B(D_m^2 - D_n^2) = \sqrt{(2D_m)^2[u_B(D_m)]^2 + (2D_n)^2[u_B(D_n)]^2} = 2u_B(D)\sqrt{D_m^2 + D_n^2}$。

则合成不确定度为 $u(\overline{D_m^2 - D_n^2}) = \sqrt{[u_A(\overline{D_m^2 - D_n^2})]^2 + [u_B(D_m^2 - D_n^2)]^2}$。$\overline{R}$ 的不确定度为 $u(\overline{R}) = \dfrac{u(\overline{D_m^2 - D_n^2})}{4(m-n)\lambda}$。

(3) 将测量值写成标准表达式

透镜的曲率半径为 $R = \overline{R} \pm u(\overline{R})$。

2. 劈尖干涉测量薄片的厚度

根据表 3.19.2 中的数据，光波波长为 589.3 nm，与数据处理 1 类似计算出薄片的厚度 d 及不确定度，这里不再重复。

【注意事项】

① 仪器调节中，要使读数显微镜的视场明亮，因此开始的粗调要认真调好。
② 干涉条纹的序数不要数错，如发现不对，应该重新测量。
③ 防止实验装置受到震动引起干涉条纹的变化。
④ 防止显微镜的"回程误差"，在整个测量过程中，鼓轮只能沿一个方向转动，稍有反转，全部数据都应作废，重新测量。

【思考题】

（本内容在实验报告中完成）

① 扩展光源对实验有什么影响？
② 能否改变实验光路，观察透射光产生的干涉条纹？
③ 用同样的方法，能否测定凹透镜的曲率半径？
④ 牛顿环和劈尖干涉都是等厚干涉，为什么前者的干涉条纹是一系列的同心圆环，且半径越大条纹越密，而后者是均匀排列的直条纹？

实验 20　分光计的调节及三棱镜玻璃折射率的测定

分光计是一种常见的测量角度的精密光学仪器，基于反射、折射、衍射等物理现象，用分光计可以测定偏振角（验证布儒斯特定律）、偏向角（测定三棱镜折射率）、衍射角（用光栅测定光波波长）等．由于该仪器比较精密，控制部件较多且结构复杂，所以使用时必须严格按照一定的规则和程序进行调整，方能获得较高精度的测量结果．分光计的调整思想、方法与技巧，在光学仪器中有一定的代表性，学会对它的调节和使用方法是今后使用其他复杂光学仪器（摄谱仪、单色仪等）的基础．

【实验目的】

① 了解分光计的结构，掌握分光计的调节和使用方法．
② 了解测定三棱镜顶角的方法．
③ 掌握用最小偏向角法测定三棱镜玻璃的折射率．

【实验仪器与用具】

分光计、钠光灯、三棱镜、平面双面反射镜．

【实验原理】

三棱镜是实验室中重要的分光元件，至少有两个透光的光学面，其夹角称为三棱镜的顶角．
（1）自准直法测定三棱镜的顶角
图 3.20.1 为自准直法测三棱镜顶角 A 的光路图，其中 AB、AC 面分别为三棱镜的两个光学面．当光线垂直于 AC 面入射时，光将沿原路返回，根据自准直原

理,记下此时光线入射方位 φ_1,然后使光线垂直于 AB 面入射,记下此时入射光线的方位 φ_2,则两次入射光方向的夹角 $\varphi = |\varphi_2 - \varphi_1|$,而三棱镜的顶角

$$A = 180° - \varphi \tag{3.20.1}$$

(2) 用最小偏向角法测定三棱镜玻璃的折射率

如图 3.20.2 所示,一束平行的单色光以入射角 i_1 入射到三棱镜的 AB 面上,经三棱镜两次折射后,从另一面 AC 面出射,出射角为 i_2'.入射光与出射光方向的夹角 δ 称为偏向角.当棱镜顶角 A 一定时,偏向角 δ 的大小随入射角 i_1 的变化而变化.如果转动三棱镜,使入射角 i_1 等于出射角 i_2' 时,偏向角 δ 为最小,此时的偏向角称为最小偏向角,记为 $\delta_{\min}$.

由光路的对称性,可知 $i_1' = A/2 = i_2$,由图 3.20.2 中各角的几何关系易得,最小偏向角与顶角 A 之间存在关系

$$\frac{\delta_{\min}}{2} = i_1 - i_1' = i_1 - \frac{A}{2} \tag{3.20.2}$$

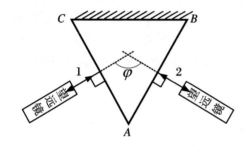
图 3.20.1　自准直法测顶角光路图

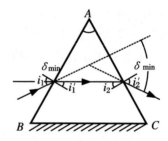
图 3.20.2　三棱镜最小偏向角原理图

由式(3.20.2)得

$$i_1 = \frac{1}{2}(\delta_{\min} + A) \tag{3.20.3}$$

假设三棱镜玻璃折射率为 n,空气折射率为 1,光在 AB 面折射满足折射定律,则有

$$\sin i_1 = n\sin i_1' \tag{3.20.4}$$

由式(3.20.3)和式(3.20.4)得

$$n = \frac{\sin i_1}{\sin \frac{A}{2}} = \frac{\sin \frac{\delta_{\min} + A}{2}}{\sin \frac{A}{2}} \tag{3.20.5}$$

利用分光计测出顶角 A 及最小偏向角 $\delta_{\min}$,即可由式(3.20.5)计算出三棱镜对该种色光的折射率 n.折射率是光波长的函数,非单色光源(如汞光灯)发出的光,经过三棱镜折射后,其中各单色光成分会有不同的偏向角,可以分别测量.

【实验内容与数据记录】

1. 了解分光计的结构

JJY 型分光计的构造请参阅第 2 章有关内容.

2. 分光计的调节

分光计是在平行光中观察有关现象和测量角度的,因此应达到以下三个要求:准直管发出平行光,望远镜适应观察平行光,望远镜、准直管的光轴均垂直于仪器主轴.

(1) 粗调

① 目镜调焦.旋转"目镜视度调节手轮"(即调节目镜与叉丝之间的距离),看清测量用十字叉丝.调节方法是把"目镜调节手轮"轻轻旋出或旋进,从目镜中观察,直到分划板刻线清晰为止.

② 将载物台调节至合适高度,并与游标盘固定.

③ 目测,将载物台、望远镜光轴和准直管光轴尽量调节成水平.在分光计调节中,粗调是很重要的,如果不认真调节,可能会给细调造成困难,甚至无法进行细调.

(2) 细调

① 调节望远镜适应观察平行光

调节望远镜适应观察平行光其实质是将分划板调到物镜焦平面上.点亮"小十字叉丝"照明用灯泡,将分光计附件——平面双面反射镜(或三棱镜),如图 3.20.3 所示,放在载物台上(注意放置方位,如图放置主要由一个螺丝控制一个反射面的倾斜度).

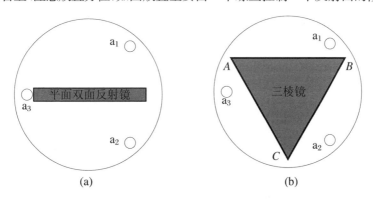

图 3.20.3　载物台上调节反射镜放置的示意图

将望远镜垂直对准平面双面反射镜(三棱镜)的一个反射面,利用自准直原理,使阿贝式自准直目镜中的"十字窗"发出的光经过望远镜物镜折射后再经过平面双面镜反射,由物镜再次聚焦于目镜的分划板上,形成绿色"小十字叉丝"像.左右慢慢转动载物台,观察是否能看到绿色"小十字叉丝"的反射像,若粗调认真,不难找到反射像,若观察不到反射像,需要稍微调节图 3.20.3(a)中的 a_1 或 a_2 螺丝,再慢慢左右转动载物台去找.

观察到"小十字叉丝"的反射像后,若反射像模糊不清,松开"目镜锁紧螺丝",前后调节目镜筒,直到"小十字叉丝"像清晰、无视差,此时望远镜已适合观察平行光,拧紧"目镜锁紧螺丝",以后的调节中不可再改变调焦状态.

② 调整望远镜光轴与仪器转轴垂直

准直管和望远镜的光轴分别与入射光和出射光的方向对应,为了准确测量角度,必须分别使它们的光轴与刻度盘平行,刻度盘在制造时已垂直于分光计的中心转轴,因此,当望远镜光轴与分光计的中心转轴垂直时,就达到了与刻度盘平行的要求,具体调节如下.

将平面双面反射镜如图 3.20.3(a)所示放置在载物台上,转动载物台使望远镜分别对准平面双面镜正反两个面,使正反两面两次分别能观察到绿色"小十字叉丝"的反射像.

应特别注意:在调节时,经常出现从平面镜的一面见到了绿色"小十字叉丝",而在另一面则找不到,这可能是粗调不细致造成的.如果望远镜光轴和载物台面均显著不水平,这时要重做粗调;如果望远镜光轴及载物台面无明显倾斜,这时往往是"小十字叉丝"在视场之外,可适当调节望远镜的倾角去观察.

一般情况下,正反两镜面反射形成的绿色"小十字叉丝"像和"调整叉丝"不重合,一面在"调整叉丝"下方,另一面在"调整叉丝"上方,如图 3.20.4 所示.

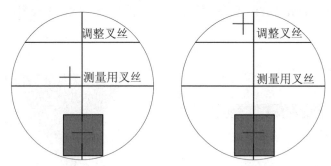

图 3.20.4　两面反射的"小十字叉丝"像

若正反两镜面反射均能观察到"小十字叉丝"像,假设其中一面的"小十字叉丝"像在调整线上(图 3.20.5(a)),说明此时望远镜光轴与镜面垂直;另一面的"小十字叉丝"像不在调整线上(图 3.20.5(b)),此时调节"望远镜光轴高低调节螺丝",改变望远镜倾斜度,使"小十字叉丝"和"调整叉丝"之间的距离减少一半(图 3.20.5(c));再调节"载物台调平螺丝 a_1"使"小十字叉丝"和"调整叉丝"重合(图

3.20.5(d)),此时望远镜光轴就与转轴垂直了.在实际调节中,由于距离减少一半并非精确控制,所以需要将载物台旋转180°,使望远镜对着平面镜的反面,采用同样的方法再调节.如此重复几次调整,直至转动载物台时,从平面镜反射回来的"小十字叉丝"像都能与"调整叉丝"重合为止.这时望远镜的光轴和分光计的中心转轴相互垂直,常称这种调整法为逐次逼近各半调整法.

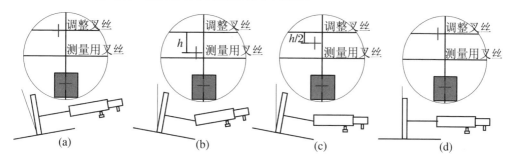

图 3.20.5　逐次逼近调各半整法原理图

③ 调整准直管发出平行光并使其光轴垂直仪器转轴

由于望远镜是适应观察平行光的,当准直管射出的是平行光,则狭缝成像于望远镜物镜的焦平面上,在望远镜中就能观察到清晰的狭缝像,并且与分划板无视差.这一过程实质是将被照明的狭缝调到准直管物镜焦平面上,物镜将出射平行光,调整过程如下.

取下平面双面反射镜,用照明光源(钠光灯)照亮狭缝,将望远镜转向准直管主轴方向,在望远镜目镜中观察狭缝像,沿轴向移动狭缝装置,直至观察到的狭缝像清晰,表明准直管已发出平行光.再将狭缝转向横向(水平),调节"准直管光轴高低调节螺丝",将狭缝的像调到"测量用叉丝"横线上,如图3.20.6(a)所示.这表明准直管光轴已与望远镜光轴共线,所以也垂直于仪器转轴.最后,将狭缝调成竖直,如图3.20.6(b)所示.拧紧"狭缝装置锁紧螺丝".

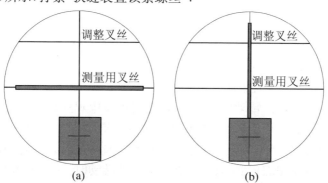

图 3.20.6　狭缝像位置示意图

3. 用自准直法测定三棱镜顶角

(1) 三棱镜的调整

将三棱镜如图 3.20.3(b)所示放置在载物台上,依据自准直原理,转动载物台使 AC 面正对望远镜,先调节 a_1 或 a_3 螺丝,使 AC 面与望远镜光轴垂直,也就是使"小十字叉丝"的像与"调整叉丝"重合(注意:不可调节望远镜的"望远镜光轴高低调节螺丝",否则就破坏了分光计的标准);然后使 AB 面正对望远镜,只能调节 a_2,使 AB 面与望远镜垂直.反复调节,直至 AB、AC 两个侧面反射形成的"小十字叉丝"像都在"调整叉丝"横线上.这样,三棱镜的两个光学面 AB、AC 都与分光计中心轴平行.

(2) 三棱镜顶角的测量

固定游标盘,拧紧"刻度盘与望远镜锁紧螺丝",以便将望远镜和刻度盘固定在一起,使得刻度盘和望远镜同步转动.对两游标作一适当标记,分别称左游标和右游标,转动望远镜使望远镜的光轴垂直于 AC 面,由左右两个角游标读出望远镜的方位位置读数 $\varphi_左$ 和 $\varphi_右$;再转动望远镜使望远镜的光轴垂直于 AB 面,从左右两个角游标读出望远镜的方位位置读数 $\varphi_左'$ 和 $\varphi_右'$,则三棱镜的顶角

$$A = 180° - \frac{1}{2}(|\varphi_左' - \varphi_左| + |\varphi_右' - \varphi_右|) \quad (3.20.6)$$

重复测量 6 次,将数据记录于表 3.20.1 中.

表 3.20.1 三棱镜顶角测定数据记录表

次数	$\varphi_左$	$\varphi_左'$	$\varphi_右$	$\varphi_右'$	A_i	$\overline{A}$
1						
2						
3						
4						
5						
6						

4. 三棱镜折射率测定

① 用钠光灯照亮准直管狭缝,并使三棱镜、望远镜和准直管处于图 3.20.7 所示的相对位置,左右微微转动望远镜,即可在望远镜中观察到狭缝所成的像,调节"狭缝宽度调节手轮",使狭缝的像细而清晰地成在望远镜的分划板上.

② 慢慢转动载物台(改变入射角 i_1),使狭缝像向入射光方向靠拢,即减小偏向角,并转动望远镜跟踪狭缝的像.直到棱镜继续转动时,狭缝的像开始反向移动(即偏向角反而变大).这个反向移动的转折位置,就是光线以最小偏向角出射的方

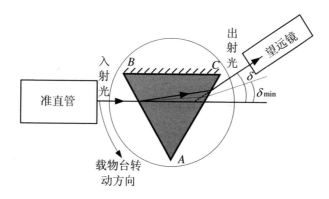

图 3.20.7 最小偏向角测定装置示意图

向．拧紧"游标盘止动螺丝"，即固定载物台．然后转动望远镜，使其分划板上的中心竖线对准狭缝像．分别读出此时左右游标上的相应读数 $\varphi_{左}$ 和 $\varphi_{右}$．

③ 移去三棱镜，转动望远镜，使望远镜对准准直管光轴位置，读出此时两个游标的相应读数 $\varphi_{左}{'}$ 和 $\varphi_{右}{'}$，则最小偏向角为

$$\delta_{\min} = \frac{1}{2}(|\varphi_{左}{'} - \varphi_{左}| + |\varphi_{右}{'} - \varphi_{右}|) \tag{3.20.7}$$

重复测量 6 次，将数据记录于表 3.20.2 中．

表 3.20.2 三棱镜折射率测定数据记录表

次数	$\varphi_{左}$	$\varphi_{左}{'}$	$\varphi_{右}$	$\varphi_{右}{'}$	$\delta_{\min}$	$\overline{\delta}_{\min}$
1						
2						
3						
4						
5						
6						

【数据处理及误差】

1．三棱镜顶角的测量

① 由表 3.20.1 中的测量数据，利用公式(3.20.6)计算出三棱镜的顶角 A，求出平均值 $\overline{A}$．

② 估算不确定度. 顶角 A 的 A 类不确定度为 $u_A(\overline{A}) = \sqrt{\sum_{i=1}^{6}(A_i - \overline{A})^2/(6\times 5)}$,由于分光计的仪器误差限为 $\sigma_{仪} = 1'$,得顶角 A 的 B 类不确定度 $u_B(\overline{A}) = \sigma_{仪}/\sqrt{3} = 1'/\sqrt{3}$,则顶角 A 的合成不确定度为 $u(\overline{A}) = \sqrt{[u_A(\overline{A})]^2 + [u_B(\overline{A})]^2}$.则顶角 A 的标准形表达式 $A = \overline{A} \pm u(\overline{A})$(置信概率).

2. 三棱镜玻璃的折射率测定

① 由表 3.20.2 所测得的数据,利用公式(3.20.7)计算出最小偏向角 δ_{min},求出平均值 $\overline{\delta}_{min}$.与数据处理 1 中类似,计算不确定度 $u(\overline{\delta}_{min})$,写出标准表达式 $\delta_{min} = \overline{\delta}_{min} \pm u(\overline{\delta}_{min})$(置信概率).

② 将顶角 $\overline{A}$、最小偏向角 $\overline{\delta}_{min}$ 代入式(3.20.5),计算出三棱镜玻璃的折射率的最佳估计值 $\overline{n}$.

③ 折射率 n 的不确定度估算,利用间接测量量的误差传递公式得

$$u(\overline{n}) = \sqrt{\frac{\cos^2\frac{\overline{\delta}_{min}+\overline{A}}{2}}{4\sin^2\frac{\overline{A}}{2}}[u(\overline{\delta}_{min})]^2 + \frac{\left(\cos\frac{\overline{\delta}_{min}+\overline{A}}{2}\sin\frac{\overline{A}}{2} - \sin\frac{\overline{\delta}_{min}+\overline{A}}{2}\cos\frac{\overline{A}}{2}\right)^2}{4\sin^2\frac{\overline{A}}{2}}[u_C(\overline{A})]^2}$$

计算出不确定度 $u(\overline{n})$,写成标准表达式 $n = \overline{n}_{min} \pm u(\overline{n})$(置信概率).

【注意事项】

① 调节后的分光计在使用中,不要破坏已调好的条件.

② 分光计是精密仪器,可调部分较多,要明确它们的作用,不要随意乱调.

③ 转动载物台,都是指转动游标盘带动载物台一起转动.

④ 每个螺丝调节的动作要轻,不可用力过大将螺丝拧坏滑丝.

⑤ 在游标读数过程中,由于望远镜可能位于任何方位,故应注意望远镜转动过程中,游标是否越过了刻度的零点,如越过零点,则必须按式 $\varphi = 360° - |\varphi_{左}' - \varphi_{左}|$ 计算望远镜的转角.

【思考题】

(本内容在实验报告中完成)

① 通过实验,你认为调节分光计的关键是什么?

② 分光计的双游标读数与游标卡尺的读数有何异同点?

③ 能否直接通过三棱镜的两个光学面来调望远镜主光轴与分光计转轴垂直,为什么?

④ 转动望远镜测角度之前,分光计的哪些部分应固定不动？望远镜应和什么盘一起转动？

实验 21　用透射光栅测定光波的波长

光的衍射现象和光的干涉现象一样,都是光的波动性质的体现.利用光的衍射和干涉原理制作的光栅,与棱镜一样是重要的分光元件,它同样可以把入射光中不同波长的光分解.与棱镜不同的是,光栅可以通过改变光栅常数 d,方便地改变其色散率.由于光栅具有较大的色散率和较高的分辨本领,在单色仪和光谱仪中已被广泛应用.本实验主要用分光计观察汞光灯的光栅光谱,测定光栅常数和未知光的光波波长,加深对光的衍射现象的认识,并进一步熟悉分光计的调节与使用.

【实验目的】

① 进一步熟悉掌握分光计的调节和使用方法.
② 观察光入射透射光栅后的衍射现象,加深对光的衍射理论及光栅分光原理的理解.
③ 掌握测定光栅常数和光波波长的方法.

【实验仪器与用具】

分光计、平面透射光栅、高压汞光灯、平面双面反射镜.

【实验原理】

光栅是重要的分光元件,已广泛应用在单色仪和摄谱仪等光学仪器中.光栅是由一组数目极多的等宽、等间距平行排列的狭缝组成的,设透光缝宽度为 a,不透光缝宽度为 b,则 $d = a + b$ 称为光栅常数.将利用透射光工作的光栅称为透射光栅,利用反射光工作的光栅称为反射光栅,本实验采用的是平面透射光栅.

如图 3.21.1 所示,若一单色平行光垂直照射在光栅衍射面上,则光经光栅各缝衍射后将在透镜 L 的焦平面上叠加,形成一系列间距不等的明条纹(称光谱线).根据光栅方程,衍射光谱中明条纹所对应的衍射角应满足光栅方程

$$d\sin\theta_k = k\lambda \tag{3.21.1}$$

其中,d 称为光栅常数(光栅上相邻狭缝的间距),θ_k 为 k 级明条纹的衍射角,k 为光谱线的级数($k=0,\pm1,\pm2,\cdots$),λ 是入射光波长.

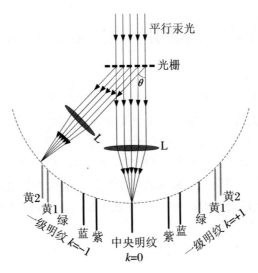

图 3.21.1　光栅衍射光谱示意图

如果入射光为汞光的复色光,则由式(3.21.1)可以得出,不同波长的光,其衍射角 θ_k 也各不相同,于是复色光被分解,在中央 $k=0,\theta_k=0$ 处,各种色光仍重叠在一起,组成中央明条纹,称为零级谱线,该条纹为白色.在零级谱线的两侧对称分布着 $k=\pm1,\pm2,\cdots$ 级谱线,且同一级谱线按波长不同,依次从短波向长波散开,即衍射角逐渐增大,形成光栅光谱.

由光栅方程可以看出,若已知光栅常数 d,测量出某一波长的光对应衍射明条纹的衍射角 θ_k,即可求出光波的波长 λ.反之,若已知 λ,亦可求出光栅常数 d.

角色散是光栅、棱镜等分光元件的重要参数,它表示单位波长间隔内两单色谱线之间的角距离.将光栅方程(3.21.1)对 λ 微分,可得光栅的角色散为

$$D = \frac{\mathrm{d}\theta}{\mathrm{d}\lambda} = \frac{k}{d\cos\theta_k} \tag{3.21.2}$$

由式(3.21.2)可知,若光衍射时衍射角不大,则 $\cos\theta_k$ 几乎不变,光谱的角色散几乎与波长无关,即光谱随波长的分布比较均匀,这和棱镜的不均匀色散有明显的不同.

【实验内容与数据记录】

1. 分光计的调节

进行分光计的调节,使得望远镜适应观察平行光;准直管产生平行光;望远镜、准直管光轴均垂直于仪器转轴.(分光计的调节请参考实验20.)

2. 光栅位置的调节

光栅调节总体要求:根据原理的要求,光栅衍射面应调节到垂直于入射光;根据衍射角测量的要求,光栅衍射面应调节到与观测平面一致.具体调节如下:

(1) 调节望远镜与准直管共轴

用汞光灯照亮狭缝,转动望远镜,使望远镜正对准直管,从望远镜中观察准直管狭缝所成的像,使其和叉丝的竖直线重合,固定望远镜.

(2) 调节望远镜光轴与光栅衍射面垂直

按图3.21.2放置光栅,移开或关闭狭缝照明汞光灯,点亮望远镜叉丝照明灯,左右转动游标盘,即转动载物台.当光栅衍射面与望远镜垂直时,在望远镜中观察反射的"绿十字叉丝"像,调节载物台上的a_2或a_3(载物台调平螺丝)使"绿十字叉丝"竖直线和目镜中的调整叉丝竖直线重合.这时光栅面已垂直于入射光,即光栅衍射面已与入射光垂直,拧紧"游标盘止动螺丝",固定载物台.

(3) 调节光栅的衍射面和观察平面一致

用汞光灯照亮准直管的狭缝,转动望远镜观察光谱,如果左右两侧的光谱线相对于目镜中叉丝的水平线高低不等,如图3.21.3所示,则说明光栅的衍射面和观察平面不一致,这时可调节载物台上的a_1(载物台调平螺丝)使它们一致.

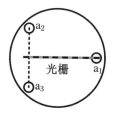

图3.21.2 光栅放置示意图

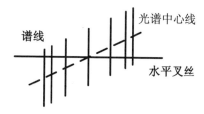

图3.21.3 衍射面和观察平面不一致示意图

3. 光栅常数d的测量

根据式(3.21.1),测量第k级光谱中波长λ已知的谱线的衍射角θ_k,求出光栅常数d值.实验时,首先用望远镜观察汞光中各种色光的谱线,然后测量相应于$k=\pm1$级的汞光灯光谱中的绿色谱线($\lambda=546.1$ nm)的衍射角,重复测量6次,利用公式

$$\theta_k = \frac{1}{4}(|\varphi_左 - \varphi_左'| + |\varphi_右 - \varphi_右'|) \quad (3.21.3)$$

求出衍射角 θ_k，取其平均值，将数据记录于表 3.21.1 中。

表 3.21.1　光栅常数 d 的测量数据记录表

次数	波长(nm)	$k=-1$		$k=+1$		θ_k	$\overline{\theta}_k$
		$\varphi_{左}$	$\varphi_{右}$	$\varphi_{左}'$	$\varphi_{右}'$		
1	546.1						
2							
3							
4							
5							
6							

4. 未知光波波长的测量

由实验内容 3 的测量可以计算出光栅常数 d，用该光栅常数值可测量未知波长。因此只要测出未知波长光的第 k 级谱线的衍射角 θ_k，就可计算出光波波长。

选择汞光灯光谱中的紫色和黄色的谱线进行测量，测出相应于 $k=\pm 1$ 级谱线的衍射角，重复测量 6 次，求出衍射角 θ_k，取其平均值，将数据记录于表 3.21.2 中。

表 3.21.2　未知光波波长的测量数据记录表

谱线	次数	$k=-1$		$k=+1$		θ_k	$\overline{\theta}_k$
		$\varphi_{左}$	$\varphi_{右}$	$\varphi_{左}'$	$\varphi_{右}'$		
紫色	1						
	2						
	3						
	4						
	5						
	6						
黄色 1	1						
	2						
	3						
	4						
	5						
	6						

续表

谱线	次数	$k=-1$		$k=+1$		θ_k	$\overline{\theta}_k$
		$\varphi_{左}$	$\varphi_{右}$	$\varphi_{左}'$	$\varphi_{右}'$		
黄色2	1						
	2						
	3						
	4						
	5						
	6						

5. 光栅角色散的测量

二黄色谱线的波长差 $\Delta\lambda$ 为 2.06 nm,实验内容 4 测得的 $k=\pm1$ 级的二黄线的光谱的衍射角之差为 $\Delta\theta_k$,可求出角色散 $D=\Delta\theta_k/\Delta\lambda$.

【数据处理与误差】

1. 光栅常数 d 的测量数据处理

① 根据表 3.21.1 中测得的数据,将衍射角 $\overline{\theta}_k$ 代入式(3.21.1)中,计算出光栅常数的最佳估计值 $\overline{d}$.

② 计算不确定度. 衍射角 θ_k 的 A 类不确定度为 $u_A(\overline{\theta}_k) = \sqrt{\sum_{i=1}^{6}(\theta_{ki}-\overline{\theta})^2/(6\times5)}$,由于分光计的仪器误差限为 $\sigma_仪 = 1'$,得衍射角 θ_k 的 B 类不确定度 $u_B(\theta_k) = \sigma_仪/\sqrt{3} = 1'/\sqrt{3}$,则 θ_k 的合成不确定度为 $u_C(\overline{\theta}_k) = \sqrt{[u_A(\overline{\theta}_k)]^2 + [u_B(\theta_k)]^2}$.

③ 光栅常数 d 的不确定度 $u(\overline{d}) = \left|\dfrac{\cos\theta_k}{\sin^2\theta_k}\right|\lambda \times u(\overline{\theta}_k)$.

④ 写出光栅常数 d 的标准表达式为 $d = \overline{d} \pm u(\overline{d})$(置信概率).

2. 未知光波波长的测量数据处理

① 根据表 3.21.2 中测得的数据,将 $\overline{d}$ 和 $\overline{\theta}_k$ 代入式(3.21.1)中可求得每条谱线所对应的波长 $\overline{\lambda}$.

② 计算不确定度.数据处理 1 类似,求出衍射角的不确定度 $u(\overline{\theta}_k)$,将衍射角写成标准式 $\theta_k = \overline{\theta}_k \pm u(\overline{\theta}_k)$(置信概率).

光波长 λ 的不确定度 $u(\overline{\lambda}) = \sqrt{\overline{d}^2[u(\overline{\theta}_k)]^2\cos^2\overline{\theta}_k + [u(\overline{d})]^2\sin^2\overline{\theta}_k}$.

(3) 写出待测光波长 λ 的标准表达式为 $\lambda = \bar{\lambda} \pm u(\bar{\lambda})$（置信概率）.

3. 光栅角色散的测量数据处理

根据表 3.21.2 中所得的数据，利用 $D = \Delta\bar{\theta}/\Delta\lambda = \dfrac{\bar{\theta}_{k\text{黄}2} - \bar{\theta}_{k\text{黄}1}}{2.06} \times \dfrac{1}{60} \times \dfrac{\pi}{180} \times 10^9 (\text{rad/m})$ 计算出角色散.

【注意事项】

① 放置或移动光栅时，不要用手接触光栅表面，以免损坏光栅.

② 在光栅位置的调节中，要求逐一调节后，应再重复检查，因为调节后一步时，可能对前一步调节有所破坏.

③ 光栅位置调好之后，在实验中不应移动，否则需要重新再调节.

【思考题】

（本内容在实验报告中完成）

① 分析光栅和棱镜分光的主要区别.

② 如果光栅衍射面和入射平行光不严格垂直，这对实验有什么影响？

③ 如果光波波长都是未知的，能否用光栅测其波长？

实验 22　光电效应及普朗克常数的测定

光电效应是指一定频率的光照射在金属表面时，会有电子从金属表面逸出的现象. 光电效应实验对于认识光的本质及早期量子理论的发展，具有里程碑式的意义. 光电效应的实验规律是光的经典理论所不能解释的. 1900 年，普朗克在研究黑体辐射问题时，首先提出了一个符合实验结果的经验公式，假定黑体内的能量是由不连续的能量子构成的，能量子的能量为 $h\nu$. 1905 年，爱因斯坦依据普朗克的量子假说提出光子的概念，认为光是一种微粒——光子，并由光子假设得出了著名的光电效应方程，解释了光电效应的实验结果.

【实验目的】

① 了解光电效应的规律，加深对光的量子性的理解.

② 掌握用光电管进行光电效应研究的方法.

③ 通过光电效应实验,验证爱因斯坦方程,并测量普朗克常量 h.

【实验仪器与用具】

光电效应(普朗克常数)实验仪、汞光灯、滤光片、光电管.

【实验原理】

光电效应实验原理如图 3.22.1 所示. 当一定频率的光照射到光电管阴极 K 上时,有光电子从阴极逸出,产生的光电子在电场的作用下向阳极 A 迁移,构成光电流 I. 改变阴极 K 和阳极 A 之间的外加电压 U_{AK},测量出光电流 I 的大小,即可得出光电管的伏安特性曲线,光电流 I 与所加电压 U_{AK} 的关系如图 3.22.2 所示.

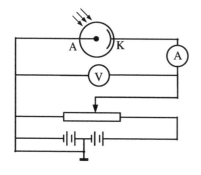

图 3.22.1 光电效应原理图　　图 3.22.2 光电管的伏安特性曲线图

光电效应的基本实验事实如下:

① 入射光频率低于某极限值 ν_0 时,不论光强多大,照射时间多长,都没有光电流产生.

② 对于频率一定的入射光,有一电压 U_0,当 $U_{AK} \leqslant U_0$ 时,电流为零. 这个相对于阴极为负值的阳极电压 U_0 称为截止电压.

③ 对于不同频率的光,截止电压不同. 截止电压与光波频率成正比关系.

④ 当 $U_{AK} > U_0$ 后,光电流 I 迅速增加,然后趋于饱和. 饱和光电流 I_M 的大小与入射光强度成正比. 以外加电压 U_{AK} 和光电流 I 为横坐标和纵坐标作图,即可得出光电管的伏安特性曲线,如图 3.22.2 所示.

⑤ 光电效应是瞬时效应. 在开始照射后立即有光电子产生,所经历的时间至多为 10^{-9} s 的数量级.

1. 爱因斯坦光电效应方程

按照爱因斯坦的光量子理论,光能并不像电磁波理论所想象的那样,分布在波阵面上,而是集中在被称为光子的微粒上,但这种微粒仍然保持着频率(或波长)的概念,频率为 ν 的光子具有能量 $\varepsilon = h\nu$,h 为普朗克常数. 当光子照射到金属表面上时,一次性被金属中的电子全部吸收,而无需积累能量的时间. 如果电子吸收的能量大于电子摆脱金属表面的约束所需要的逸出功,电子就会从金属表面逸出. 按照能量守恒定律有:

$$h\nu = \frac{1}{2}mv_0^2 + W \tag{3.22.1}$$

式(3.22.1)称为著名的爱因斯坦光电效应方程,其中 W 为金属的逸出功,m 和 v_0 分别为光电子的质量和最大速度,$mv_0^2/2$ 为光电子获得的最大初始动能. 式(3.22.1)说明 $h\nu$ 小于 W 时,电子不能逸出金属表面,因而没有光电效应产生,产生光电效应的入射光最低频率 $\nu_0 = W/h$,称为光电效应的极限频率,又称为红限. 不同的金属材料有不同的逸出功,因而 ν_0 也是不同的.

2. 普朗克常数测量的原理

在实验中,采取"减速电势法"进行测量普朗克常量. 当在阳极 A 和阴极 K 之间加一个反向电压(阳极 A 加负电势,阴极 K 加正电势),随着反向电压 U_{AK} 的增大,到达阳极的光电子相应减少,光电流减小. 当 $U_{AK} = U_0$ 时,光电流降为零,此时光电子的初动能全部用于克服反向电场作用,即

$$eU_0 = \frac{1}{2}mv_0^2 \tag{3.22.2}$$

这时的反向电压 U_0 叫截止电压. 由式(3.22.1)和式(3.22.2)可得

$$U_0 = \frac{h}{e}\nu - \frac{W}{e} \tag{3.22.3}$$

式(3.22.3)表示 U_0 与 ν 存在线性关系,其直线的斜率为 h/e,式中 h、e 都是常量,对同一光电管 W 也是常量,因此实验中测量不同频率下的 U_0,作出 $U_0 - \nu$ 的关系曲线,对应的是一条直线,设其直线方程为 $y = a + bx$. 若电子电荷量 e 为已知,由斜率 $b = h/e$ 可以求出普朗克常量 h,由直线在 U_0 轴上的截距 $a = -W/e$ 可以求出逸出功 W,由直线在 ν 轴上的截距可以求出截止频率 ν_0.

理论上,测出各频率的光照射下阴极电流为零时对应的 U_{AK},其绝对值即该频率的截止电压 U_0,然而实际上由于光电管的阳极反向电流、暗电流、本底电流及极间接触电位差的影响,实测电流并非阴极电流,实测电流为零时对应的 U_{AK} 也并非截止电压. 所以由光电效应测量普朗克常量 h,需要排除一些干扰,才能获得一定精度的可以重复的结果. 主要的影响因素有:

(1) 暗电流和本底电流:光电管在没有受到光照时,也会产生电流,称为暗电

流,它是由热电流、漏电流两部分组成的;本底电流是周围杂散光入射光电管所导致的.它们都随外电压的变化而变化,故排除暗电流和本底电流的影响是十分必要的,可以在光电管制作或测量过程中采取适当的措施减小它们的影响.

(2)反向电流:由于光电管制作过程中,阳极 A 往往被污染,沾上少许阴极材料,入射光照射到阳极或从阴极反射到阳极之后都会造成阳极光电发射.当阳极 A 加负电势,阴极 K 加正电势时,对阴极 K 上发射的光电子而言起着减速作用,而对阳极 A 上发射或反射的光电子却起着加速作用,使阳极 A 发出的光电子也到达阴极 K,形成反向电流.

极间接触电位差与入射光频率无关,只影响截止电压 U_0 的准确性,不影响 $U_0 - \nu$ 直线斜率,对测量普朗克常量 h 无大影响.

由于以上原因,实测光电管的伏安特性曲线上每一点的电流是阴极光电子发射电流、阳极反向光电子电流、暗电流三者之和.

由于实验仪器的电流放大器灵敏度高,稳定性好,光电管阳极反向电流、暗电流水平也较低.在测量各谱线的截止电压 U_0 时,可采用零电流法,即直接将各光波照射下测得的电流为零时对应的电压 U_{AK} 的绝对值作为截止电压 U_0.此法的前提是阳极反向电流、暗电流和本底电流都很小,用零电流法测得的截止电压与真实值相差较小.且各谱线的截止电压都相差 ΔU_s,对 $U_0 - \nu$ 曲线的斜率无大的影响,因此对 h 的测量不会产生大的影响.

3. ZKY-GD-4 光电效应-普朗克常数实验仪

ZKY-GD-4 智能光电效应(普朗克常数)实验仪主要由汞光灯及电源、滤色片、光阑、光电管、智能实验仪构成,仪器结构如图 3.22.3 所示,实验仪的调节面板如图 3.22.4 所示.

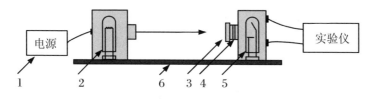

图 3.22.3 仪器结构图
1. 汞光灯电源;2. 汞光灯;3. 滤色片;4. 光阑;5. 光电管;6. 基座

实验仪有手动和自动两种工作模式,具有数据自动采集、存储、实时显示采集数据及数据采集完成后查询数据等功能.

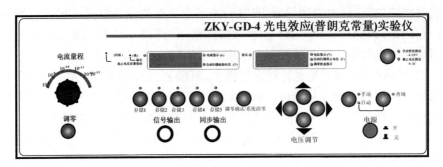

图 3.22.4 仪面板图

【实验内容与数据记录】

1. 仪器的连接与调试

将实验仪和汞光灯的电源接通,汞光灯及光电管暗盒遮光盖盖上,预热约 20 分钟使实验仪达到较稳定的状态.调整光电管与汞光灯距离为约 40 cm 并保持不变,用专用连接线将光电管暗盒电压输入端与实验仪电压输出端(后面板上)连接起来(红—红,蓝—蓝).

将"电流量程"选择开关置于所选档位,进行测试前调零.实验仪在开机或改变电流量程后,都会自动进入调零状态.调零时应将光电管暗盒电流输出端与实验仪微电流输入端(后面板上)断开,旋转"调零"旋钮使电流指示为"+""-"零转换点处.调节好后,用专用连接线将电流输入连接起来,按"调零确认/系统清零"键,系统进入测试状态.

2. 测量普朗克常量 h

测量截止电压时,设置"伏安特性测试/截止电压测试"状态键为"截止电压测试"状态,"电流量程"开关处于 10^{-13} A 挡.

① 手动测量

使"手动/自动"模式键处于"手动"模式,将直径为 4 mm 的光阑及波长为 365.0 nm 的滤色片装在光电管暗盒光输入口上,打开汞光灯遮光盖.此时电压表显示 U_{AK} 的值,单位为伏,电流表显示与 U_{AK} 对应的电流值 I,单位为所选择的"电流量程".用电压调节键可调节 U_{AK} 的值,其中"←、→"键用于选择调节位,"↑、↓"键用于调节电压值的大小.

从低到高调节电压(绝对值减小),观察电流值的变化,寻找电流为零时(电流指示为"+""-"零转换点处)对应的电压 U_{AK},以其绝对值作为该波长对应的截止电压 U_0 的值,并将数据记录于表 3.22.1 中.为尽快找到 U_0 的值,调节时应从高位到低位,先确定高位的值,再依次往低位调节.

依次更换波长为 404.7 nm、435.8 nm、546.1 nm、577.0 nm 的滤色片,重复以上测量步骤.

表 3.22.1　普朗克常量测量数据记录表

波长 λ(nm)		365.0	404.7	435.8	546.1	577.0
频率 f($\times 10^{14}$ Hz)		8.214	7.408	6.879	5.490	5.196
截止电压 U_0(V)	手动					
	自动					

(光阑孔直径 $\varnothing$ = ＿＿＿＿ mm)

② 自动测量

将"手动/自动"模式键切换到"自动"模式.此时电流表左边的指示灯闪烁,表示系统处于自动测量扫描范围设置状态,用电压调节键可设置扫描起始和终止电压.

对各波长的谱线,建议扫描范围的设置如表 3.22.2 所示.

表 3.22.2　自动测量时,各波长谱线的起始和终止扫描电压范围

波长 λ(nm)	365.0	404.7	435.8	546.1	577.0
起始电压 U_{AK}(V)	-1.90	-1.60	-1.35	-0.80	-0.65
终止电压 U_{AK}(V)	-1.50	-1.20	-0.95	-0.40	-0.25

实验仪设有 5 个数据存储区,每个存储区可存储 500 组数据,并有指示灯表示其状态.灯亮表示该存储区已存有数据,灯不亮为空存储区,灯闪烁表示系统预选的或正在存储数据的存储区.

设置好扫描起始和终止电压后,按动相应的存储区按键,仪器将先清除存储区原有数据,等待约 30 秒,然后按 4 mV 的步长自动扫描,并显示、存储相应的电压、电流值.

扫描完成后,仪器自动进入数据查询状态,此时查询指示灯亮,显示区显示扫描起始电压和相应的电流值.用"电压调节"键改变电压值,就可查阅到在测试过程中,扫描电压为当前显示值时相应的电流值.读取电流为零时(电流指示为"+""-"零转换点处)对应的 U_{AK},以其绝对值作为该波长对应的 U_0 的值,并将数据记录于表 3.22.1 中.

按"查询"键,查询指示灯灭,系统恢复到扫描范围设置状态,可进行下一次测量.

在自动测量过程中或测量完成后,按"手动/自动"键,系统恢复到手动测量模

式,模式转换后工作的存储区内的数据将被清除.

3. 光电管伏安特性测量

使"伏安特性测试/截止电压测试"状态键应为"伏安特性测试"状态,"电流量程"开关调至 10^{-10} A 挡,并重新调零.将直径为 4 mm 的光阑和所选的滤色片装在光电管暗盒光输入口上.和普朗克常量测量类似,伏安特性曲线也可以选用"手动/自动"两种模式之一,测量的最大范围为 $-1 \sim 50$ V,自动时步长为 1 V,使用方法如前所述.

① 可以观察不同波长的光在同一光阑、同一距离下的伏安特性曲线.
② 可观察某一波长光在不同距离(即不同光强)、同一光阑下的伏安特性曲线.
③ 可观察某一波长光在不同光阑(即不同光通量)、同一距离下的伏安特性曲线.

将所测得的 U_{AK} 及 I 的值记录于表 3.22.3 中,在坐标纸上作对应于以上波长及光强的伏安特性曲线.

表 3.22.3 伏安特性曲线测量数据记录表

U_{AK}(V)									
$I(\times 10^{-10}$ A)									
U_{AK}(V)									
$I(\times 10^{-10}$ A)									
U_{AK}(V)									
$I(\times 10^{-10}$ A)									
U_{AK}(V)									
$I(\times 10^{-10}$ A)									

4. 饱和光电流与光强之间的关系验证(选做)

在 U_{AK} 为 50 V 时,将仪器设置为"手动"模式,测量并记录对同一波长的光、光电管与汞光灯距离不变时,光阑分别为 2 mm、4 mm、8 mm 时对应的电流值,将数据记录于表 3.22.4 中,验证光电管的饱和光电流与入射光强成正比.

表 3.22.4 饱和光电流与光强之间的关系验证数据记录表

光阑孔 Φ(mm)	2	4	8
$I_M(\times 10^{-10}$ A)			

(加速电压 U_{AK} = 50 V,光波长 λ = ___ nm,光电管与汞光灯距离 L = _____)

第 3 章　基础性实验

在 U_{AK} 为 50 V 时,将仪器设置为"手动"模式,测量并记录对同一波长的光、同一光阑时,光电管与汞光灯距离不同时,如 200 mm、300 mm、400 mm 等对应的电流值,将数据记录于表 3.22.5 中,同样验证光电管的饱和电流与入射光强成正比.

表 3.22.5　饱和光电流与光强之间的关系验证数据记录表

光电管与汞光灯距离 L(mm)			
I_M($\times 10^{-10}$ A)			

(加速电压 U_{AK} = 50 V,光波长 λ = _____ nm,光阑孔直径 $\varnothing$ = _____ mm)

【数据处理与误差】

1. 测量普朗克常量 h 数据处理

由表 3.22.1 中的实验数据,以 ν 为横坐标,U_0 为纵坐标,在坐标纸上作出 U_0 - ν 直线,求出直线的斜率 b,普朗克常数大小为 $h = eb$,并与普朗克常数 h 的公认值 $h_公$ 比较,求相对误差 $E = ((h - h_公)/h_公) \times 100\%$.

为了作图的准确性,减少计算量,也可用 Excel 电子表格来处理.即将 ν 和 U_0 的值输入新建 Excel 电子表格中,选中数据,如图 3.22.5 所示.单击"插入"菜单下的"图表",在"图表向导 4—步骤之 1—图表类型"中的"标准类型"标签下的"图标类型"窗口列表中选择"XY 散点图",在"子图表类型"中选择"散点图",单击"完成"按钮,即可画出散点图,然后在数据点处单击鼠标右键,在下拉菜单中,选择"添加趋势线",在弹出的对话框中的"类型"标签对话框中,选择"线性"拟合,在"选项"标签对话框中,选中"显示公式"和"显示 R 平方",单击"确定",即可画出拟合直线图.最后通过单击鼠标右键,利用下拉菜单"图标选项""坐标轴格式""绘图区格式"等设置好横坐标、纵坐标以及标题等标注,即可得到图 3.22.6 所示的拟合图.从拟合的直线方程可得斜率 $b = 0.415$.

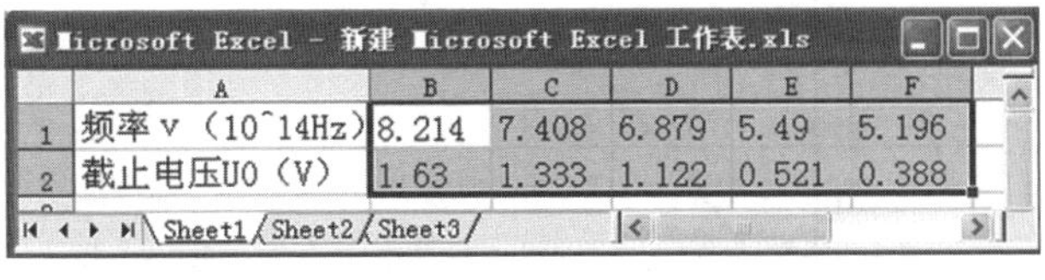

	A	B	C	D	E	F
1	频率 ν（10^14Hz）	8.214	7.408	6.879	5.49	5.196
2	截止电压 U0（V）	1.63	1.333	1.122	0.521	0.388

图 3.22.5　数据输入示意图

2. 绘制光电管的伏安特性曲线

以 U_{AK} 为横坐标,I 为纵坐标,利用表 3.22.3 中的实验数据在坐标纸上描出每个对应的点,再用平滑线连接所有的点,即可得到 I-U_{AK} 曲线图.

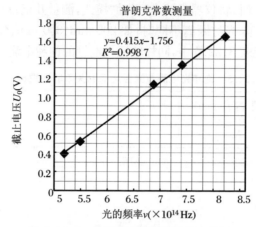

图 3.22.6 普朗克常数测量拟合直线图

  为了作图的准确性,将表 3.22.3 所测量的数据输入新建的 Excel 电子表格中,如图 3.22.7 所示,选中数据,单击"插入"菜单下的"图表",在"图表向导 4—步骤之 1—图表类型"中的"标准类型"标签下的"图标类型"窗口列表中选择"XY 散点图",在"子图表类型"中选择"平滑线散点图",单击"完成"按钮,即可画出 I-U_{AK} 曲线图。然后单击鼠标右键,在下拉菜单中,通过"数据系列格式""图标选项""绘图区格式"设置好横坐标、纵坐标以及标题等标注,即可得到图 3.22.8 所示的 I-U_{AK} 曲线图。

图 3.22.7 数据输入图

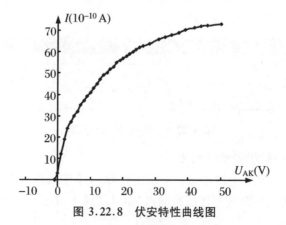

图 3.22.8 伏安特性曲线图

3. 饱和光电流与光强关系的验证

依据表 3.22.4 和表 3.22.5 所测量的数据,得出饱和光电流与光强关系,并与光电效应的基本实验事实对比,得出实验结论.

【注意事项】

① 实验仪在调零时,必须把光电管暗箱电流输出端与实验仪微电流输入端断开,且必须断开实验仪一端.

② 安装和更换滤光片或光阑时应盖上汞光灯遮光盖.

③ 实验过程中,仪器暂不使用时,均须将汞光灯和光电暗箱用遮光盖盖上,使光电暗箱处于完全闭光状态.切忌将汞光灯直接照射光电管.

④ 光电管之间的加速电压不可以长时间处于高电压状态,测试结束后,应及时将加速电压调至 0 V.

【思考题】

(本内容在实验报告中完成)
① 什么是光电效应?光电效应有哪些规律?
② 光电流是否随着光源的强度变化而变化?截止电压是否因光强不同而变化?
③ 普朗克常量的测定,用"零电流法"测量截止电压的前提是什么?

实验 23 弗兰克-赫兹实验

弗兰克-赫兹实验主要验证原子内部能量是量子化的,通过该实验可以了解弗兰克和赫兹研究电子和原子相互作用的实验思想和方法,理解电子与原子碰撞发生时能量交换的微观过程.根据玻尔的原子模型理论,原子是由原子核和以核为中心沿着各种不同轨道运动的一些电子构成的,对于不同的原子,这些轨道上的电子都具有一定的能量,当年弗兰克(J. Franck)和赫兹(G. Herz)在玻尔理论发表后的第二年(1914 年),通过他们设计的电子和汞原子碰撞实验验证了玻尔理论中原子能量的量子化,为玻尔的原子模型理论提供了直接证据.他们也因此获得了 1925 年的诺贝尔物理学奖.除了汞原子以外,现在人们还用氩原子与电子进行碰撞实验,这主要是因为用氩原子不需要加热,且对环境没有污染.本实验就采用氩原子来重现当年弗兰克和赫兹的实验.

【实验目的】

① 了解弗兰克-赫兹实验的原理和方法.
② 测量氩原子的第一激发电位,验证原子内部能量的量子化.
③ 掌握弗兰克-赫兹实验仪和示波器的使用方法.

【实验仪器与用具】

FD-FH-Ⅰ弗兰克-赫兹实验仪、示波器、电源线、Q9 线.

【实验原理】

1. 理论依据

玻尔理论中一个重要的基本假设是原子内部能量的量子化,即原子处于一系列定态之中,原子只能吸收或辐射相当于两定态间能量差的能量.如果处于基态的原子要发生状态改变,那么所需要的能量不能小于第一激发态与基态的能量之差.

该实验是原子通过与一定能量的电子碰撞来获得能量,实现从基态到第一激发态的跃迁.当具有一定能量的电子和原子发生碰撞时,由于原子的质量远大于电子的质量,原子在碰撞后虽然获得了一定的动量,但获得的动能非常小,可忽略不计.而电子在碰撞后的动能有两种可能情况:一种是碰撞前后电子的动能基本不变,电子几乎不损失能量,只是运动方向改变,即发生弹性碰撞.另一种情况是电子失去一部分或全部动能,所失去的动能转化为原子内部的能量,使原子激发或电离,即发生非弹性碰撞.如果原子的能量状态是分立的,原子从基态跃迁到较高的能态,那么电子的能量损失也将是分立的.

实验使用 FD-FH-Ⅰ 型弗兰克-赫兹实验仪,其中 F－H 管为实验仪的核心部件,管内充有氩气,其电性能及各电极与其他部件的连接,如图 3.23.1 所示.

在充有氩气的弗兰克-赫兹管中,电子由热阴极 K 发出,阴极 K 和栅极 G_1 之间的电压 U_{G_1} 用来克服阴极材料的接触电势差.电子在 G_1G_2 两极板之间受到 U_{G_2} 加速而获得能量 eU_{G_2}.假设原子的基态与第一激发态之间的能量差为 ΔE,如果 $eU_{G_2} < \Delta E$,电子将与氩原子发生弹性碰撞;如果 $eU_{G_2} \geqslant \Delta E$,电子将有一定的几率与氩原子发生非弹性碰撞,即电子动能的一部分转化为原子的内能,使原子从基态跃迁到第一激发态.栅极 G_2 和 P 极板之间有减速电压,当电子通过栅极 G_2

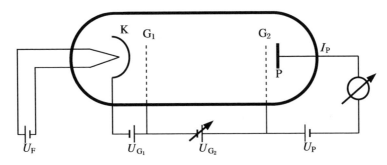

图 3.23.1　弗兰克-赫兹实验原理图

进入 $G_2 P$ 空间时,如果电子本身或与原子碰撞后剩余的能量小于 eU_P,则电子不能到达 P 极板.

实验中,当 U_{G_2} 由零逐渐增加时,在开始阶段极板 P 上形成的电流 I_P 主要是电路本身的电流,基本处于一个很小的恒定值,当电子的能量 eU_{G_2} 小于 ΔE 而大于 eU_P 时,极板电流随着 U_{G_2} 的增加而增大.当电子的能量 $eU_{G_2} = \Delta E$ 时,电子获得的能量正好可以使原子发生从基态到第一激发态跃迁,这时的电压 U_{G_2} 就是第一激发电位(这也是实验中要测量的值).显然电子失去了能量,剩余的动能不足以克服极板 G_2 和极板 P 之间的反向电压而使极板电流随着 U_{G_2} 的增加而减少,因而在 I_P - U_{G_2} 曲线上形成一个峰.随着 U_{G_2} 的继续增加,部分电子就会与原子发生多次非弹性碰撞而使多个基态的氩原子受到激发跃迁到第一激发态.在电流曲线上就形成多个峰,如图 3.23.2 所示.两个峰(或谷)之间的差就是氩原子的第一激发电位.这就证明了氩原子能量状态是量子化的.

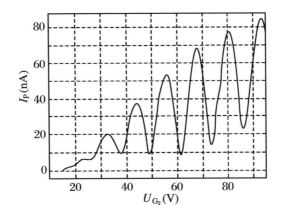

图 3.23.2　I_P - U_{G_2} 关系曲线图(图中符号需要改动)

2. FD-FH-I 型弗兰克-赫兹实验仪简介

图 3.23.3 是 FD-FH-I 型弗兰克-赫兹实验仪实物图,仪器可提供给弗兰克-赫兹管使用的各组电源电压,有很好抗干扰能力的测量微电流的放大器,实验仪能够获得稳定优良的实验曲线.

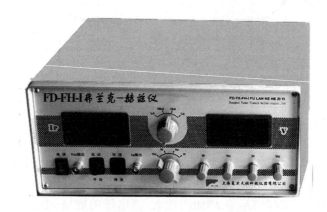

图 3.23.3　FD-FH-I 型弗兰克-赫兹实验仪

FD-FH-I 型弗兰克-赫兹实验仪面板,如图 3.23.4 所示.其中"I_P 量程选择开关"有 1 μA,100 nA,10 nA,1 nA 四个挡位,用"Q9"线将电流"I_P 输出"端口与示波器"CH2"端口相连接,"U_{G_2} 输出"端口与示波器"CH1"端口相连接,可显示出 I_P 与 U_{G_2} 的关系曲线图;"数字电压表头"与"电压求数选择开关"相配合,可以分别显示 U_F,U_{G_1},U_P,U_{G_2} 的值,其中 U_{G_2} 值为表头示数×10 V;通过"U_{G_2} 扫描速率选择开关",可选择"快速"和"慢速"挡,其中"快速"挡与"自动"挡结合供接示波器观察 I_P - U_{G_2} 曲线,"慢速"挡和"手动"挡结合供手动测量记录数据使用;U_{G_2} 扫描方式选择开关的"自动"挡供示波器使用,"手动"挡供手测记录数据使用.

【实验内容与数据记录】

1. 实验整体思路

① 将弗兰克-赫兹实验仪与示波器连接,从整体上了解电压 U_{G_2} 的变化对的 I_P 的影响,并调节 U_{G_2},U_P,U_{G_1} 的值,在示波器上得到如图 3.23.2 所示的 I_P - U_{G_2} 曲线.

② 通过手动测量特定 U_{G_2},U_P,U_{G_1} 值下的 U_{G_2} 和 I_P 的每组值,用坐标纸或计算机绘图软件绘出 I_P - U_{G_2} 曲线.

③ 分析与处理实验数据,给出实验结果.

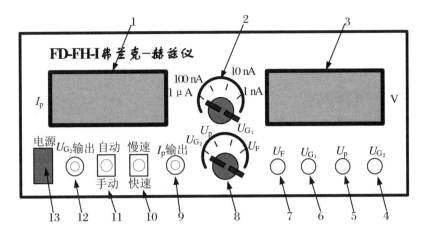

图 3.23.4 弗兰克-赫兹实验仪的面板

1. I_P 电流显示表头;2. I_P 量程选择开关;3. 数字电压表头;4. U_{G_2} 电压调节旋钮;
5. U_P 电压调节旋钮;6. U_{G_1} 电压调节旋钮;7. U_F 电压调节旋钮;8. 电压求数选择开关;
9. I_P 输出端口;10. U_{G_2} 扫描速率选择开关;11. U_{G_2} 扫描方式选择开关;
12. U_{G_2} 输出端口;13. 电源开关

2. 示波器演示

① 连线

连接好弗兰克-赫兹实验仪后面板电源线,用"Q9"线将弗兰克-赫兹实验仪正面板"U_{G_2} 输出"端口与示波器上的"CH1"端口相连,"I_P 输出"端口与示波器"CH2"端口相连,打开弗兰克-赫兹实验仪电源开关.

② 选择量程与调节旋钮

将弗兰克-赫兹实验仪的"U_{G_2} 扫描方式选择开关"置于"自动"挡,"U_{G_2} 扫描速率选择开关"置于"快速"挡,"I_P 量程选择开关"旋钮置于"10 nA";打开示波器电源开关,将"CH1""CH2"电压调节旋钮调至"10V/DIV",按下"DISPLAY"按钮,并将"POSITION"调至"XY","交直流"全部调至"DC".

③ 调节参数

打开示波器电源开关,稍等片刻后,调节弗兰克-赫兹实验仪的"U_{G_2} 电压调节旋钮",使加速电压 U_{G_2} 由小慢慢增大(以 F-H 管不击穿为界,一般可以调至最大),再分别调节 U_F,U_{G_1},U_P 的电压值(可以先参考给出值)至合适值,即调节"U_P 电压调节旋钮""U_{G_1} 电压调节旋钮""U_F 电压调节旋钮",直至示波器上呈现稳定的 $I_P - U_{G_2}$ 曲线.

④ 记录数据

得到合适的 $I_P - U_{G_2}$ 曲线,记录下相对应的 U_F,U_{G_1},U_P 值.合适的 $I_P - U_{G_2}$

曲线要求满足:有明显的波峰与波谷;整个曲线尽可能在示波器中间,不要靠近示波器上下边沿;至少有六个峰值与谷值.

3. 手动测量与数据记录

(1) 调节 U_{G_2} 至最小,将"U_{G_2} 扫描方式选择开关"置于"手动"挡,同时将"电压求数选择开关"调至"U_{G_2}".

(2) 逐渐增大 U_{G_2},从 0 V 开始,每增大 1 V(即在"数字电压表头"上显示增大 0.1)记录一次数据,将 U_{G_2} 和 I_P 的每一对数据记录于表 3.23.1 中,直至 U_{G_2} 最大.

表 3.23.1 弗兰克-赫兹实验数据记录表

记录数据	1	2	3	4	5	6	7	8	9	10	11	12	13	14	15	16	17	18	19	20
U_{G_2}(V)																				
I_P(nA)																				
U_{G_2}(V)																				
I_P(nA)																				
U_{G_2}(V)																				
I_P(nA)																				
U_{G_2}(V)																				
I_P(nA)																				

(实验条件:灯丝电压 U_F = _____;阴极与栅极 G_1 之间的电压 U_{G_1} = _____;栅极 G_2 与 P 极板之间的电压 U_P = _____)

(3) 测量峰值与谷值,再将 U_{G_2} 调至最小,逐渐增大 U_{G_2},同时观察示波器上点的变化.当 I_P 值处于极大和极小值点时,记录相应的 U_{G_2} 和 I_P 值,将数据记录于表 3.23.2 中.

表 3.23.2 I_P-U_{G_2} 曲线波峰与波谷的数据记录表

n	峰值		n	谷值	
	U_{G_2}(V)	I_P(nA)		U_{G_2}(V)	I_P(nA)
1			1		
2			2		
3			3		
4			4		
5			5		
6			6		
ΔU		—	ΔU		—

【数据处理与误差】

1. 绘制 I_P - U_{G_2} 曲线

以 U_{G_2} 为横坐标，I_P 为纵坐标，利用表 3.23.1 中的实验数据在坐标纸上描出每个对应的点．再用平滑线连接所有的点，即可得到 I_P - U_{G_2} 曲线图．

为了作图的准确性，也可以使用 Excel 电子表格进行作图．将表 3.23.1 中的数据填入一个新建的 Excel 表格中，并选中数据，如图 3.23.5 所示．

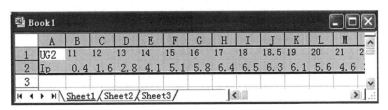

图 3.23.5　数据输入图

单击"插入"菜单下的"图表"，在"图表向导—4 步骤之 1—图表类型"中的"标准类型"标签下的"图表类型"窗口列表中选择"XY 散点图"，在"子图表类型"中选择"平滑线散点图"，单击"完成"按钮，即可画出 I_P - U_{G_2} 图．然后单击鼠标右键，在下拉菜单中，通过"数据系列格式""图标选项""绘图区格式"设置好横坐标、纵坐标以及标题等标注，即可得到图 3.23.6 所示的 I_P - U_{G_2} 曲线图．

2. 逐差法得出 ΔU 值

两个相邻峰值或谷值之间的 U_{G_2} 值就是氩原子的第一激发电位．为了减小因测量造成的实验误差，可以采用逐差法求第一激发电位

$$\Delta U = \frac{(U_4 - U_1) + (U_5 - U_2) + (U_6 - U_3)}{9} \tag{3.23.1}$$

其中 U_1, U_2, U_3, U_4, U_5 和 U_6 表示波峰或波谷所对应的 U_{G_2} 值，并将逐差法求得的 ΔU 值填入表 3.23.2 中．

3. 线性拟合得出 ΔU 值

以波峰（或波谷）的序数为横坐标，波峰（或波谷）的 U_{G_2} 值为纵坐标．在坐标纸上描出所有的波峰（或波谷）点，并画一条直线使所有的点尽可能在这条直线上或均匀分布在直线的两侧．这条直线方程可写成

$$U = a + bx \tag{3.23.2}$$

其中，b 为直线的斜率，表示氩原子的第一激发电位；a 为直线在纵坐标轴上的截距，表示阴极的接触电势差．由此也得到氩原子第一激发电位，并与逐差法得

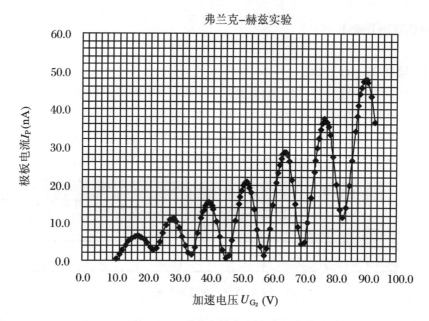

图 3.23.6 绘制的 I_P - U_{G_2} 曲线图

到的第一激发电位进行比较.

为了作图的准确性,也可用 Excel 电子表格来处理波峰(或波谷)的数据. 即将波峰(或波谷)的 U_{G_2} 值填入 Excel 电子表格中,如图 3.23.7 所示.

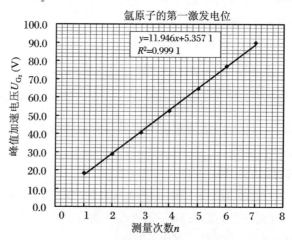

图 3.23.7 波峰值线性拟合数据输入图

选中数据,单击"插入"菜单下的"图表",在"图表向导 4—步骤之 1—图表类型"中的"标准类型"标签下的"图表类型"窗口列表中选择"XY 散点图",在"子图表类型"中选择"散点图",单击"完成"按钮,即可画出散点图.然后在数据点处单击鼠标右键,在下拉菜单中,选择"添加趋势线",在弹出的对话框中的"类型"标签对话框中,选择"线性"拟合,在"选项"标签对话框中,选中"显示公式"和"显示 R 平方",单击"确定",即可画出拟合直线图.最后通过单击鼠标右键,利用下拉菜单"图标选项""坐标轴格式""绘图区格式"等设置好横坐标、纵坐标以及标题等标注,即可得到图 3.23.8 所示的拟合图.由拟合图可知氩原子的第一激发电位为 11.946 V.

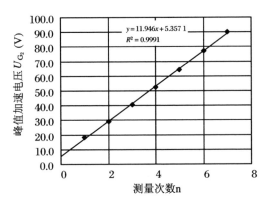

图 3.23.8　波峰线性拟合图

4. 实验误差分析

将逐差法和线性拟合法得到的氩原子第一激发电位填入表 3.23.3 中,和氩原子精确第一激发电位作比较,计算相对误差,精确值可从附录中查找.

表 3.23.3　误差分析数据记录表

	波峰逐差法	波峰线性拟合	波谷逐差法	波谷线性拟合
第一激发电位 U				
与理论值差 ΔU				
相对误差 $\dfrac{\Delta U}{U_{理论}}$				

【注意事项】

① 仪器应该检查无误后才能接电源,开关电源前应先将各电位器逆时针旋转至最小值位置.

② 灯丝电压不宜过大,一般在 2 V 左右,如电流偏小可再适当增加.

③ 要防止 F-H 管击穿（电流急剧增大），如发生击穿应立即调低 U_{G_2}，以免 F-H 管受损．

④ 实验完毕，应将各电位器逆时针旋转至最小值位置，关闭电源．

【思考题】

（本内容在实验报告中完成）
① 为什么 I_P - U_{G_2} 呈周期性变化？
② 在什么情况下，电子与氩原子发生弹性碰撞？
③ 如何计算本实验中氩原子所辐射的波长？

实验 24　密立根油滴实验

在研究阴极射线的过程中，人们认识了电子，并在大量的实验中得知其重要性．20 世纪初关于电子相关性质（如电量、质量等）的测定一直是非常热门的课题，其中最突出的一位物理学家就是美国的密立根．他历时七年之久，通过测量微小油滴所带的电荷，不仅证明了电荷的不连续性，即所有的电荷都是基本电荷 e 的整数倍，而且测得了基本电荷的准确值．电荷 e 是一个基本物理量，它的测定还为从实验上测定电子质量、普朗克常数等其他物理量提供了可能性，密立根因此获得了 1923 年的诺贝尔物理学奖．

密立根油滴实验用经典力学的方法，揭示了微观粒子的量子本性．因为它的构思巧妙，设备简单，而结论却有不容置疑的说服力，所以是一个著名而有启发性的物理实验．

【实验目的】

① 通过对带电油滴在重力场、静电场中运动的测量，测定基本电荷电量，验证物体带电的不连续性．
② 掌握密立根油滴实验的设计思想和实验方法．

【实验仪器与用具】

ZKY-MLG6 型密立根油滴仪、喷雾器、密立根油、监视器．

【实验原理】

1. 平衡法测量电子电量原理

用油滴法测量电荷的电量有两种方法,分别为平衡测量法和动态测量法,实验中常用平衡法来测量.有关动态法的测量,有兴趣的读者可以参阅其他实验教材.

用喷雾器将油滴喷入两块相距为 d 的水平放置的平行极板之间,油滴在喷射时由于空气摩擦,一般都是带电的.设油滴的质量为 m,所带电量大小为 q,两极板之间所加的电压为 U,两极板间的距离为 d,则油滴在平行极板之间同时受到两个力的作用,一个为重力 $W = mg$,另一个为静电力 $F_E = qE = qU/d$,这两个力方向相反,如果调节两极板之间的电压 U,可使二力相互抵消而达到平衡状态,如图 3.24.1 所示.

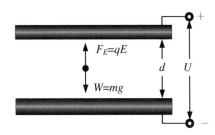

图 3.24.1　油滴的受力分析图

此时有

$$mg = q\frac{U}{d} \tag{3.24.1}$$

为了测出油滴所带的电量 q,除了需测定 U 和 d 外,还需测量油滴的质量 m. 因 m 很小,需要用特殊的方法测定,常采用如下的方法来进行.

平行极板未加电压时,油滴受重力作用而竖直下降(由于空气的密度远小于油的密度,此时空气浮力忽略不计),但由于空气的黏滞阻力大小与油滴的速度大小成正比(斯托克斯定理,参考实验8),方向与速度方向相反.油滴下落一小段距离达到某一速度 v_g 后,阻力与重力平衡,油滴将匀速下降,由于表面张力的原因,油滴总是呈小球状,设 r 为油滴的半径,η 为空气的黏滞系数,则有

$$mg = 6\pi r \eta v_g \tag{3.24.2}$$

设油滴的密度为 ρ,由密度公式得油滴的质量为

$$m = \frac{4}{3}\pi r^3 \rho \tag{3.24.3}$$

由式(3.24.2)和式(3.24.3),可得油滴的半径为

$$r = \sqrt{\frac{9\eta v_g}{2\rho g}} \tag{3.24.4}$$

斯托克斯定律是以连续介质为前提的,对于半径小到 10^{-6} m 的微小油滴,已不能将空气看作连续介质,空气的黏滞系数应作如下修正,即

$$\eta' = \frac{\eta}{1 + \dfrac{b}{pr}} \qquad (3.24.5)$$

其中,b 为一修正常数,取 $b = 8.23 \times 10^{-3}$ N/m,$p = 1.01 \times 10^5$ Pa. 用 η' 代替式 (3.22.4) 中的 η,得

$$r = \sqrt{\dfrac{9\eta v_g}{2\rho g\left(1 + \dfrac{b}{pr}\right)}} \qquad (3.24.6)$$

式 (3.24.6) 中还包含油滴的半径 r,但因为它处于修正项中,不需要十分精确,故它仍可以用式 (3.24.4) 计算. 将式 (3.24.6) 代入式 (3.24.3) 中,得

$$m = \frac{4}{3}\pi \left[\dfrac{9\eta v_g}{2\rho g\left(1 + \dfrac{b}{pr}\right)}\right]^{\frac{3}{2}} \rho \qquad (3.24.7)$$

对于匀速下降的速度 v_g,可采用如下方法测定. 当两极板间的电压 $U = 0$ 时,设油滴匀速下降的距离为 l,时间为 t_g,则

$$v_g = \frac{l}{t_g} \qquad (3.24.8)$$

由式 (3.24.1)、式 (3.24.7) 和式 (3.24.8),可得

$$q = \frac{18\pi}{\sqrt{2\rho g}} \left[\dfrac{\eta l}{t_g\left(1 + \dfrac{b}{pr}\right)}\right]^{\frac{3}{2}} \frac{d}{U} \qquad (3.24.9)$$

2. ZKY-MLG6 型密立根油滴仪简介

实验采用 ZKY-MLG6 型密立根油滴仪进行,该实验仪可利用平衡法或动态法来测量基本电荷量,其仪器装置图如图 3.24.2 所示,主要由主机、CCD 成像系统、油滴盒、监视器等部件组成组成.

图 3.24.2 ZKY-MLG6 型密立根油滴仪

(1) 主机

主机面板如图 3.24.2 所示,包括可控高压电源、计时装置、A/D 采样、视频处

理等单元模块.

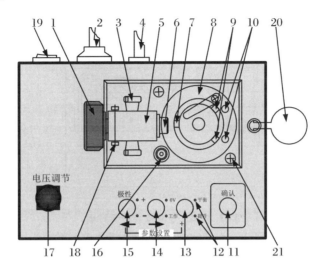

图 3.24.3 密立根油滴仪面板图

1 CCD 盒;2. 电源插座;3. 调焦旋钮;4. Q9 视频接口;5. 光学系统;6. 镜头;
7. 观察孔 8. 上极板压簧;9. 进光孔;10. 光源;11. 确认键;12. 状态指示灯;
13. 平衡、提升切换键;14. 0 V、工作切换键;15. 定时开始、结束切换键;
16. 水准泡;17. 电压调节旋钮;18. 紧定螺钉;19. 电源开关;
20. 油滴管收纳盒安放环;21. 调平螺钉(3 颗)

"电压调节"旋钮可以调整极板之间的电压,用来控制油滴的平衡、下落及提升."定时开始、结束"按键用来计时;"0 V、工作"按键用来切换仪器的工作状态;"平衡、提升"按键可以切换油滴平衡或提升状态;"确认"按键可以将测量数据显示在屏幕上,从而省去了每次测量完成后手工记录数据的过程,使操作者把更多的注意力集中到实验本质上来.

(2) CCD 成像系统

CCD 成像系统包括 CCD 传感器、光学成像部件等.CCD 模块及光学成像系统用来捕捉暗室中油滴的像,同时将图像信息传给主机的视频处理模块.实验过程中可以通过调焦旋钮来改变物距,使油滴的像清晰地呈现在 CCD 传感器的窗口内.

(3) 油滴盒

油滴盒包括高压电极、照明装置、防风罩等部件.油滴盒是一个关键部件,具体构成如图 3.24.4 所示.

上、下极板之间通过胶木圆环支撑,三者之间的接触面经过机械精加工后可以将极板间的不平行度、间距误差控制在 0.01 mm 以下;这种结构基本上消除了极

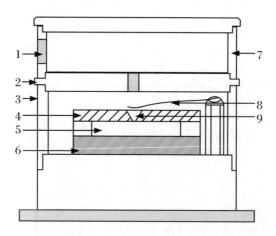

图 3.24.4　油滴盒装置示意图
1. 喷雾口；2. 进油量开关；3. 防风罩；4. 上极板；5. 油滴室；
6. 下极板；7. 油雾杯；8. 上极板压簧；9. 落油孔.

板间的"势垒效应"及"边缘效应"，较好地保证了油滴室处在匀强电场之中，从而有效地减小了实验误差.

胶木圆环上开有两个进光孔和一个观察孔，光源通过进光孔给油滴室提供照明，而成像系统则通过观察孔捕捉油滴的像. 照明由带聚光的高亮发光二极管提供，其使用寿命长、不易损坏；油雾杯可以暂存油雾，使油雾不至于过早地散逸；进油量开关可以控制落油量；防风罩可以避免外界空气流动对油滴的影响.

（4）监视器

监视器是视频信号输出设备，其前面板调整旋钮自左至右依次为左右调整、上下调整、亮度调整、对比度调整. 实验时，在完成参数设置后，按"确认"键，监视器显示实验界面，不同的实验方法的实验界面有一定差异，各部分区域的功能如图 3.24.5 所示，其具体功能如下："极板电压"指实际加到极板的电压，显示范围为 0～99.99 V；"经历时间"指定时开始到定时结束所经历的时间，显示范围为 0～99.99 s；"电压保存提示"指将要作为结果保存的电压，每次完整的实验后显示，当保存实验结果后，即按下"确认"键，自动清零. 显示范围为 0～9 999 V；"保存结果显示"显示的是每次保存的实验结果，共 5 次，显示格式与实验方法有关，当需要删除当前保存的实验结果时，按下"确认"键 2 秒以上，当前结果被清除，不能连续删除；"下落距离设置"显示的是当前设置的油滴下落距离，当需要更改下落距离的时候，按住"平衡、提升"键 2 秒以上，此时距离设置栏被激活，通过"＋"键，即"平衡、提升"键，修改油滴下落距离，然后按"确认"键确认修改，距离标志相应变化；"距离标志"显示的是当前设置的油滴下落距离，在相应的格线上做数字标记，显示范围为 0.2～1.8 mm；"实验方法"显示当前的实验方法，即平衡法或动态法. 在参数设置画面设定后,若要改变实验方法,只有重新启动实验仪器.对于平衡法,实验方法栏仅显示"平衡法"字样;对于动态法,实验方法栏除了显示"动态法"以外还显示即将开始的动态法步骤.如将要开始动态法第一步(油滴下落),实验方法栏显示"1 动态法".同样,当做完动态法第一步骤,即将开始第二步骤时,实验方法栏显示"2 动态法".

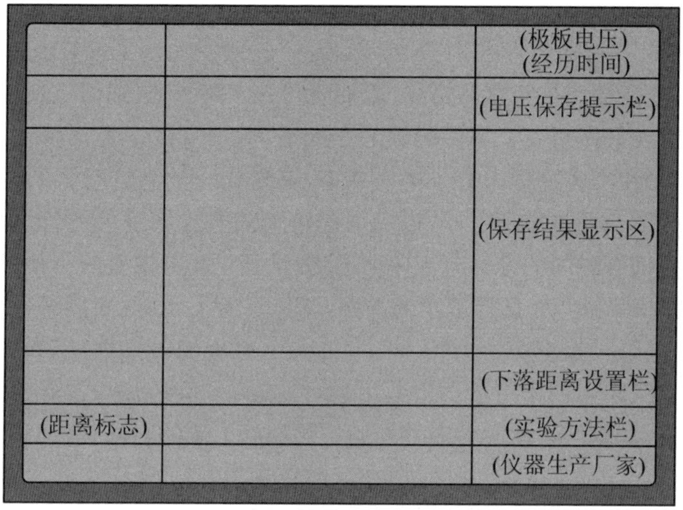

		(极板电压)
		(经历时间)
		(电压保存提示栏)
		(保存结果显示区)
		(下落距离设置栏)
(距离标志)		(实验方法栏)
		(仪器生产厂家)

图 3.24.5　实验界面示意图

【实验内容与数据记录】

1. 油滴仪的调整

① 水平调整.调节调平螺钉,使水准仪的气泡位于中央,以便使上、下电极板处于水平状态,即使平衡电场方向与重力方向平行以免引起实验误差.极板平面是否水平决定了油滴在下落或提升过程中是否发生前后、左右的漂移.

② 喷雾器调整.将少量钟表油缓慢地倒入喷雾器的储油腔内,使钟表油湮没提油管下方,油不要太多,以免实验过程中不慎将油倾倒至油滴盒内堵塞落油孔.将喷雾器竖起,用手挤压气囊,使得提油管内充满钟表油.

③ 仪器硬件接口连接.用"Q9"线将主机的"视频输出"接监视器"视频输入"连接,将监视器的输入阻抗开关拨至 75 Ω.接通主机和监视器电源并打开仪器,点亮油滴照明灯,预热约 10 分钟.

④ 仪器调试.打开实验仪电源及监视器电源后,监视器出现欢迎界面.按下任意键,监视器出现参数设置界面,首先,设置实验方法,然后根据当地的环境适当设置重力加速度、油密度、大气压强、油滴下落距离."←"表示左移键,"→"表示右移键,"＋"表示数据设置键.按"确认"键出现实验界面,将工作状态切换至"工作",红

色指示灯亮,将"平衡、提升"按键设置为"平衡".

⑤ CCD 成像系统调整.从喷雾口喷入油雾,此时监视器上应该出现大量运动油滴的像.若没有看到油滴的像,则需调整"调焦"旋钮或检查喷雾器是否有油雾喷出,直至得到清晰的油滴图像.

2. 测量练习

① 平衡电压的确认.仔细调整"电压调整"旋钮使油滴平衡在某一格线上,等待一段时间,观察油滴是否飘离格线,若其向同一方向飘动,则需重新调整;若其基本稳定在格线或只在格线上下做轻微的布朗运动,则可以认为其基本达到了力学平衡.由于油滴在实验过程中处于挥发状态,在对同一油滴进行多次测量时,每次测量前都需要重新调整平衡电压,以免引起较大的实验误差.事实证明,同一油滴的平衡电压将随着时间的推移有规律地递减,且其对实验误差的贡献很大.

② 控制油滴的运动.选择适当的油滴,调整平衡电压,使油滴平衡在某一格线上后,将"工作状态"按键切换至"0 V",此时上下极板同时接地,电场力为零,油滴将在重力和空气阻力的作用下做下落运动,当油滴下落到有"0"标记的刻度线时,立刻按下"定时开始"键,此时计时器开始记录油滴下落的时间;待油滴下落至有距离标记(例如 1.6)的格线时,立即按下"定时结束"键,此时计时器停止计时.经历一小段时间后"0 V、工作"按键自动切换至"工作"状态,"平衡、提升"按键处于"平衡",此时油滴将停止下落,可以通过"确认"键将此次测量数据记录到屏幕上.

将"工作状态"按键切换至"工作"状态,此时仪器根据平衡或提升状态分两种情形:若置于"平衡",则可以通过"电压调节"旋钮调整平衡电压;若置于"提升",则极板电压将在原平衡电压的基础上再增加 200 V 的电压,用来向上提升油滴.

③ 选择适当的油滴.要做好油滴实验,所选的油滴体积要适中,大的油滴虽然明亮,但一般带的电荷多,下降或提升太快,不容易测准确.太小则受布朗运动的影响明显,测量时涨落较大,也不容易测准确,因此实验时应该选择质量适中而带电不多的油滴.建议选择平衡电压在 150~400 V 之间、下落距离为 2 mm、下落时间在 20 秒左右的油滴进行测量为宜,具体操作如下:

将"定时开始、结束"器置于"结束",工作状态置为"工作","平衡、提升"置于"平衡",通过调节"电压调节"旋钮将电压调至 400 V 以上,喷入油雾,此时监视器出现大量运动的油滴,观察上升较慢且明亮的油滴,然后降低电压,使之达到平衡状态.随后将工作状态置为"0 V",油滴下落,在监视器上选择下落一格的时间为 2 秒左右的油滴进行测量."确认"键用来实时记录屏幕上的电压值及计时值.当记录为 5 组后,按下确认键,在界面的左面将出现平衡 $\overline{U}$,即五组电压的平均值、下落时间 $\overline{t}_g$,表示五组下落时间的平均值、平均电荷量 $\overline{Q}$,即该油滴的五次测量的平均电荷量,若需继续实验,按"确认"键.

3. 正式测量

① 调整仪器水平调整后,开启电源,进入实验界面.实验采用平衡法测量,将"工作状态"按键切换至"工作",红色指示灯亮;将"平衡、提升"按键置于"平衡".

② 通过喷雾口向油滴盒内喷入油雾,此时监视器上将出现大量运动的油滴.选取适当的油滴,仔细调整平衡电压,使其平衡在某一起始格线上.

③ 将"工作状态"按键切换至"0 V",此时油滴开始下落,当油滴下落到有"0"标记的格线时,立即按下"定时开始"键,同时计时器启动,开始记录油滴的下落时间.

④ 当油滴下落至有距离标记的格线时(例如1.6),立即按下定时结束键,同时计时器停止计时(如无人为干预,经过一小段时间后,工作状态按键自动切换至"工作",油滴将停止移动),此时可以通过"确认"按键将测量结果记录在屏幕上.

⑤ 将"平衡、提升"按键置于"提升",油滴将被向上提升,当回到高于有"0"标记的格线时,将"平衡、提升"键置于"平衡"状态,使其静止.

⑥ 重新调整平衡电压,重复③④⑤,并将数据记录到屏幕上(平衡电压 U 及下落时间 t).

⑦ 重复②③④⑤⑥步,当达到5次记录后,按"确认"键,界面的左边出现实验结果.得出油滴的平均电荷量 $\bar{q}$,至少测3个油滴,将数据记录于表3.24.1中.

⑧ 记录实验基本常数.油的密度 ρ、下落距离 l、极板间距 d、空气黏滞系数 η.

表3.24.1 密立根油滴实验数据记录表

		油滴1	油滴2	油滴3	油滴4	油滴5
1	平衡电压 U(V)					
	下落时间 t_g(s)					
2	平衡电压 U(V)					
	下落时间 t_g(s)					
3	平衡电压 U(V)					
	下落时间 t_g(s)					
4	平衡电压 U(V)					
	下落时间 t_g(s)					
5	平衡电压 U(V)					
	下落时间 t_g(s)					
	油滴电量 q(C)					
	电子倍数 n					
	电子电量 e					

油的密度 $\rho = 979$ kg/m³,下落距离 $l = 2$ mm(建议值),极板间距 $d = 5$ mm,空气黏滞系数 $\eta = 1.83 \times 10^5$ kg/(m·s).

【数据处理与误差】

1. 化简公式

将密立根油的密度 $\rho = 979 \text{ kg/m}^3$，大气压强 $p = 76 \text{ cm·Hg}$，修正常数 $b = 6.17 \times 10^{-6}$ m·cmHg，重力加速度 $g = 9.8 \text{ m/s}^2$，空气的黏滞系数 $\eta = 1.83 \times 10^{-5}$ kg/(m·s)，油滴匀速下降的距离 $l = 2.00$ mm（分划板中央 4 格的距离）代入式(3.24.4)与式(3.24.9)中，化简得

$$q = \frac{1.43 \times 10^{-14}}{[t_g(1 + 0.02\sqrt{t_g})]^{\frac{3}{2}} U} \tag{3.24.10}$$

2. 计算每个油滴所带的总电量

将实验测得的表 3.24.1 中的电压 U 和下落时间 t_g 代入式(3.24.10)中，分别计算出每个油滴所带的总电量平均值 $\overline{q}$.

3. 电子电量的值

为了验证电荷的不连续性和所有电荷都是基本电荷 e 的整数倍，并得到 e 的值，应对实验测得的各个电荷量 $\overline{q}$ 求最大公约数，这个最大公约数就是 e 的值. 但由于测量误差的存在，要求出最大公约数比较困难，通常采用"倒过来验证"的方法进行数据处理，即用公认的 $e = 1.6 \times 10^{-19}$ C 去除总电量 $\overline{q}$，得到一个接近于某一个整数的 N，然后再用 N 去除电量 $\overline{q}$，即得电子电量的测量值 $\overline{e}$.

4. 误差分析

相对误差为 $E = [(\overline{e} - e_{公})/e_{公}] \times 100\%$，$e_{理论}$ 即公认值为 $1.602\,177\,33 \times 10^{-19}$ C.

【注意事项】

① 喷雾时应对准油雾室的喷雾口，轻轻喷入少许油雾即可. 切勿将喷雾器插入油雾室，甚至将油倒出来. 更不能将盖板拿掉后对着上极板的中央孔喷油，这样会把油滴盒周围弄脏，甚至堵塞中央孔.

② 喷雾器不用时，应使喷口朝上放置，以免油从其中流出.

③ 对选定的油滴进行跟踪测量时，若油滴变得模糊，应随时调焦.

④ 在使用前一定要调平仪器.

【思考题】

（本内容在实验报告中完成）

① 两平行极板若不水平对测量有什么影响？
② 实验中应该选择什么样的油滴？如何选择？
③ 喷油时"平衡,提升"切换键应该处在什么位置？为什么？
④ "0V.工作"切换键起什么作用？测量平衡电压时,它应该处于什么位置？
⑤ 两平行极板加电压后,油滴有的向上运动,有的向下运动,要使某一油滴静止,需调节什么电压？欲改变该静止油滴在视场中的位置,需调节什么电压？
⑥ 为什么要在平行极板中研究油滴的运动？
⑦ 油滴在下落过程中为什么呈球形？

第 4 章　设计与探索性实验

实验 1　不规则物体密度的测量

密度是物体的基本特性之一,它与物质的组成、结构及纯度有关。实际应用中经常把密度测定作为物质成分分析及纯度鉴定的重要手段之一,所以掌握密度测量的方法具有重要意义.

【实验任务】

① 掌握物理天平的结构原理、操作规程、使用及维护方法.
② 用流体静力称衡法测量石蜡的密度.
③ 简述测量原理,推导出测量公式,并计算测量结果的不确定度.

【实验仪器】

物理天平、石蜡、铁块、细线、水、酒精.

【实验提示】

若物体质量为 m,体积为 V,则该物体的密度

$$\rho = \frac{m}{V} \tag{4.1.1}$$

对于质量分布均匀且形状规则的物体可直接根据定义,通过测量物体的质量和体积求得密度.对于质量分布均匀但形状不规则的物体而言,直接测量其体积比较困难,采用流体静力称衡法间接地测出其体积,进一步求出密度.

由于石蜡的密度比水的密度小,采用静力称衡法测量时,石蜡由于受到水的浮

力作用将浮在水面上,不能够完全浸没,可在石蜡下面挂一铁块,使铁块和石蜡一同浸没水中.

【实验内容参考】

① 采用物理天平测量出石蜡的质量.
② 用静力称衡法间接地测量出石蜡的体积.

【思考题】

(本内容在实验报告中完成)
① 如何提高测量精度,减小实验误差?
② 能否用静力称衡法测量一团空心熟料软管的长度?请写出测量原理和方案.

实验 2 落体法测重力加速度

重力加速度 g 是物理学中的一个重要参量.地球上各个地区的重力加速度 g 随地球纬度和海拔高度的变化而变化.一般来说,在赤道附近 g 的数值最小,纬度越高 g 的数值越大.精确测量 g 的数值在理论、生产和科研方面都有重要的意义.

【实验任务】

① 测量重力加速度,探索提高测量精确度、减小测量误差的途径.
② 设计多种落球法测重力加速度的方案,并对各种方案作较深入的分析与研究.
③ 选择不同实验方案,探讨减小系统误差的途径,以提高分析问题能力.

【实验仪器】

自由落体实验仪、数字毫秒仪、铅锤线、小铁球.

【实验提示】

① 自由落体运动联系重力加速度 g 的关系式很多,如 $h = gt^2/2$,$s = v_0 t + gt^2/2$,$s = (v_1^2 - v_0^2)/2g$ 等,应考虑如何根据上述关系构造合适的测量公式.

② 光电门位置的选择对时间的测量影响很大,考虑如何通过实验方案的设计消除光电门位置的选择引起的误差.

③ 自由落体运动是初速度为零的运动,考虑如何设计实验方案使落球满足这一条件.

【实验内容参考】

① 关于 g 的关系式很多,根据你所选择的那个关系式明确需要测量的物理量.

② 根据所给装置测量出相关数据,在测量中采取不同测量方法减小误差.

③ 将数据代入有关公式计算出重力加速度 g 的大小.

④ 与当地重力加速度的理论值进行比较,然后进行误差分析.

【思考题】

(本内容在实验报告中完成)

① 如何提高测量精度,减小实验误差?

② 能否设计一种采用气垫导轨来测定重力加速度的方案?

实验 3 牛顿第二定律的验证

牛顿第二定律的验证是力学实验中的一个重要实验,实验中总是试图设计更方便更精确的方法来验证它.其基本原理都是保持量 m 不变,通过实验得出加速度 a 和合外力 F 之间的关系;再保持合外力 F 不变,通过实验得出质量 m 和加速度 a 之间的关系,最终验证牛顿第二定律 $F = ma$.

第 4 章 设计与探索性实验

【实验任务】

① 加深对牛顿第二定律的理解.
② 利用运动学和力学知识设计实验.
③ 进一步掌握光电门和电脑计时器的调整和使用.

【实验仪器】

天平、轻质滑轮装置、光电门、电脑计时器、钩码(质量相等).

【实验提示】

英国剑桥大学的一位物理老师曾为验证牛顿第二定律设计过一种滑轮装置，如图 4.3.1 所示.

重物 M 和 m 是密度很大的小物块，可看作质点，质量分别为 M 和 m. 滑轮是"理想的"，即绳与滑轮的质量不计. 滑轮的摩擦不计，绳线不可伸长. 在 M 和 m 不相等的情况下，重物释放后做匀加速直线运动，且滑轮两边物体加速度大小相等.

对重物 M 和 m 分别进行受力分析后可知

$$a = \frac{(M-m)g}{M+m} \quad (4.3.1)$$

通过对滑轮两边的重物质量进行不同形式的分配，既可以实现 M 和 m 组成的系统的合力 F 不变，探求系统质量 $M+m$ 和系统加速度 a 之间的关系，又可以实现质量 $M+m$ 不变，探求合外力 F 和加速度 a 之间的关系，从而验证牛顿第二定律.

图 4.3.1 滑轮装置

【实验内容参考】

① 组装好滑轮装置.(绳线的长度要足够长，使得物块的运动时间足够长，从而减小加速度的测量误差.)
② 用光电门和电脑计时器等相关仪器设计一套装置对重物的加速度进行测量.

③ 用天平称出钩码的质量,通过对滑轮绳子两端钩码的数量进行恰当的分配来实现质量或合外力不变.

【思考题】

(本内容在实验报告中完成)
① 实验的误差主要存在于何处?
② 如果所选滑轮质量很大,会对实验造成什么影响?

实验 4　简谐振动的研究

自然界中存在着各种振动现象,最简单、最基本的振动为简谐振动.简谐振动是物理量随着时间按照正弦或余弦规律变化的振动.由数学知识可知,任何一个复杂的函数均能够用正弦或余弦函数展开,因此任何一个复杂的振动也可以由许多不同频率和振幅的简谐振动的合成,故讨论简谐振动是研究复杂振动现象的基础.

【实验任务】

① 观察简谐振动现象,了解弹簧振子的运动规律.
② 学习弹簧的劲度系数和等效质量的测量方法.

【实验仪器】

QG-5 气垫导轨、气泵、滑块、弹簧(2个)、配重片(4个)、物理天平、秒表.

【实验提示】

胡克定律指出,在弹性限度内,弹簧的伸长量 Δx 与其受到的拉力 F 成正比,即
$$F = k \cdot \Delta x \tag{4.4.1}$$
其中比例系数 k 为弹簧的劲度系数.如实验采用的弹簧的劲度系数分别为 k_1 和 k_2,两个弹簧如图 4.4.1 所示连接在一个质量为 M 的滑块上,弹簧的另外两端固定在气垫导轨上,它们将在光滑的气垫导轨上做简谐振动.

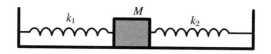

图 4.4.1 简谐振动示意图

若滑块的平衡去了位置为坐标原点,该点坐标 $x = 0$. 如果忽略阻尼和弹簧质量,则当滑块距离平衡位置为 x 时,只受到弹性恢复力 $k_1 x$ 和 $k_2 x$ 的作用. 根据牛顿第二定律,其运动方程为

$$k_1 x + k_2 x = M \frac{\mathrm{d}^2 x}{\mathrm{d} t^2} \tag{4.4.2}$$

方程的解为

$$x = A\cos(\omega_0 t + \varphi_0) \tag{4.4.3}$$

其中 $\omega_0 = \sqrt{\dfrac{k_1 + k_2}{M}}$ 是振动系统的固有角频率,由系统自身决定. A 为振幅,φ_0 为初相位,两者由初始条件决定. 则系统周期为

$$T = 2\pi \sqrt{\frac{M}{k_1 + k_2}} \tag{4.4.4}$$

实验时,可以通过改变滑块质量 M,测出相应的周期 T,来考察质量 M 与周期 T 的关系.

当弹簧的质量不可忽略时,振子的有效质量为振动物体的质量与弹簧有效质量之和,此时振动系统的角频率为 $\omega_0 = \sqrt{\dfrac{k_1 + k_2}{M + m_0}}$,$m_0$ 为弹簧的有效质量,在数值上约等于弹簧质量的三分之一.

【实验内容参考】

① 自拟测量方案,测量弹簧的劲度系数.
② 验证振子周期与振子质量的关系.

用静态法将气垫导轨调节水平,组成弹簧振子系统,并确定其平衡位置. 在滑块上依次固定 0、1、2、3、4 个配重片,分别测量出 M,并测量出 30 个周期的时间 ($30T$),计算出振动周期 T. 注意,配重片尽量对称放置,且在弹簧振子经过平衡位置时开始计时.

③ 用最小二乘法求出劲度系数 $k = k_1 + k_2$ 和弹簧的有效质量 m_0 的实验值 m_0.
④ 测出弹簧总质量 m,考虑折合质量,计算劲度系数 $k = k_1 + k_2$ 和弹簧的有效质量 m_0 的理论值,与实验测得值进行比较,给出结论.

【思考题】

（本内容在实验报告中完成）
① 简谐振动的周期与振幅有关吗？
② 实验前，为什么要将气垫导轨调节水平？如何调整？
③ 滑块的振幅在振动过程中不断减小，是什么原因？对结果是否有影响？

实验5　固体比热容的测量

量热学是以热力学第一定律为理论基础的，其研究的范围就是如何计量物质系统随温度变化、相变、化学反应等所吸收和放出的热量．实验方法一般有混合法、稳流法、冷却法、电热法等．本实验根据所给仪器选择适当的方法来测定固体的比热容．

【实验任务】

① 学习热力学基本理论知识，并对所学知识加以运用．
② 测量所给固体的比热容．

【实验仪器】

量热器、加热器、温度计、物理天平、待测固体．

【实验提示】

将温度不同的物体混合后，如果由这些物体组成的系统没有与外界交换热量，最后系统将达到稳定的平衡温度．在此过程中，高温物体放出的热量等于低温物体吸收的热量，这就是热平衡原理．根据这一原理可用混合法测量固体的比热容．

【实验内容参考】

将待测固体样品在加热器中加热至温度 T_1，并迅速将它投入量热器的水（温

度为 T_2)中,最后达到平衡温度 T.设待测样品质量为 m,比热容为 c,则其放出的热量为

$$Q_1 = mc(T_1 - T) \tag{4.5.1}$$

设量热器内筒的质量为 m_1,比热容为 c_1;水的质量为 m_2,比热容为 c_2,则量热器和水吸收的热量为

$$Q_2 = (m_1c_1 + m_2c_2)(T - T_2) \tag{4.5.2}$$

根据热平衡原理 $Q_1 = Q_2$,即可推导出待测样品的比热容公式为

$$c = \frac{(m_1c_1 + m_2c_2)(T - T_2)}{m(T_1 - T)} \tag{4.5.3}$$

【思考题】

(本内容在实验报告中完成)
① 用混合法测量比热容的理论依据是什么?
② 为了符合热平衡原理,实验中应注意哪几点?
③ 实验中的系统热量散失主要有哪几部分?

实验 6　三用电表的设计、制作与校正

万用电表是一种多功能、多量程的电学仪表,它可测量直流电流、直流和交流电压以及电阻等,在实验中获得广泛应用.本实验通过对微安表头进行改进,组装成电流表、电压表和欧姆表,并进行校正,培养学生分析问题和解决问题的能力,提高动手操作的水平,加深对仪表构造的理解.

【实验任务】

① 学会测量表头内阻的方法.
② 设计并组装电流表、电压表和欧姆表,并掌握它们的使用方法.
③ 掌握校正电表的方法.

【实验仪器】

直流稳压电源、100 μA 表头、滑动变阻器、数字式电流表、数字式电压表、欧姆

表、电阻、开关、导线.

【实验提示】

为了能够改装成大量程的电流表,根据并联电路分流的特点,必须要在微安表头两端并联某一固定的电阻 R_1,此时表头和并联电阻的整体可以看成一只电流表,该电阻 R_1 的阻值根据需要的量程具体计算.同时在电路中串联一只标准的电流表,就可以校正.

要想得到电压表,根据串联电路分压的特性,必须要串联一固定的电阻 R_2,通过选择 R_2,可以得到不同量程的电压表.校正时,只需并联一只标准的电压表.

由于欧姆表的零刻度线和电流表、电压表不同,需要串联一可调变阻器 R_w,并同时短接,使微安表满偏.然后再接入待测电阻,根据表头的示值,通过计算就能得出待测知电阻的阻值.

【实验内容参考】

1. 微安表头内阻的测量

(1) 通过中值法测量表头内阻 R_g

参考电路如图 4.6.1 所示,A 为标准数字式电流表.调节滑动变阻器 R,使得微安表头满偏,然后并联 R_g,调节 R_g,使"100 μA 表头"指示为 50 μA,此时的电阻值即为内阻.

(2) 通过替代法测量内阻 R_g

参考电路如图 4.6.2 所示,A 为标准数字式电流表,先将开关 K 置于"1",调节滑动变阻器 R,使"100 μA 表头"满偏,然后将开关置于"2",调节 R_g,使"数字电流表 A"表示值为 100 μA,此时的电阻值即为内阻.

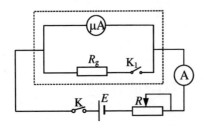 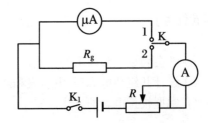

图 4.6.1 中值法测量表头内阻电路图　　图 4.6.2 替代法测量表头内阻电路图

2. 电流表的改装

若要改装成量程放大 n 倍的电流表,需选择合适的并联电阻 R_1,如图 4.6.3 所示. 此时有 $I_g R_g = (n-1) I_g R_1$,其中 I_g 为微安表的满偏电流(已知). 通过串联标准数字式电流表 A,就可以对其进行校正. 如改装为 1 mA 的电流表,则微安表指示到"60"时表示的即为 0.6 mA.

3. 电压表的改装

将"100 μA 表头"改装成一只 1.5 V 量程的电压表,并自己列表校正.

4. 欧姆表的改装

如图 4.6.4 所示电路,先将 a、b 两表笔短接,调节 R_w 使微安表满偏,有

$$I_g = \frac{E}{R_g + R_w + R} \tag{4.6.1}$$

然后再接入待测电阻 R_x,微安表读数为 I,有

$$I = \frac{E}{R_g + R_w + R + R_x} \tag{4.6.2}$$

通过式(4.6.1)和式(4.6.2)可以计算得到 R_x.

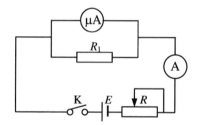

图 4.6.3　微安表头改装大量程电流表电路图

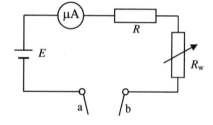

图 4.6.4　微安表头改装欧姆表电路图

【思考题】

(本内容在实验报告中完成)

① 中值法和替代法测量微安表内阻时,哪一种方法得到的结果更为精确?为什么?

② 欧姆表的零刻度线为什么在刻度盘的最右侧,而且刻度是非均匀的?

③ 欧姆表在使用前为什么需要短接?在测量待测电阻时,R_w 能否调节?

④ 谈谈改装后的三种电表产生误差的原因.

实验 7　电子示波器的使用

电子示波器是物理实验室中常见的仪器,用途非常广泛,适用于一切可能转换为对应电压的电学量、非电学量以及它们对时间变化过程的研究.本实验建立在掌握基本操作方法的基础上,加深对示波器使用范围的了解,为后续的应用奠定基础.

【实验任务】

① 掌握示波器的工作原理和操作方法.
② 利用示波器测量二极管伏安特性曲线及铁磁性材料的磁滞回线.
③ 自行设计其他有关示波器的实验.

【实验仪器】

双踪示波器、信号发生器、电阻箱、电容箱、电流表、滑动变阻器、标准互感器、磁环、直流稳压电源.

【实验提示】

① 双踪示波器有两个输入通道,将"扫描速率"旋钮置于"X‐Y"处,表明示波器工作方式为"CH1"与"CH2"两通道输入信号垂直叠加.将两个正弦波分别从"CH1"和"CH2"两通道输入,可以得到两列信号垂直叠加的李萨如图形,对其分析,计算两正弦信号的频率比.

② 利用欧姆定律,可以将电流转换为电压,通过示波器能够显示两个电压信号之间的图像,通过简单的换算,即可测量二极管的伏安特性曲线.

③ 铁磁性材料具有独特的磁化性质,磁感应强度 B 总是落后于磁场强度 H 的变化,这种现象称为磁滞现象.由于 B、H 与电流 I 之间存在一定的关系,而电流可以用电压表示,所以通过双踪示波器可以显示铁磁性材料的磁滞回线.

【实验内容参考】

(1) 观察李萨如图形
① 调节示波器,输入两列不同频率的正弦信号,观察李萨如图形;
② 改变两列信号的频率比,再次观察.
(2) 测定二极管伏安特性曲线
① 通过万用电表辨别二极管的正负管脚;
② 设计电路,要求在示波器上显示二极管的伏安特性曲线.
(3) 测量磁滞回线(选做)
① 查阅相关资料,自行设计实验方案;
② 根据显示的磁滞回线,总结 B 与 H 之间的变化规律.

【思考题】

(本内容在实验报告中完成)
① 根据李萨如图形,总结两个信号频率之间满足的条件.
② 二极管伏安特性曲线有什么特点?
③ 你能否自行设计其他有关示波器的实验?简单写出实验原理.

实验 8 伏安法测电阻

通过测量电阻两端的电压 U 和通过电阻的电流强度 I,利用欧姆定律 $R = U/I$ 计算出待测电阻的阻值,该方法称为伏安法.这种测量方法一般用于中值电阻,而且针对不同阻值需要选择电流表的内接或外接,而往往在测量前,未知电阻的阻值无法估计,设计一种实验方案,可以降低电压表或电流表内阻对测量结果的影响,并进行实验测量.

【实验任务】

① 掌握内接法和外接法测量电阻的适用条件.
② 自行设计电路,测量待测电阻.

③ 比较分析三种方法测量电阻时的误差.

【实验仪器】

直流稳压电源、检流计、滑动变阻器、电阻、开关、导线、电流表、电压表.

【实验提示】

借鉴"惠斯通电桥测电阻"的原理,通过调节滑动变阻器,使并联在电阻两端的电压表支路无电流,则电流表测量的就是流过电阻的电流.可以根据伏安法的原理进行计算,得到准确的电阻值.

【实验内容参考】

(1) 外接法测量未知电阻
调节滑动变阻器,记录 10 组 U-I,通过图像法得出未知电阻的阻值.
(2) 内接法测量未知电阻
调节滑动变阻器,记录 10 组 U-I,利用最小二乘法计算未知电阻的阻值.
(3) 自行设计电路,测量未知电阻
① 写出实验原理,画出有关电路图,并进行实验,测量数据;
② 对以上三组数据分析比较,总结规律.

【思考题】

(本内容在实验报告中完成)
① 内接法和外接法的适用范围是什么?
② 在设计电路过程中,遇到了什么障碍?
③ 自行设计电路中,测量电阻的误差来源于哪里?

实验 9　显微镜和望远镜的组装

望远镜和显微镜都是常用的助视光学仪器.显微镜主要用来观察微小的物体,

望远镜用来观察远处的物体,它们在天文、电子、生物工程等各领域都有十分重要的作用.通过学习望远镜与显微镜的组装,有利于熟悉它们的构造和放大原理,掌握它们的调节方法.本实验希望学生通过自行挑选两块透镜组装最简单的显微镜和望远镜,并测量它们的放大本领,加深对这两类基本助视仪器的了解.

【实验任务】

① 学习并了解显微镜和望远镜的基本结构和特点.
② 设计并组装望远镜和显微镜系统,掌握它们的使用方法.
③ 了解助视仪器的放大本领并测量其放大率.

【实验仪器】

光学平台及其所有附件.

【实验提示】

为了适应不同的用途和性能的要求,显微镜和望远镜的种类很多,构造也有差异,但它们的基本光学系统都是由一个物镜和一个目镜组成的.

对显微镜、望远镜等助视仪器,我们通常研究其放大本领,其定义为:在眼睛前配置助视光学仪器时,若线状物通过光学仪器和眼睛所构成的光具组在视网膜上成像的长度为 l',没有配备这种仪器时,通过肉眼观察放在助视仪器原来所成虚像平面上的同一物,在视网膜上所成像的长度为 l.定义 $M = l'/l$ 为助视仪器的放大本领.

最简单的望远镜由两块透镜组成,物镜 L_O 的焦距 f_O 较长,目镜 L_E 的焦距 f_E 较短.远处物体经过 L_O 在目镜 L_E 的物方焦平面上成一实像,此像再经过目镜 L_E 放大后在明视距离处成一放大的虚像.望远镜的放大本领 $M = f_O/f_E$.

最简单的显微镜由两块凸透镜组成.与望远镜相反,显微镜的物镜焦距大于目镜焦距,但它的物镜和目镜焦距都较短.被观察物体置于目镜 L_O 焦平面外少许,经过物镜 L_O 在目镜 L_E 的物方焦平面附近成一放大的实像,此像再经目镜 L_E 放大后成一虚像于眼睛的明视距离处.显微镜的放大本领 $M = d\Delta/(f_O f_E)$,其中 d 为明视距离,Δ 为物镜像方焦点与目镜物方焦点间距离,称为光学间隔.

【实验内容参考】

1. 简易望远镜的组装

① 设计实验方法测量所给透镜的焦距并加以记录,挑选两块透镜作为望远镜的目镜和物镜.

② 把光源、透明标尺、物镜、目镜依次排列在光学平台上,调节共轴等高.

③ 组装开普勒望远镜,标尺直接置约 3 m 处,把简易望远镜向标尺调焦,对准两个红色指标间的"E"字.

④ 测量望远镜的放大本领.一只眼睛对准虚像标尺两个红色指标间的"E"字,另一只眼睛直接注视标尺,经适应性练习,在视觉系统同时看到被望远镜放大的标尺倒立的虚像和实物标尺,微移目镜,直到将目镜放大的虚像推移到标尺的位置处.在虚像和实物中同时读数,记录并计算望远镜的放大本领.

⑤ 按照一定比例作出光路图,计算放大本领的理论值,并与实际测量值相比较.

2. 简易显微镜的组装

① 设计实验方法测量所给透镜的焦距并加以记录,挑选两块透镜作为显微镜的目镜和物镜.

② 调节光源、微尺 M_1、物镜、目镜共轴等高,组装简易显微镜.

③ 调节距离,在显微镜系统中得到清晰的像.

④ 在目镜后面放置一块与光轴成 45°的平板玻璃,距此玻璃约 25 cm 处放置一白光照明的毫米尺 M_2.

⑤ 微动物镜前的微尺,消除视差.比较微尺和毫米尺的像的大小,计算显微镜的放大本领.

⑥ 按照一定比例作出光路图,计算放大本领的理论值,并与实际测量值相比较.

【思考题】

(本内容在实验报告中完成)

① 测量透镜焦距有哪几种方法?

② 在光学平台上如何调整光学元件共轴等高?

③ 当显微镜的物镜和目镜间距增大时,其放大率如何变化?

④ 开普勒望远镜和伽利略望远镜有什么区别?

实验 10　三棱镜色散曲线的研究

透明材料的折射率与入射光波长有关,通常折射率随波长的减小而增大.折射率 n 随波长 λ 而变化的现象称为色散,描述 n-λ 关系的曲线称为色散曲线.

【实验任务】

① 学习折射率的测量方法.
② 利用分光计设计测定三棱镜材料的色散曲线.
③ 进一步掌握分光计的调整和使用.

【实验仪器】

分光计、三棱镜、汞光灯、钠光灯、氢灯.

【实验提示】

复色光通过三棱镜后产生不同的偏折发生色散.对不同波长的光,虽然入射角相同但折射率不同,折射光线的位置不同,即不同波长的光以同一入射角入射三棱镜时,经三棱镜折射后,它们的偏向角不同,于是原来混在一起的不同波长的光就被分开了,发生了色散.

最小偏向角位置在三棱镜仪器的设计和使用中是一个重要因素,实验中也常利用最小偏向角来测量做成三棱镜形状的透明材料折射率,本实验利用分光计采用最小偏向角测定折射率的方法来研究三棱镜的色散关系,有关最小偏向角方法测定三棱镜折射率的内容请参考基础性实验部分.

【实验内容参考】

1. 测定色散曲线

① 测出所选三棱镜的顶角,供采用最小偏向角法测折射率使用.
② 利用分光计测出各单色光经过三棱镜的最小偏向角,计算出折射率,得出

色散曲线.要求各单色光(至少测定 4 种色光)重复测量 3 次,光源可采用汞光灯或 H 灯.

③ 测出钠光灯的最小偏向角,利用所得色散曲线,采用插值的方法求出钠光的波长,与公认值进行比较.

2. 测定棱镜对某一色光偏向角特性曲线

① 设计如何测定入射角,画出测定的光路图,供指导教师检查.

② 改变入射角,多次测量其对应的偏向角,合理选取实验数据点,至少测定 5 个实验点,画出偏向角 θ 与入射角 i 曲线图.

【思考题】

(本内容在实验报告中完成)

① 测量三棱镜顶角有哪些方法?

② 色散曲线有哪些特征?

③ 棱镜对某一色光偏向角特性曲线有什么特点?

附　　录

附录1　仪器的误差限

附表　物理实验中常用仪器的误差限 $\Delta_{仪}$

仪器	规格和性能	$\Delta_{仪}$
米尺	（最小刻度1 mm）	0.5 mm
游标卡尺	（10、20、50分度）	0.1 mm,0.05 mm,0.02 mm
螺旋测微计	1级(0～50 mm)	0.004 mm
读数显微镜		约为分度值的1/2
物理天平	称量500 g,分度值0.05 g	0.05 g
秒表		最小分度值
电磁仪表(指针式)	量程为 A,仪表准确度等级 K	$(A \times K)\%$
电阻箱(ZX21型)		(示值×准确度等级)%
各类数字仪表		仪表最小读数
分光计	量程360°,分度值1′	1′

附录2　国际单位制和常用物理数据表

附表1　国际单位制(SI)的基本单位

量的名称(Quantity)	单位名称(Name)	单位符号(Symbol)
长度(length)	米(meter)	m
质量(mass)	千克(kilogram)	kg
时间(time)	秒(second)	s
电流(electric current)	安培(ampere)	A
热力学温度(thermodynamic temperature)	开尔文(kelvin)	K
物质的量(amount of substance)	摩尔(mole)	mol
发光强度(luminous intensity)	坎德拉(candela)	cd

附表2　基本物理常数(1986年推荐值)

量	符号	数值	单位
真空中光速	c	2.99792458×10^8	$m\cdot s^{-1}$
真空磁导率	μ_0	$4\pi\times10^{-7}$	$N\cdot A^{-2}$
真空电容率	ε_0	$8.854187817\times10^{-12}$	$C^2\cdot(N^{-1}\cdot m^{-2})$
普朗克常数	h	$6.6260755(40)\times10^{-34}$	$J\cdot s$
普适气体常数	R	$8.314510(70)$	$J\cdot mol^{-1}\cdot K^{-1}$
阿伏伽德罗常数	N_A	$6.0221367(36)\times10^{23}$	$1\cdot mol^{-1}$
基本电荷	e	$1.60217733(49)\times10^{-19}$	C
电子静质量	m_e	$9.1093897(54)\times10^{-29}$	kg
电子荷质比	e/m_e	$-1.75881962(53)\times10^{-11}$	$C\cdot kg^{-1}$
玻尔磁子	μ_B	$9.2740154(31)\times10^{-24}$	$J\cdot T^{-1}$
核磁子	μ_N	$5.0507866(17)\times10^{-27}$	$J\cdot T^{-1}$
玻尔半径	a_0	$5.29177249(24)\times10^{-11}$	m

续表

量	符号	数值	单位
里德伯常数	R_∞	$1.097\ 373\ 153\ 4(13)\times 10^7$	$1\cdot m^{-1}$
精细结构常量	α	$7.297\ 353\ 08(33)\times 10^{-3}$	
康普顿波长	λ_C	$2.426\ 310\ 58(22)\times 10^{-12}$	m
质子静质量	m_p	$1.672\ 623\ 1(10)\times 10^{-27}$	kg
中子静质量	m_n	$1.674\ 928\ 6(10)\times 10^{-27}$	kg
玻尔兹曼常数	k	$1.380\ 658(12)\times 10^{-23}$	$J\cdot K^{-1}$

附表 3 物质密度表(固体)

物质名称	密度($g\cdot cm^{-3}$)	物质名称	密度($g\cdot cm^{-3}$)
金	19.3	银	10.5
铅	11.342	铜	8.89
钢铁	7.85	铝	2.7
冰(0 ℃)	0.917	玻璃(普通)	2.4~2.8
金刚石	3.01~3.52	花岗岩	2.64~2.76
煤	0.2~1.7	橡胶	0.91~0.96
镍	8.85	锡	7.29

附表 4 物质密度表(液体)

物质名称	密度($g\cdot cm^{-3}$)	物质名称	密度($g\cdot cm^{-3}$)
纯水	1.000	甲苯	0.866 8
乙醇	0.789 3	汽油	0.66~0.75
甲醇	0.791 3	柴油	0.85~0.90
水银	13.6	松节油	0.87
甘油	1.261	蓖麻油	0.96~0.97
海水	1.01~1.05	牛乳	1.03~1.04

附表 5 水的密度表($g\cdot cm^{-3}$)

温度(℃)	0	1	2	3	4	5	6	7	8	9
0	0.999 87	0.999 90	0.999 94	0.999 96	0.999 97	0.999 96	0.999 94	0.999 91	0.999 88	0.999 81
10	0.999 73	0.999 63	0.999 56	0.999 40	0.999 27	0.999 13	0.998 97	0.998 80	0.998 62	0.998 43
20	0.998 23	0.998 02	0.997 80	0.997 57	0.997 33	0.997 06	0.996 81	0.996 54	0.996 26	0.995 97

续表

温度(℃)	0	1	2	3	4	5	6	7	8	9
30	0.995 68	0.995 73	0.995 05	0.994 73	0.994 40	0.994 06	0.993 71	0.993 36	0.992 99	0.992 62
40	0.992 2	0.991 9	0.991 5	0.991 1	0.990 7	0.990 2	0.989 8	0.989 4	0.989 0	0.988 5
50	0.988 1	0.987 6	0.987 2	0.986 7	0.986 2	0.985 7	0.985 3	0.984 8	0.984 3	0.983 8
60	0.983 2	0.982 7	0.982 2	0.981 7	0.981 1	0.980 6	0.980 1	0.979 5	0.978 9	0.978 4
70	0.977 8	0.977 2	0.976 7	0.976 1	0.975 5	0.974 9	0.974 3	0.973 7	0.973 1	0.972 5
80	0.971 8	0.971 2	0.970 6	0.969 9	0.969 3	0.968 7	0.968 0	0.967 3	0.966 7	0.966 0
90	0.965 3	0.964 7	0.964 0	0.963 3	0.962 6	0.961 9	0.961 2	0.960 5	0.959 8	0.959 1
100	0.958 4	0.957 7	0.956 9							

附表6 我国部分城市的重力加速度

地名	纬度	经度	观测值($m \cdot s^{-2}$)	计算值($m \cdot s^{-2}$)
北京	39°56′	116°24′	9.801 22	9.801 32
天津	39°9′	115°49′	9.800 94	9.800 64
太原	37°47′	112°24′	9.796 84	9.799 46
济南	36°41′	117°0′	9.798 58	9.798 48
开封	34°48′	114°21′	9.796 61	9.796 82
南京	32°4′	118°45′	9.794 42	9.794 57
汉口	30°33′	114°17′	9.793 59	9.793 40
安庆	30°31′	117°2′	9.793 57	9.793 30
杭州	30°14′	120°11′	9.793 00	9.793 11
重庆	29°27′	106°42′	9.779 152	9.792 52
南昌	28°40′	115°53′	9.792 08	9.791 93
长沙	28°12′	112°59′	9.791 63	9.791 54
厦门	24°27′	118°4′	9.789 17	9.788 80
广州	23°0′	112°19′	9.788 31	9.787 83
合肥	31°52′	117°17′	9.794 73	9.794 42
宿州	33°63′	116°58′		9.796 14
巢湖	31°62′	117°52′		9.794 50

附表 7　部分固体的线胀系数

物质	温度或温度范围(℃)	$\alpha \times (10^{-6} \text{℃}^{-1})$
铝	0~100	23.8
铜	0~100	17.1
铁	0~100	12.2
金	0~100	14.3
银	0~100	19.6
钢(碳 0.05%)	0~100	12.0
康铜	0~100	15.2
铅	0~100	29.2
锌	0~100	32
铂	0~100	9.1
钨	0~100	4.5
石英玻璃	20~200	0.56
窗玻璃	20~200	9.5
花岗石	20	6~9
瓷器	20~700	3.4~4.1

附表 8　物质的比热

物质	温度(℃)	比热 kJ/(kg·K)	比热 kcal/(kg·K)
铝	20	0.895	0.214
黄铜	20	0.380	0.0917
铜	20	0.385	0.092
铂	20	0.134	0.032
生铁	0~100	0.54	0.13
铁	20	0.481	0.115
铅	20	0.130	0.0306

续表

物质	温度(℃)	比热	
		kJ/(kg·K)	kcal/(kg·K)
镍	20	0.481	0.115
银	20	0.234	0.056
钢	20	0.447	0.107
锌	20	0.389	0.093
玻璃	−40~0	0.585~0.920	0.14~0.22
冰	−40~0	1.797	0.43
水	−40~0	0.176	0.999

附表9 部分液体的黏度

液体	温度(℃)	$\eta(\times 10^{-3} \text{ Pa·s})$	液体	温度(℃)	$\eta(\times 10^{-3} \text{ Pa·s})$
酒精	0	1.773	甘油	6	6260
	10	1.466		15	2330
	20	1.200		20	1490
	30	1.003		25	954
	40	0.834		30	629
	50	0.702	蓖麻油	10	2420
	60	0.592		20	986
蜂蜜	20	6501		30	451
	80	1001		40	231

附表10 一些液体的折射率

物质名称	温度(℃)	折射率	物质名称	温度(℃)	折射率
水	20	1.3330	丙酮	20	1.3591
乙醇	20	1.3605	二硫化碳	18	1.6255
甲醇	20	1.3292	三氯甲烷	20	1.446
苯	20	1.5011	甘油	20	1.474
乙醚	20	1.3510	加拿大树胶	20	1.530

附表 11　一些晶体和光学玻璃的折射率（D 线 $\lambda = 589.3$ nm）

物质名称	折射率	物质名称	折射率	物质名称	折射率
熔凝石英	1.458 43	冕冠玻璃 K_8	1.515 90	火石玻璃 F_8	1.605 51
氯化钠	1.544 27	冕冠玻璃 K_9	1.516 30	重火石玻璃 ZF_1	1.647 50
氯化锂	1.490 44	重冕玻璃 ZK_6	1.612 60	重火石玻璃 ZF_6	1.755 00
萤石（CaF_2）	1.433 81	重冕玻璃 ZK_8	1.614 00	钡火石玻璃 BaF_8	1.625 90
冕冠玻璃 K_6	1.511 10	钡冕玻璃 BaK_2	1.539 90	方解石（寻常光）	1.658 4

附表 12　几种元素的第一激发电位

元素名称	钠(Na)	钾(K)	氩(Ar)	镁(Mg)	氖(Ne)	氮(N)	汞(Hg)
第一激发电位(V)	2.12	1.63	11.55	3.20	18.6	2.10	4.90

参 考 文 献

[1] 蔡永明,王新生.大学物理实验[M].北京:化学工业出版社,2003.
[2] 成正维.大学物理实验[M].北京:高等教育出版社,2002.
[3] 张进治,赵小青,刘吉森.大学物理实验[M].北京:电子工业出版社,2003.
[4] 潘庄成,林坤英,许淑恋,等.大学物理实验[M].厦门:厦门大学出版社,2001.
[5] 丁慎训,张孔时.物理实验教程[M].北京:清华大学出版社,1992.
[6] 殷春浩,崔亦飞,牟致栋,等.大学物理实验[M].徐州:中国矿业大学出版社,2003.
[7] 江影,安文玉,王国荣,等.普通物理实验[M].哈尔滨:哈尔滨工业大学出版社,2002.
[8] 杨述武,马葭生,贾玉民,等.普通物理实验[M].3版.北京:高等教育出版社,2000.
[9] 陈宏芳.原子物理学[M].合肥:中国科学技术大学出版社,1997.
[10] 吴锋,王若田.大学物理实验教程[M].北京:化学工业出版社,2003.
[11] 沈元华.设计性研究性物理实验教程[M].上海:复旦大学出版社,2004.
[12] 陈守川.大学物理实验教程[M].杭州:浙江大学出版社,1995.
[13] 沈金洲.拟合直线参数的不确定度评定方法[J].物理实验,2002,22(11):44-45.
[14] 杨述武.普通物理实验[M].3版.北京:高等教育出版社,2000.
[15] 张宏.大学物理实验[M].合肥:中国科学技术大学出版社,2009.
[16] 贾玉润,王公治,凌佩玲.大学物理实验[M].上海:复旦大学出版社,1988.
[17] 刘静,刘国良,赵涛.大学物理实验[M].沈阳:东北大学出版社,2009.